高等职业教育电气类专业系列教材

PLC控制系统组建与调试

（基于S7-1200）

主　编◎王　赛　张　强　赖　华

副主编◎覃智广　李　龙　曾　晗

参　编◎王　瑞　张怀宇

主　审◎谢贤军

中国轻工业出版社

图书在版编目（CIP）数据

PLC控制系统组建与调试：基于S7-1200/王赛，张强，赖华主编.—北京：中国轻工业出版社，2021.3
高等职业教育电气类专业系列教材
ISBN 978-7-5184-3213-4

Ⅰ.①P… Ⅱ.①王… ②张… ③赖… Ⅲ.①PLC技术—高等职业教育—教材 Ⅳ.①TM571.6

中国版本图书馆CIP数据核字（2020）第190186号

策划编辑：张文佳
责任编辑：张文佳 宋 博　　责任终审：李建华　　封面设计：锋尚设计
版式设计：砚祥志远　　责任校对：朱燕春　　责任监印：张 可

出版发行：中国轻工业出版社（北京东长安街6号，邮编：100740）
印　　刷：三河市国英印务有限公司
经　　销：各地新华书店
版　　次：2021年3月第1版第1次印刷
开　　本：787×1092 1/16 印张：14
字　　数：330千字
书　　号：ISBN 978-7-5184-3213-4　　定价：45.00元
邮购电话：010-65241695
发行电话：010-85119835　传真：85113293
网　　址：http://www.chlip.com.cn
Email：club@chlip.com.cn
如发现图书残缺请与我社邮购联系调换
200234J2X101ZBW

前　言

本书是根据机电一体化技术、电气自动化技术教学及相关专业岗位能力要求编写的理实一体化教材。以西门子公司全集成自动化产品 S7-1200 系列小型 PLC 为例，以项目带动学习 PLC 在逻辑控制、顺序控制和人机界面等方面的应用技术。

本书按照从简单到复杂的规律，开发了 8 个项目。通过项目由简入繁，层层递进的方式进行编写，打破传统教学的组织方式，具有较强的实践性和实用性，其项目采用从单一到综合，层层递进的方式进行编写，也符合学生的认知规律，旨在使学习者能够很快掌握机电一体化技术、电气自动化技术及相关专业岗位所需的知识、技能和职业素质。

本书由王赛、张强、赖华任主编，覃智广、李龙、曾晗任副主编，王瑞、张怀宇参编。项目 1 由王赛、李龙、赖华编写；项目 2 由覃智广、曾晗、王瑞编写；项目 3 由赖华、王赛、覃智广编写；项目 4 由张强、赖华、王瑞编写；项目 5 由赖华、张强、曾晗编写；项目 6 由张强、赖华、曾晗编写；项目 7 由王赛、赖华、曾晗编写；项目 8 由李龙、曾晗、张怀宇编写。

在本书的编写过程中，宜宾职业技术学院的领导和老师提出了很多宝贵意见和修改建议。另外还得到西门子（中国）有限公司数字化工厂集团和宜宾五粮液集团的大力支持，五粮液集团谢贤军同志审阅了本书，提出了很多宝贵意见，在此表示衷心的感谢。

限于编者水平有限，书中难免存在不足之处，恳请读者批评指正。

编者

目　录

总体项目描述

加工中心刀具库选择控制功能描述

刀库系统是在数控加工中心自动化加工过程中实现储刀和换刀的一种装置，主要由刀具库和换刀机构构成。刀具库主要进行刀具存储，并能根据零件加工工艺正确选择刀具加以定位，以进行刀具交换；换刀机构则完成刀具的交换任务。刀具库和换刀机构必须同时存在，实现高速、高效的自动换刀。

圆盘式刀具库如下图所示，也称之为固定地址换刀刀库，即每个刀位上都有一个编号，一般从 1 编到 12、18、20、24 等，即为刀号地址。刀具和存储的刀位永远相互对应，不能随意更换。圆盘式刀库通常应用在小型立式综合加工机上，总刀具数量受限制，不宜过多，但制造成本低，维护简单。

圆盘式刀具库

系统控制工艺要求

（1）初始状态

按下复位按钮“RESET”后，如果 1 号刀具不在“换刀”位置，则自动转到“换刀”位置，换刀指示灯亮 3s 后熄灭，记录当前刀号。

（2）手动换刀

按下刀具选择按钮，刀具盘按照离请求刀具号最近的方向转动，到位符合后，显示“符合”指示。过 1s 后，机械手开始换刀，显示“换刀”指示灯闪烁，5s 后结束。记录当前刀号，等待下一次请求。换刀过程中，其他刀号请求均视为无效。

（3）统计计数功能

在加工过程中，记录每个刀具的使用次数。

（4）故障报警

当设备发生故障时，控制系统能够通过相应的故障指示灯显示，并停止自动运行，当故障排除，按下故障复位按钮后，生产线才能自动运行。

（5）触摸屏监控系统

根据配方设置换刀刀具顺序。显示系统当前刀具号，刀具盘的运行状态，机械手状态信息，显示故障报警信息。

项目1 创建博途项目

任务描述

（1）创建加工中心刀具库选择控制的博途项目。TIA（Totally Integrated Automation）Portal（博途）是西门子工业自动化集团发布的一款全新的全集成自动化平台，是未来西门子全集成自动化系列所有用于工程、编程和调试自动化设备和驱动系统的基础。借助该全新的工程技术软件平台，用户能够快速、直观地开发和调试自动化系统。本项目主要目的是认识博途软件，正确进行软件的安装和授权，建立加工中心刀具库选择控制的博途项目，设置项目的基本信息。

（2）认识 TIA Portal 视图。TIA Portal 视图是一种图形化的界面，方便使用者直观、快速进行自动化系统的开发和调试。对项目进行语言设置，在线访问 CPU，熟悉视图的分区和作用，快速使用帮助功能，保存项目等。熟悉博途界面能更高效地进行项目开发，对于初学者尤其重要。

任务能力目标

1）了解 PLC 的产生与发展。
2）了解西门子集成自动化和产品体系。
3）了解西门子 PLC 的发展历程。
4）了解 S7-1200 PLC 的特点及性能指标。
5）了解博途软件的特点和版本。
6）掌握博途软件的安装及授权方法。
7）掌握博途软件项目创建的方法。
8）了解博途视图的界面与功能。

完成任务的计划决策

西门子 SIMATIC S7-1200 是一款紧凑型、模块化的 PLC，可完成简单逻辑控制、高级逻辑控制、HMI 组态和网络通信等任务。对于需要网络通信功能和单屏或多屏 HMI 的自动化系统，具有易于设计和实施的优点，是中小型自动化系统的完美解决方案。S7-1200 PLC 的组态、编程及调试等工作是在西门子博途软件中完成的，TIA 博途是西门子自动化与驱动集团推出的最新组态平台，与早期的 Step 7 软件相比，TIA 博途将各种设备组态编程软件集成在一起，一次安装就包含了全部所需组件，简化了系统集成的难度。TIA 博途软件操作简单，易于学习，同时还具备继承性，适合新、老用户使用。

机床及数控加工中心拥有大量的逻辑运算实现机床的保护、顺序动作等控制功能，现代数控机床及加工中心一次加工要完成多种动作并用到多把刀具，刀库控制系统就是完成加工过程中换刀的动作，是一个典型的小型 PLC 控制系统，本项目首先从博途软件安装入手，帮助读者了解 PLC 的发展和应用，学习 S7-1200 PLC 和博途软件的基本知识，掌握博途软件的安装、授权，最终完成刀库控制系统项目的创建，为后续课程学习打下基础。

TIA Portal 软件在自动化项目中可以使用两种不同的视图：Portal 视图或者项目视图。接下来的内容中我们将了解和学习两种视图的功能，Portal 视图是面向任务的视图，而项目视图是项目各组件的视图，可以使用切换按钮在两种视图间进行切换。在项目初期，可以选择面向任务的 Portal 视图简化用户操作，也可以选择一个项目视图快速访问所有相关工具。Portal 视图以一种直观的方式进行工程组态。不论是控制器编程、设计 HMI 画面还是组态网络连接，TIA 博途的直观界面都可以帮助使用者实现事半功倍；在项目视图中，每款软件编辑器的布局和浏览风格都相同，从硬件配置、逻辑编程到 HMI 画面设计，所有编辑器的操作都相似，可大大节省用户学习和使用的时间和成本。

实施过程

1.1　初识 S7-1200 PLC 及 TIA Portal

1.1.1　PLC 概述

（1）PLC 的定义

可编程序逻辑控制器（Programable Logic Controller，简称 PLC），是在继电器控制技术和计算机技术的基础上开发出来的，并逐渐发展成为以微处理器为核心，将自动化技术、计算机技术、通信技术融为一体的新型工业控制装置。PLC 控制取代传统继电器控制装置以来，得到了快速发展，在世界各地得到了广泛应用。PLC 控制是通过用户程序来实现其控制功能，PLC 采用微电子技术，内部的开关动作均由无触点的半导体电路来完成。具有连线少，体积小，寿命长，可靠性高，运行速度快的特点，并且能够随时显示给操作人员，操作人员可以及时监视控制程序的执行状况，为现场调试和维护提供便利，是现代工业自动化生产制造的基本控制设备。

1968 年美国通用汽车公司提出取代继电器控制装置的要求。1969 年，美国数字设备公司研制出了第一台可编程序控制器 PDP-14，在美国通用汽车公司的生产线上试用成功，首次采用程序化的手段应用于电气控制，这是第一代可编程序控制器。

1969 年，美国研制出世界上第一台 PDP-14。1971 年，日本研制出第一台 DCS-8。1973 年，德国研制出第一台 PLC。1974 年，中国研制出第一台 PLC。

国际电工委员会（IEC）于 1987 年颁布了可编程序控制器标准草案第三稿。在草案中对可编程序控制器定义如下：可编程序控制器是一种数字运算操作的电子系统，专为在工业环境下应用而设计。它采用可编程序的存储器，用来在其内部存储、执行逻辑运算、顺序控制、定时、计数和算术运算等操作的指令，并通过数字式和模拟式的输入和输出，控制各种类型的机械或生产过程。可编程序控制器及其有关外围设备，都应按易于与工业系统联成一个整体，易于扩充其功能的原则设计。

（2）PLC 的发展阶段

PLC 诞生以来，它的发展经历了五个重要时期：

第一个时期：从 1969 年到 20 世纪 70 年代初期。主要特点：CPU 由中、小规模数字集成电路组成，存储器为磁芯存储器；控制功能比较简单，能完成定时、计数及逻辑控制。有多个厂商推出一些产品，但产品没有形成系列化，应用的范围不是很广泛，还仅仅是继电器控制的替代产品。

第二个时期：20 世纪 70 年代末期。主要特点：采用 CPU 微处理器，存储器也采用了半导体存储器，不仅使整机的体积减小，而且数据处理能力获得很大提高，增加了数据运算、传送、比较等功能，实现了对模拟量的控制，软件上开发出自诊断程序，使 PLC 的可靠性进一步提高。这一时期的产品已初步实现了系列化，PLC 的应用范围在迅速扩大。

第三个时期：20 世纪 70 年代末期到 20 世纪 80 年代中期。主要特点：由于大规模集成电路的发展，PLC 开始采用 8 位和 16 位微处理器，使数据处理能力和速度大大提高，PLC 开始具有了一定的通信能力，为实现 PLC 分散控制、集中管理奠定了重要基础，软件上开发出了面向过程的梯形图语言及助记符语言，为 PLC 的普及提供了必要条件。在这一时期，发达的工业化国家在多种工业控制领域开始应用 PLC 控制。

第四个时期：20 世纪 80 年代中期到 20 世纪 90 年代中期。主要特点：超大规模集成电路促使 PLC 完全计算机化，CPU 已经开始采用 32 位微处理器；数学运算、数据处理能力大大提高，增加了运动控制、模拟量 PID 控制等，联网通信能力进一步加强，PLC 功能在不断增加的同时，体积在减小，可靠性更高。在此期间，国际电工委员会（IEC）颁布了 PLC 标准，使 PLC 向标准化、系列化发展。

第五个时期：20 世纪 90 年代中期至今。主要特点：PLC 使用 16 位和 32 位微处理器，运算速度更快、功能更强，具有更强的数值运算、函数运算和大批量数据处理能力，出现了智能化模块，可以实现对各种复杂系统的控制，编程语言除了传统的梯形图、助记符语言之外，还增加了高级编程语言。

近年来 PLC 发展迅速，PLC 集三电（电控、电仪、电传）为一体，具有性价比高、可靠性好的特点，已成为自动化工程的核心设备。PLC 成为具备计算机功能的一种通用工业控制装置，其使用量高居首位。

PLC 成为现代工业自动化的三大技术支柱（PLC、机器人、CAD/CAM）之一。就全世界自动化市场的过去、现在和可以预见的未来而言，PLC 仍然处于核心地位。在最近出现在美国、欧洲和国内有关探讨 PLC 发展的论文中，这个结论是众口一词的，尽管对 PLC 的未来发展有着许多不同的意见。

现在，世界上有二百多家 PLC 生产厂家，四百多种的 PLC 产品，按地域可分成美国、欧洲和日本三个流派产品，各流派 PLC 产品都各具特色。其中，美国是 PLC 生产大国，有一百多家 PLC 厂商，著名的有 A-B 公司、通用电气（GE）公司、莫迪康（MODICON）公司；欧洲 PLC 产品主要制造商有德国的西门子（SIEMENS）公司、AEG 公司，法国的 TE 公司；日本有许多 PLC 制造商，如三菱、欧姆龙、松下、富士等；韩国有三星（SAMSUNG）、LG 等。这些生产厂家的产品占有 80%以上的 PLC 市场份额。

（3）PLC 的发展趋势

随着 PLC 应用领域日益扩大，PLC 技术及其产品结构在不断改进，功能日益强大，性价比越来越高。

1）在产品规模方面，向两极发展。一方面，大力发展速度更快、性价比更高的小型和超小型 PLC，以适应单机及小型自动控制的需要。另一方面，向高速度、大容量、技术完善的大型 PLC 方向发展。随着复杂系统控制的要求越来越高和微处理器与计算机技术的不断发展，人们对 PLC 的信息处理速度要求也越来越高，要求用户存储器容量也越来越大。

2）向通信网络化发展。PLC 网络控制是当前控制系统和 PLC 技术发展的潮流。PLC 与 PLC 之间的联网通信、PLC 与上位计算机的联网通信已得到广泛应用。目前，PLC 制造商都在发展自己专用的通信模块和通信软件以加强 PLC 的联网能力。各 PLC 制造商之间也在协商指定通用的通信标准以构成更大的网络系统。PLC 已成为集散控制系统（DCS）不可缺少的组成部分。

3）向模块化、智能化发展。为满足工业自动化各种控制系统的需要，近年来，PLC 厂家先后开发了不少新器件和模块，如智能 I/O 模块、温度控制模块和专门用于检测 PLC 外部故障的专用智能模块等，这些模块的开发和应用不仅增强了功能，扩展了 PLC 的应用范围，还提高了系统的可靠性。

4）编程语言和编程工具的多样化和标准化。多种编程语言的并存、互补与发展是 PLC 软件进步的一种趋势。PLC 厂家在使硬件及编程工具换代频繁、丰富多样、功能提高的同时，日益向 MAP（制造自动化协议）靠拢，使 PLC 的基本部件，包括输入输出模块、通信协议、编程语言和编程工具等方面的技术规范化和标准化。

1.1.2 认识西门子自动化产品

德国西门子（SIEMENS）公司是一家全球科技巨头企业，在过去的时间里，它一直是卓越工程、创新、质量、可靠性和国际化的代表。该公司活跃在全世界各地，专注于电气化、自动化和数字化领域。西门子是世界上最大的节能、资源节约技术生产企业，是高效发电和输电解决方案的领先供应商，是基础设施解决方案的先驱，同时也是工业自动化、驱动和软件解决方案的先驱，该公司同时也是医疗成像设备的主要提供者，如计算机断层成像和核磁共振成像系统，以及实验室诊断和临床诊断的领导者。

西门子公司生产的 SIMATIC 可编程序控制器在世界处于领先地位。1994 年 4 月，西门子 S7 系列 PLC 诞生，它与以前的控制器相比，具有更国际化、更高性能等级、安装空间更小、更良好的 WINDOWS 用户界面等优势，其机型包括西门子 LOGO!、S7-200（含 Smart）、S7-300、S7-400、S7-1200、S7-1500 等，如图 1-1 所示。

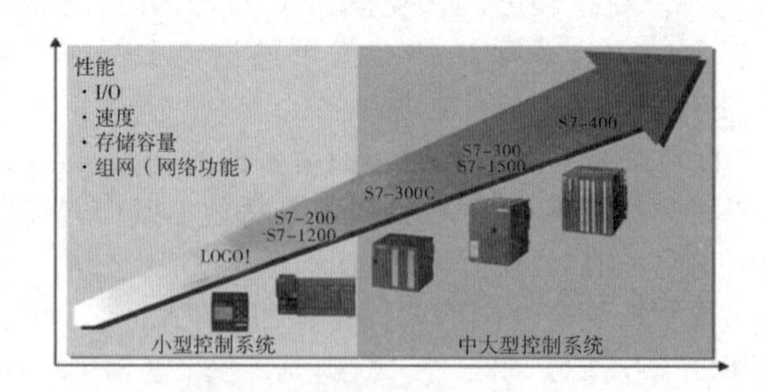

图 1-1 S7 系列 PLC 产品发展

1.1.3 认识 S7-1200 PLC

S7-1200 PLC 是西门子公司近年来推出的一款 PLC，主要面向简单而高精度的自动化任务。S7-1200设计紧凑、组态灵活且具有功能强大的指令集，可完成简单逻辑控制、高级逻辑控制、HMI和网络通信等任务。集成的PROFINET接口用于进行编程以及HMI通信，支持使用以太网协议的第三方设备，同时具有支持小型运动控制系统、过程控制系统的高级应用功能，这些优势使它成为控制各种应用的完美解决方案。S7-1200 PLC外观如图1-2所示。

图1-2　S7-1200 PLC外观图

S7-1200 PLC将CPU、信号板、信号模块、通信模块、存储卡、电源模块组合到一个设计紧凑的外壳中以形成功能强大的PLC，如图1-3所示。现场模块选型需根据控制系统要求配置所需要的I/O点数、电源要求、输入输出方式、模块和特殊模块等。

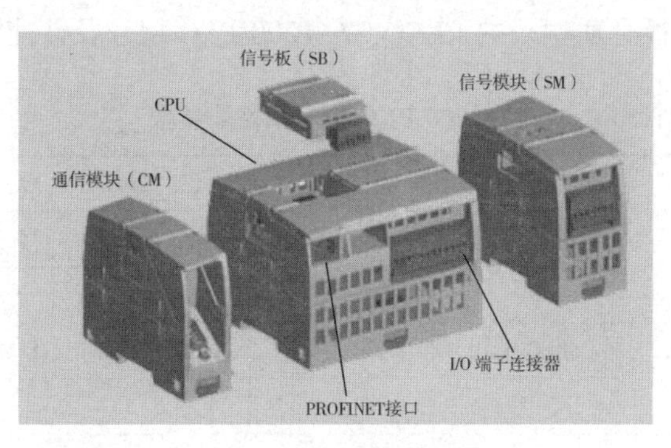

图1-3　S7-1200结构图

S7-1200 PLC CPU模块中内置的板载I/O点，提供6~14个输入点及4~10个输出点。新的信号板卡在CPU的正面以提供附加I/O，同时具有运动控制功能的高速I/O、板载模拟量输入，带有2路适合脉冲串和脉冲宽度应用的脉冲发生器以及多达6个高速计数器。

S7-1200 PLC以太网连接，如图1-4所示，与早期S7-200小型PLC相比，S7-1200 PLC内置PROFINET接口，该接口支持本地TCP/IP协议和ISO on TCP传输控制国际标准化协议，可用于与工程组态软件进行通信，与HMI通信或其他带有PROFINET接口的控制器通信等，极大地方便了控制系统通信网络组态。

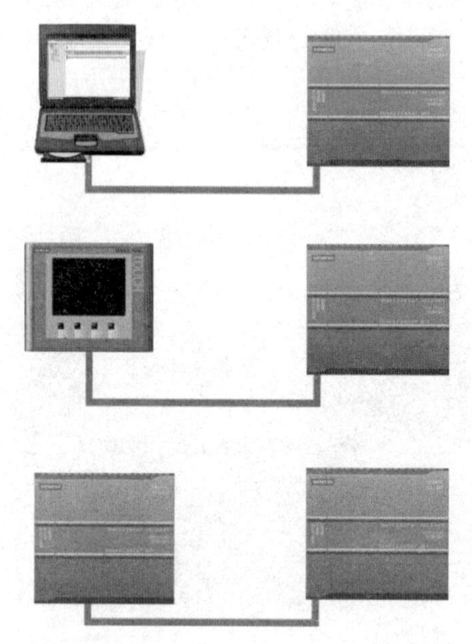

图1-4　S7-1200通过以太网通信可与多种设备快速连接

1.1.4　S7-1200 PLC型号

S7-1200 PLC目前有CPU 1211C、CPU 1212C、CPU 1214C、CPU 1215C、CPU 1217C几种型号，不同的CPU型号提供了各种各样的特征和功能，用户针对不同控制系统的特征和功能选择合适型号的PLC，S7-1200 PLC型号及性能参数见表1-1。

表1-1　S7-1200 PLC型号及性能参数

S7-1200 CPU特性	CPU 1211C	CPU 1212C	CPU 1214C	CPU 1215C	CPU 1217C
本机数字量I/O点	6入/4出	8入/6出	14入/10出	14入/10出	14入/10出
本机模拟量I/O点	2入	2入	2入	2入/2出	2入/2出
工作存储器/装载存储器	50kB/1MB	75kB/1MB	100kB/4MB	125kB/4MB	150kB/4MB
信号模块扩展个数	无	2	8	8	8
最大本地数字量I/O点数	14	82	284	284	284
最大本地模拟量I/O点数	13	19	67	69	69
高速计数器点数	3点	5点	6点	6点	6点
单相点100kHz	3点/100kHz	3点/100kHz 1点/30kHz	3点/100kHz 3点/30kHz	3点/100kHz 3点/30kHz	4点/1MHz
正交相位点100kHz	3点/80kHz	3点/80kHz 1点/20kHz	3点/80kHz 3点/20kHz	3点/80kHz 3点/20kHz	3点/1MHz
脉冲输出（最多4点）	100kHz	100kHz 或20Hz	100kHz 或20Hz	100kHz 或20Hz	1MHz 或100kHz
上升沿/下降沿中断点数	6/6	8/8	12/12	14/14	14/14

续表

S7-1200 CPU 特性	CPU 1211C	CPU 1212C	CPU 1214C	CPU 1215C	CPU 1217C
脉冲捕获输入点数	6	8	14	14	14
传感器电源输出电流/mA	300	300	400	400	400
尺寸/mm	90×100×75	90×100×75	110×100×75	130×100×75	150×100×75

1.1.5　认识博途软件

全集成自动化软件 TIA Portal，是西门子工业自动化集团发布的新一代全集成自动化软件。它几乎适用于所有自动化任务。借助这个软件平台，用户能够快速、直观地开发和调试自动化控制系统。与传统方法相比，无须花费大量时间集成各个软件包，显著地节省了时间，提高了设计效率。TIA 有 Basic、Comfort、Advanced、Professional 四个级别。S7-1200 PLC 的编程、组态、调试等工作均是在博途软件内完成的。

西门子博途具有统一的操作界面和高级数据共享服务，集成自动化产品可在一个界面编辑器里完成系统设计，变量可在设备之间自动传递，在控制设备中创建的变量和参数可以随意拖动到其他设备中，无须多次输入，提高了软件组态的速度；在博途系统中可以按照网络结构搭建硬件设备，为每台设备分配通信地址，并在各设备之间联机运行调试，降低硬件组建的时间，搭建好的软硬件结构可统一下载至设备，网络连接后设备将按照组态的条件运行，加快了设备调试的效率。该软件采用基于对象的设计思路，将系统数据集中管理，数据在各设备间无缝对接，并能在整个系统中交叉索引，使用户不用在开发过程中被数据或信息错误所干扰，轻松调用数据块和程序块，降低了系统软件故障诊断的时间，大大提高了程序调试的效率。卓越的性能和便捷的可用性是西门子 TIA 集成自动化系统最大的特点，传统的设备组态软件之间都是相互独立的，博途将各种设备集成于一体，采用统一的平台和环境，使各个设备间能快捷地连接，真正实现了工业自动化控制系统的集成化组态和集成化开发。TIA Portal 软件与设备的连接如图 1-5 所示。

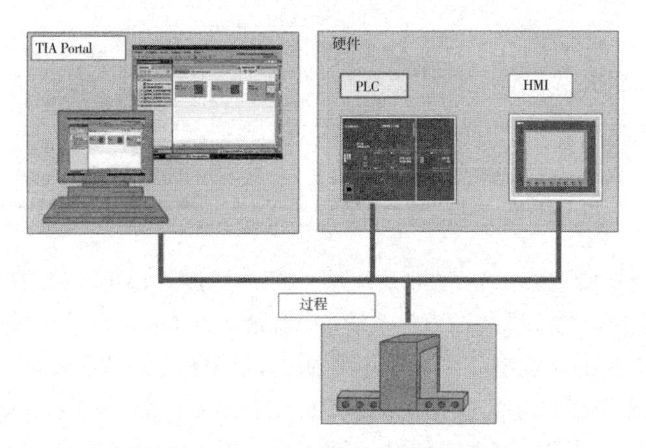

图 1-5　TIA Portal 软件与设备的连接

TIA 博途中包含高级仿真器 S7-PLC SIM Advanced，可实现与生产过程仿真软件进行实时的数据交换，从而不需要借助任何的实体设备，对于初学者而言即使没有PLC实物，也可以采用仿真运行系统进行真实的学习，仿真软件可以帮助设备联机进行调试，可在调试过程中发现系统错误，可显著减少现场调试时间，并减少硬件设备组建的次数，降低开发成本。西门子公司当前的大部分工控设备都集成在了博途软件里，无论是控制器、人机界面、变频驱动器、分布式I/O，工业以太网络、运动控制以及供电系统，还是安全控制设备，通过共享的数据信息、一体化的组态项目与程序编辑环境，TIA博途可大大提高系统开发的效率，降低程序设计的难度，加速产品的应用。博途支持开放性通信网络，连接设备控制层和信息管理层，采用标准化的OPC通信协议，支持各种符合协议标准的设备间信息共享，可将生产数据传送到其他制造商的系统，将生产数据融入企业ERP/ MES系统，使用工业数据桥，组态好通信参数，通过标准接口实现跨系统的信息共享，不需任何编程。

西门子公司于2009推出第一代产品V10，版本在不断更新，每次版本更新都会增加对新设备的支持，TIA Portal是西门子公司在通往工业4.0的道路上提供的整体软件套件，其集成驱动与过程控制将是未来发展的重点。

1.2 博途软件的安装与授权

1.2.1 软件安装要求

博途软件占用的磁盘空间较大，且对计算机性能要求较高，为了最大限度地发挥软件的性能，保证软件运行的可靠性，安装博途的计算机应至少在表1-2的推荐配置以上，要有较大的内存和足够的磁盘空间。

表1-2 博途V13软件安装所需计算机推荐配置

项目	指标
CPU处理器	CoreTM i5-3320M 3.3 GHz或者相当
内存	8G或更大
硬盘	300GB SSD
图形分辨率	最小1920×1080
显示器	15.6in宽屏显示（1920mm×1080mm）
光驱	DL MULTISTANDARD DVD RW

不同的博途版本所需要的计算机系统不一样，博途V13应安装在Windows7 professional版本及以上，不支持早期的XP系统和Windows7 Basic系统，博途V13各版本软件分别支持的操作系统如表1-3所示，其他版本的博途软件请参考西门子技术手册。

Windows7系统安装时进入操作系统的用户需选择Administrator用户，安装时不能开杀毒软件、防火墙软件、防木马软件、优化软件等，其他正在运行的软件建议都暂时关闭。

为能够阅读所提供的PDF文件，需要使用与PDF 1.7兼容的PDF阅读器，例如

Adobe Reader V9。

表 1-3　　博途 V13 软件安装所需计算机操作系统

操作系统	系统版本
Windows7 系统	MS Windows7 Home Premium SP1（仅针对 STEP 7 Basic）
	MS Windows7 Professional SP1
	MS Windows7 Enterprise SP1
	MS Windows7 Ultimate SP1
Windows8 系统	Microsoft Windows7. 1（仅针对 STEP 7 Basic ）
	Microsoft Windows7. 1 Pro
	Microsoft Windows7. 1 Enterprise
Windows Server 操作系统	Microsoft Server 2012 R2 Standard
	MS Windows 2008 Server R2 Standard Edition SP2 （仅针对 STEP 7 Professional）

1. 2. 2　软件安装步骤

软件包通过安装程序自动安装。将安装盘插入光盘驱动器后，安装程序便会立即启动。如果通过硬盘软件安装，需要注意请勿在安装路径中使用或者包含任何 UNICODE 字符（包括中文字符）。

博途安装软件中含有多个组件，首先安装 STEP 7（TIA Portal）软件，因为在 STEP 7 中集成有 HMI 产品。在 HMI 之后再安装可选软件包（STARTER，SINAMICS Startdrive 等）。软件安装的顺序如下：SIMATIC STEP 7 Professional V13；SIMATIC WinCC Professional V13；SINAMICS Startdrive V13；STEP 7 Safety Advanced V13。

安装时要求系统 PG/PC 的硬件和软件满足系统要求，安装用户具有计算机的管理员权限，并且关闭所有正在运行的程序，关闭防火墙及杀毒软件等安全软件，具体安装过程如下：

1）将安装盘插入光盘驱动器。安装程序将自动启动，或可通过安装软件中双击“Start. exe”文件手动启动，将打开选择安装语言的对话框。选择希望用来显示安装程序对话框的语言。如果在安装时遇到重启计算机的问题，需要将计算机注册表中 HKEY_LOCAL_ MACIIINE \ SYSTEM \ Current Control Sct \ Control \ Scssion Manager 下面的键值 Pending File Rename Operations 删除即可正常安装。

2）点击下一步后，阅读关于产品和安装的信息，单击“下一步”（Next）按钮，将进入选择产品用户界面使用的语言界面，选择好安装语言后单击“下一步”（Next）按钮，“英语”（English）默认作为基本产品语言安装，如图 1-6 所示。

3）下一步选择要安装的产品：如果需要以最小配置安装程序，则单击“最小”（Minimal）按钮。如果需要以典型配置安装程序，则单击“典型”（Typical）按钮。如果需要自主选择要安装的产品，请单击“用户自定义”（User-defined）按钮。然后选择需要安装的产品对应的复选框，如图 1-7、图 1-8 所示。

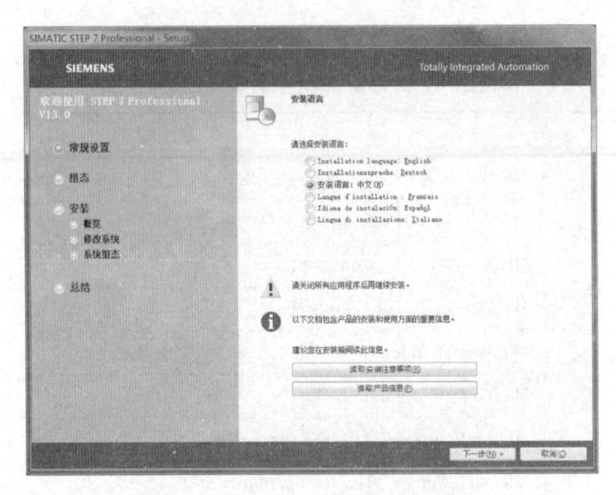

图 1-6　安装过程语言选择

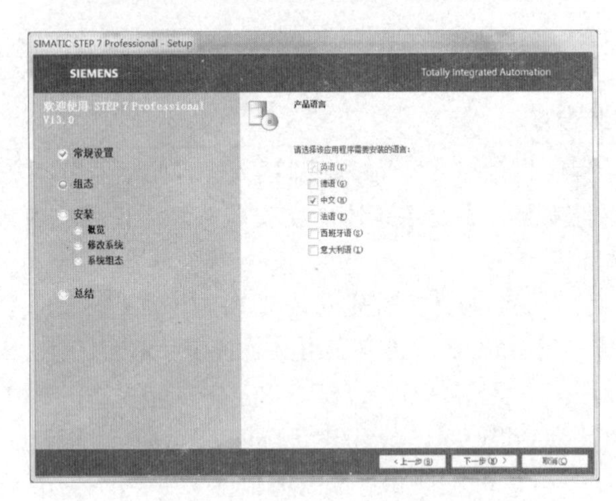

图 1-7　选择产品语言

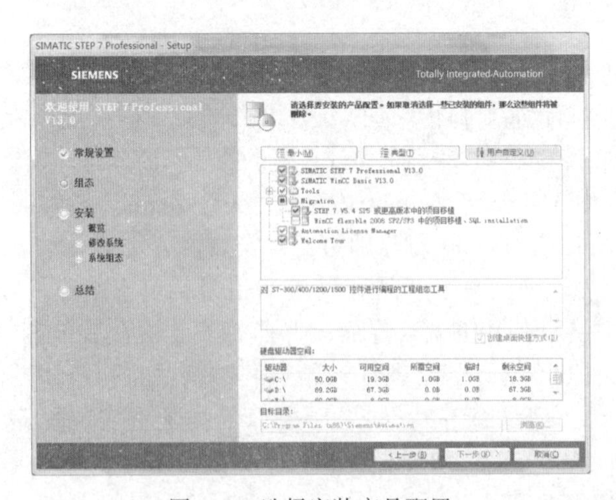

图 1-8　选择安装产品配置

单击下一步后，系统将确认安装条款，如图1-9所示。

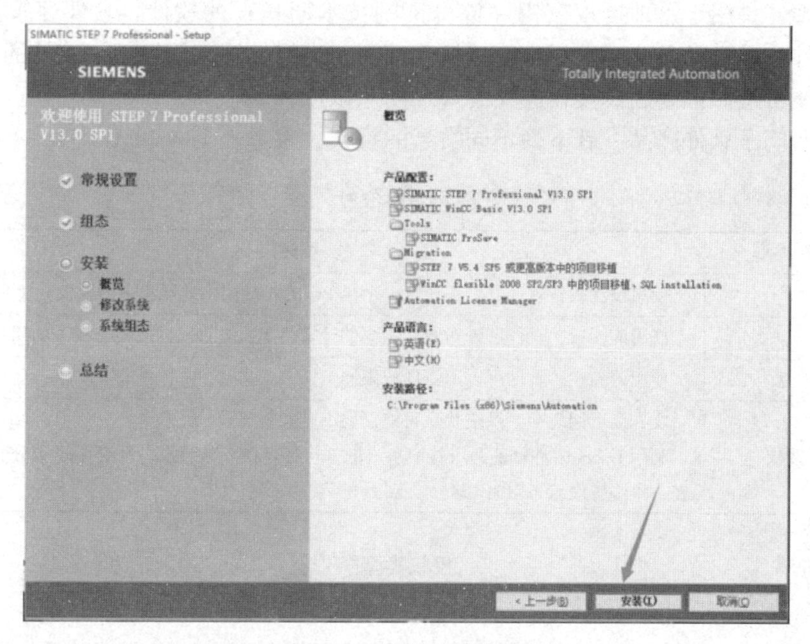

图1-9　安装条款确认

确认安装条款无误后，点击安装，将启动安装过程，安装大约需要几十分钟，如图1-10所示。

图1-10　启动安装过程

1.2.3 授权管理功能

授权管理器是用于管理授权密钥（许可证的技术形式）的软件。软件要求使用授权密钥的软件产品自动将此要求报告给授权管理器。当授权管理器发现该软件的有效授权密钥时，便可遵照最终用户授权协议的规定使用该软件。

对于西门子软件产品，有下列不同类型的授权，参考表 1-4 和表 1-5。

表 1-4　标准授权类型

标准授权类型	描述
Single	使用该授权，软件可以在任意一个单 PC 机（使用本地硬盘中的授权）上使用
Floating	使用该授权，软件可以安装在不同的计算机上，且可以同时被有权限的用户使用
Master	使用该授权，软件可以不受任何限制
升级类型授权	在升级可用之前，系统状态可能需要满足某些要求 利用 Upgrade 许可证，可将旧版本的许可证转换成新版本。升级可能十分必要，例如在不得不扩展组态限制时

表 1-5　授权类型

授权类型	描述
无限制	使用具有此类授权的软件可不受限制
Count relevant	使用具有此类授权的软件要受到下列限制： 合同中规定的标签数量
Count Objects	使用具有此类授权的软件要受到下列限制： 合同中规定的对象的数量
Rental	使用具有此类授权的软件要受到下列限制： （1）合同中规定的工作小时数 （2）合同中规定的自首次使用日算起的天数 （3）合同中规定的到期日 注意：可以在任务栏的信息区内看到关于 Rental 授权剩余时间的简短信息
Trial	使用具有此类授权的软件要受到下列限制： （1）有效期，如最长为 14 天 （2）自首次使用日算起的特定天数 （3）用于测试和验证（免责声明）
Demo	使用具有此类授权的软件要受到下列限制： （1）合同中规定的工作小时数 （2）合同中规定的自首次使用日算起的天数 （3）合同中规定的到期日 注意：可以在任务栏的信息区内看到关于演示版授权剩余时间的简短信息

在安装 TIA 博途软件时，可以选择安装授权管理器，授权管理器可以传递、检测、删除授权，操作界面参考，如图 1-11 所示。

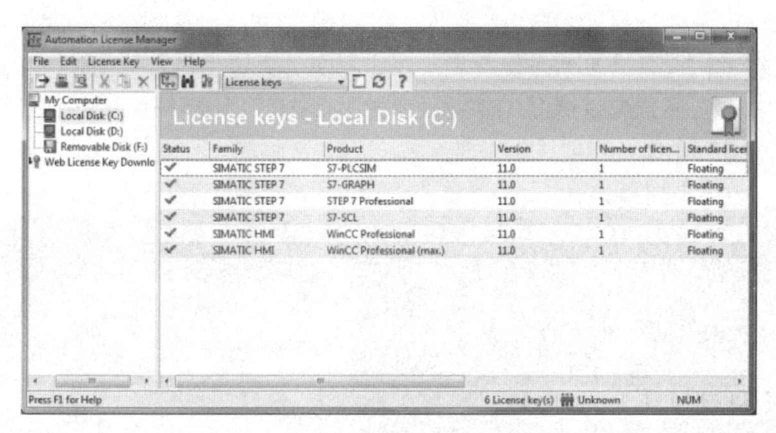

图 1-11　授权管理器操作界面

可以在安装软件产品期间安装授权密钥，或者在安装结束后使用授权管理器进行授权操作。可以通过授权管理软件以拖拽的方式从授权盘中转移到目标硬盘。有些软件产品允许在安装程序本身时安装所需要的许可证密钥。计算机安装完软件，授权密钥自动安装。需要注意的是不能在执行安装程序时安装 Upgrade 授权密钥。软件安装完成后，按照要求重启电脑，桌面出现博途软件图标，安装过程结束。

1.3　快速创建新项目

在桌面上双击“TIA Portal V13”图标启动软件。TIA 博途软件在自动化项目中可以使用两种不同的视图，Portal 视图或者项目视图，Portal 视图是面向任务的视图，而项目视图是项目各组件的视图。可以使用切换按钮在两种视图间进行切换。

在 Portal 视图中，单击“创建新项目”，并输入项目名称、路径和作者等信息，然后点击“创建”即可生成新项目，如图 1-12 所示。

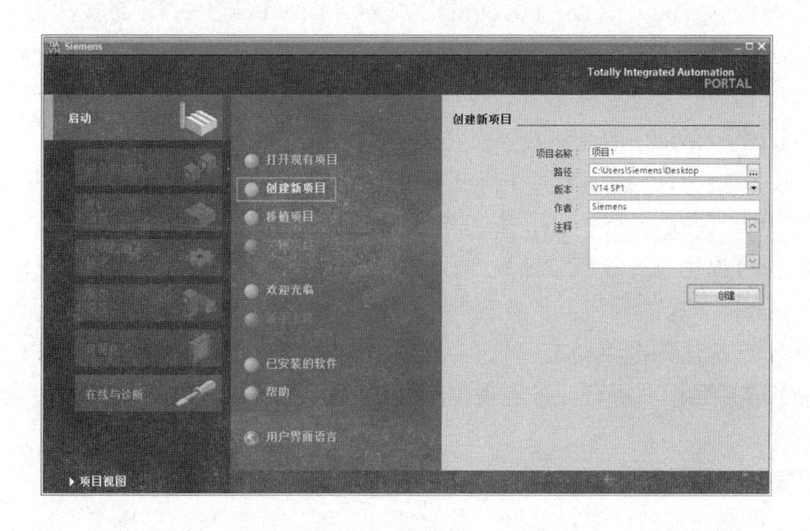

图 1-12　创建新项目

项目名称：用户可根据实际名称命名，并可采用中文；修改路径：可改变项目的存储路径；在作者栏可以修改项目作者名；在注释中可对项目做具体描述。单击左下角项目视图按钮，则切换到项目视图，在项目视图中单击“Portal 视图”按钮，可返回至该界面，如图 1-13 所示。

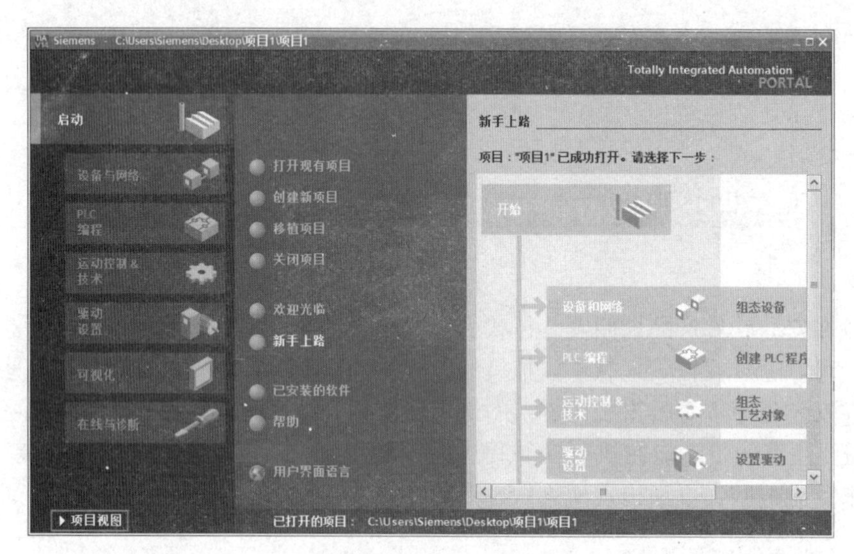

图 1-13　视图切换按钮

1.4　博途软件界面

1.4.1　认识博途视图

（1）Portal 视图界面

博途软件包含 Portal 视图和项目视图两种界面，Portal 视图是软件的门户视图，Portal 视图提供了面向任务的视图，可以快速确定要执行的操作或任务，有些情况下该界面会针对所选任务自动切换为项目视图。当双击 TIA 博途图标后，可以打开 Portal 视图界面，界面中包括如下 5 个区域，如图 1-14 所示。

1）任务选项：任务选项为各个任务区提供了基本功能。在 Portal 视图中提供的任务选项取决于所安装的软件产品。博途 V13 中包含：启动、设备与网络、PLC 编程/运动控制技术、可视化及在线与诊断 6 个任务选项。

2）任务选项对应的操作：任务选项提供了对所选任务选项可使用的操作。操作的内容会根据所选的任务选项动态变化。

3）操作选择面板：所有任务选项中都提供了选择面板，该面板的内容取决于当前的选择。

4）切换到项目视图：可以使用“项目视图”链接切换到项目视图。

5）当前打开的项目的显示区域：在此处可了解当前打开的是哪个项目在启动任务里面。

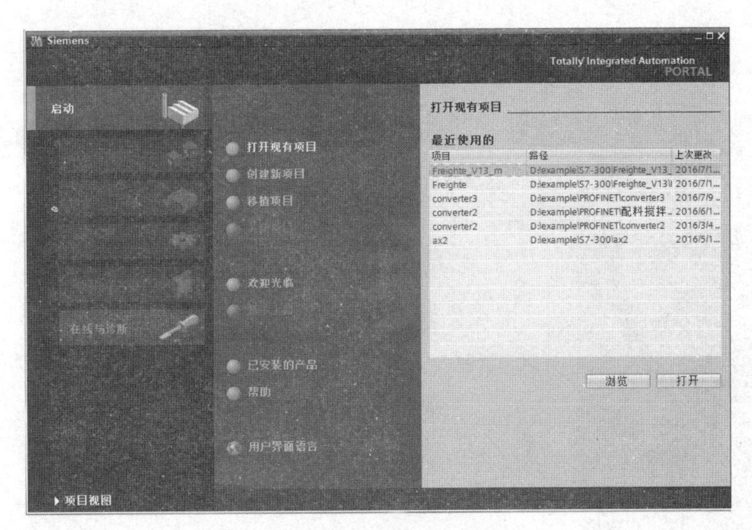

图 1-14　Portal 视图界面

(2) 启动任务选项

1) 打开现有项目：可以打开当前计算机已经存在的博途项目，在右侧区域内可以查看到最近使用的项目，点击浏览可以手动查找区域内没有显示的项目路径，选中某个项目，单击打开按钮，即可打开该项目并进入项目视图。

2) 创建新项目：可以创建一个新博途项目。

3) 移植项目：可以将西门子早期的其他软件创建的工作项目在博途软件内打开，因为软件平台不一样，因此移植后可能与原任务有一定区别。

4) 欢迎光临操作：可以查看西门子官方对博途软件功能的介绍，如图 1-15 所示。

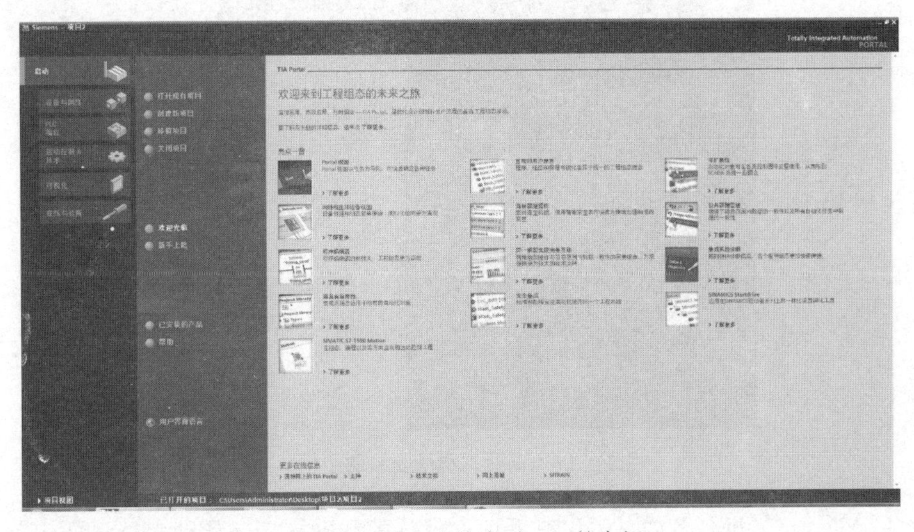

图 1-15　欢迎光临中对 TIA 的介绍

5）新手上路：新手上路操作可以按照系统推荐的步骤一步步组态项目，如图 1-16 所示。

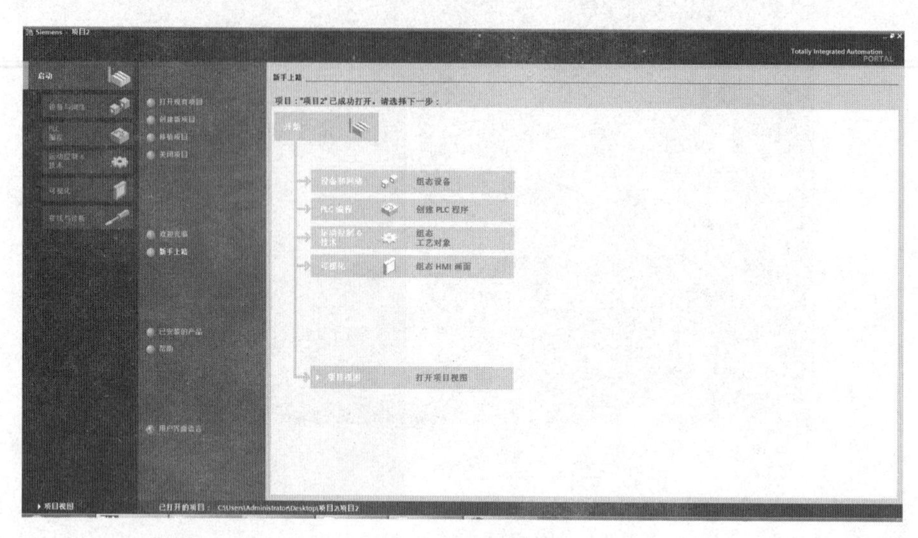

图 1-16　新手上路推荐的组态步骤

6）已安装的产品：在已安装的产品任务里面，可以查看当前计算机内已经安装的博途软件产品，本机当前安装的产品包括 TIA Portal V13 STEP professional V13 和 Wincc V13，如图 1-17 所示。

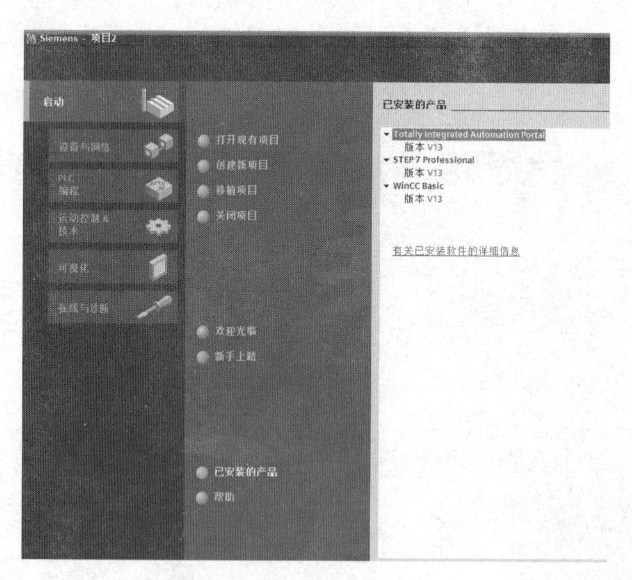

图 1-17　查看本机已安装的组件

7）帮助：在帮助任务内，可以查看博途软件的帮助文档，帮助文档里面包含了软件及硬件各种操作的详细解释和说明，如图 1-18 所示。

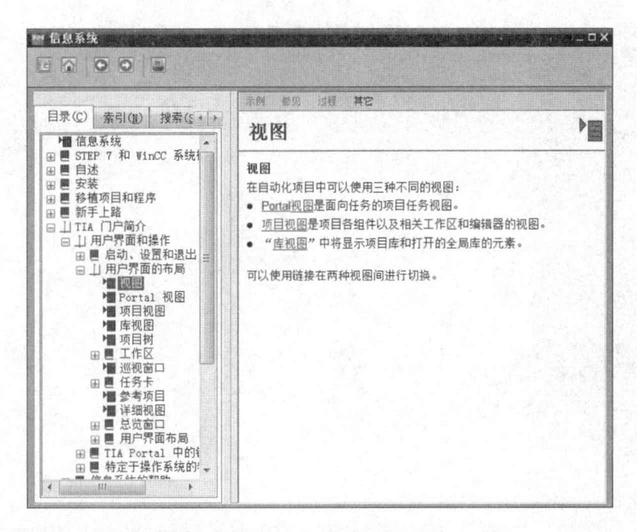

图1-18　查看帮助文档

8）用户界面语言：在用户界面语言选项内，可以切换软件的语言，如图1-19所示。

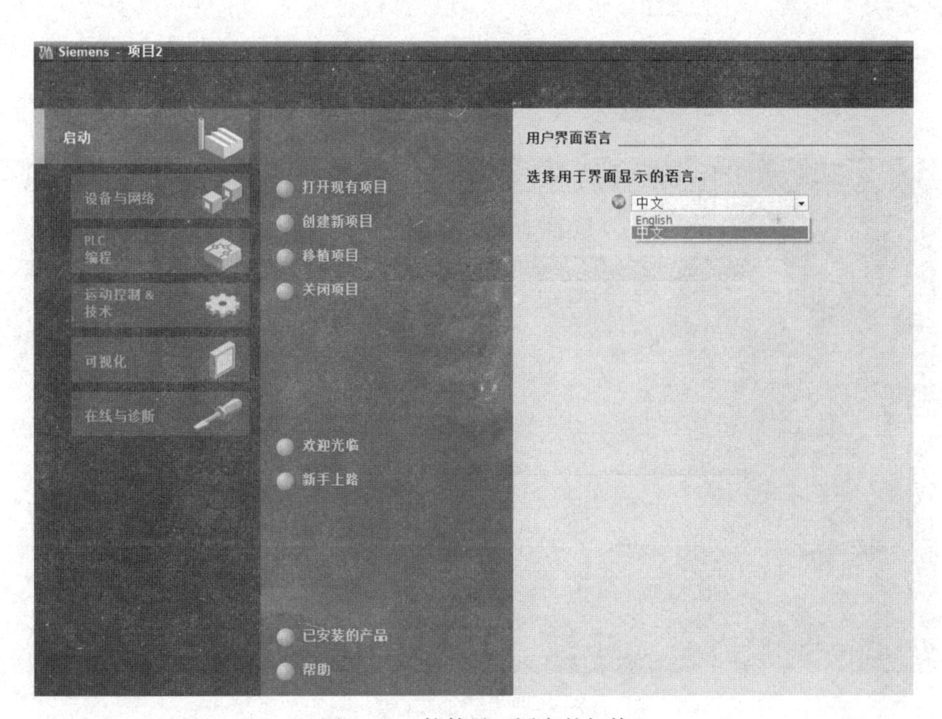

图1-19　软件界面语言的切换

（3）设备与网络任务

在设备与网络界面里面，包含显示所有设备、添加新设备、组态网络和帮助操作，如图1-20所示。

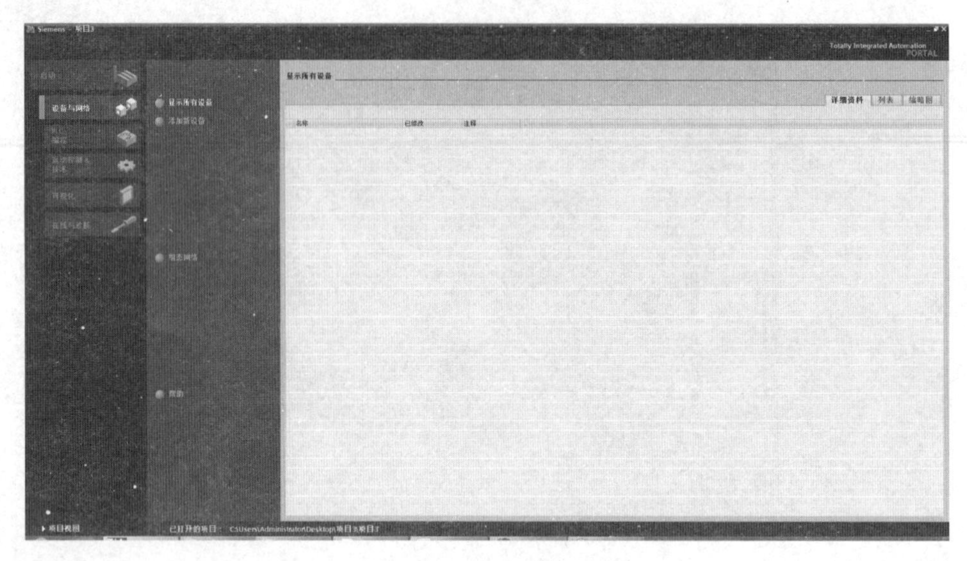

图 1-20　设备与网络界面

显示所有设备可以查看现在打开项目内包含的硬件设备目录，当前项目为空项目，没有任何硬件设备，单击添加新设备，将出现硬件设备目录，在目录里面选定 PLC 设备，在选择 PLC 时一定要注意，所选择的设备型号与订货号必须与实际硬件设备相一致，选定 PLC 设备后，单击添加按钮，相应设备即添加到项目中，如图 1-21 所示。

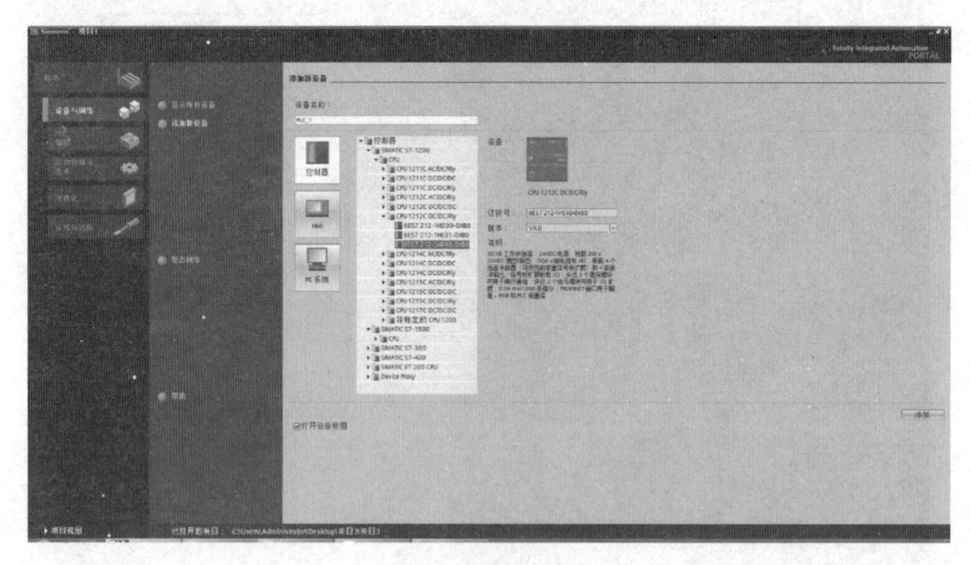

图 1-21　添加新设备

单击确定后，或单击网络组态操作，系统将自动切换至项目视图中，在项目视图内，可对项目硬件进行网络参数的设置，单击左下角 Portal 视图按钮，即可切换回 Portal 视图，如图 1-22 所示。

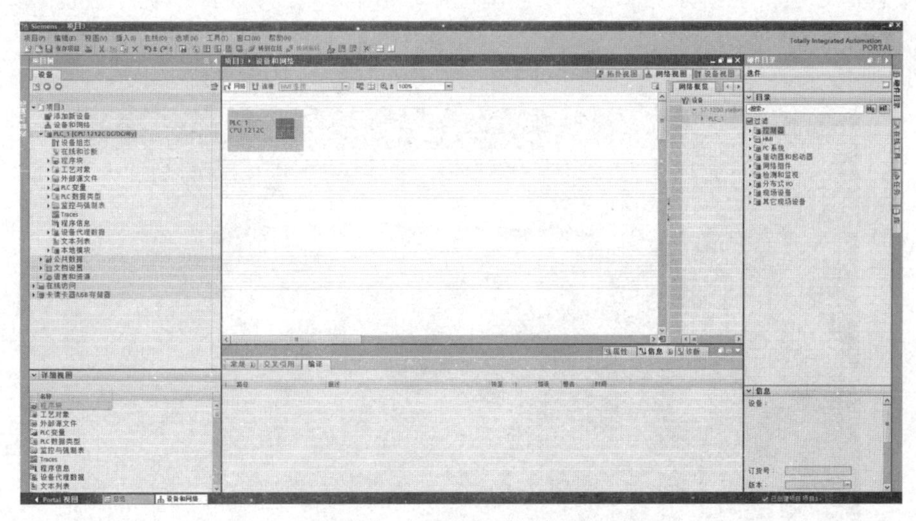

图 1-22　系统项目视图

（4）PLC 编程

在 PLC 编程任务里，包含显示所有对象、添加新块、显示交叉引用、显示程序结构操作，如图 1-23 所示。

图 1-23　PLC 编程界面

在显示所有对象操作里，只有一个组织块 main 函数，main 函数是 PLC 程序的主程序，每个 PLC 项目必须有一个主函数，单击添加新块，可以添加一个新的数据块或组织块，如图 1-24 所示。

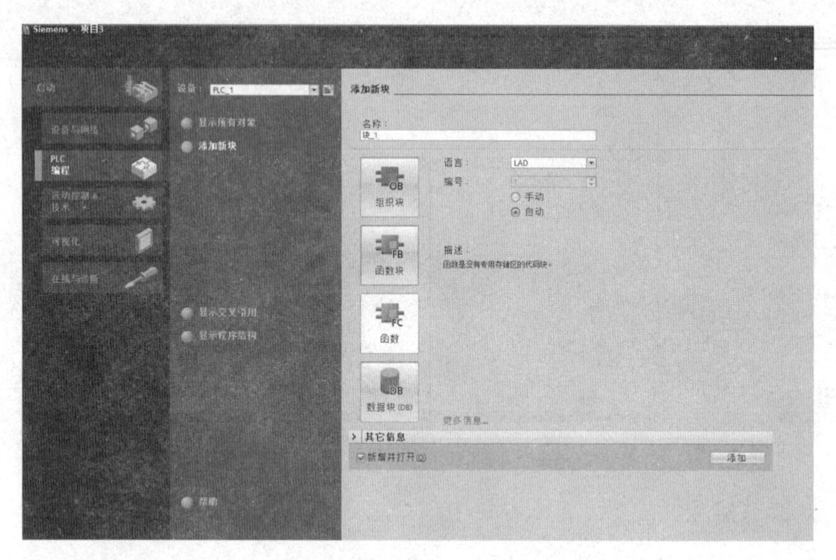

图 1-24　添加新块

（5）运动控制和技术

西门子部分新的硬件支持在博途编程组态，例如普通的伺服控制，可以实现一些基本的定位功能等，新出的 1500t 系列的控制器则具备更强大的运动控制功能。

（6）可视化

在可视化任务里，可以进行触摸屏 HMI 设备的组态及相关操作，触摸屏用于对现场设备运行的监控和远程操作、数据归档等功能，在本书项目 8 中，包含有触摸屏组态等相关内容，如图 1-25 所示。

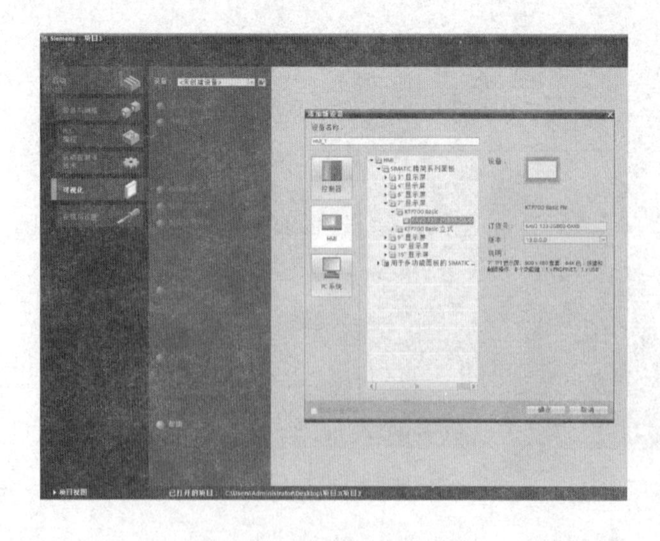

图 1-25　可视化任务界面

(7) 在线与访问

在线与访问任务中，可以查看到当前项目包含的全部设备，查找当前计算机可访问的硬件设备，包括实际硬件和访问软件等，如图 1-26 所示。

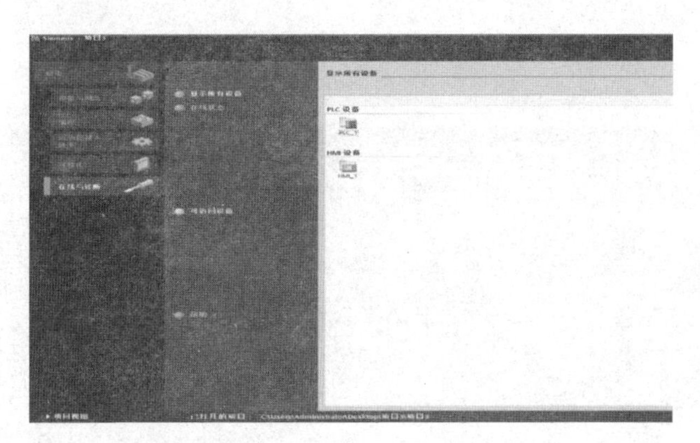

图 1-26　在线与诊断界面

在可访问设备操作里，可以查看与当前计算机连接的硬件设备，包括仿真 PLCSIM 等，如图 1-27 所示。

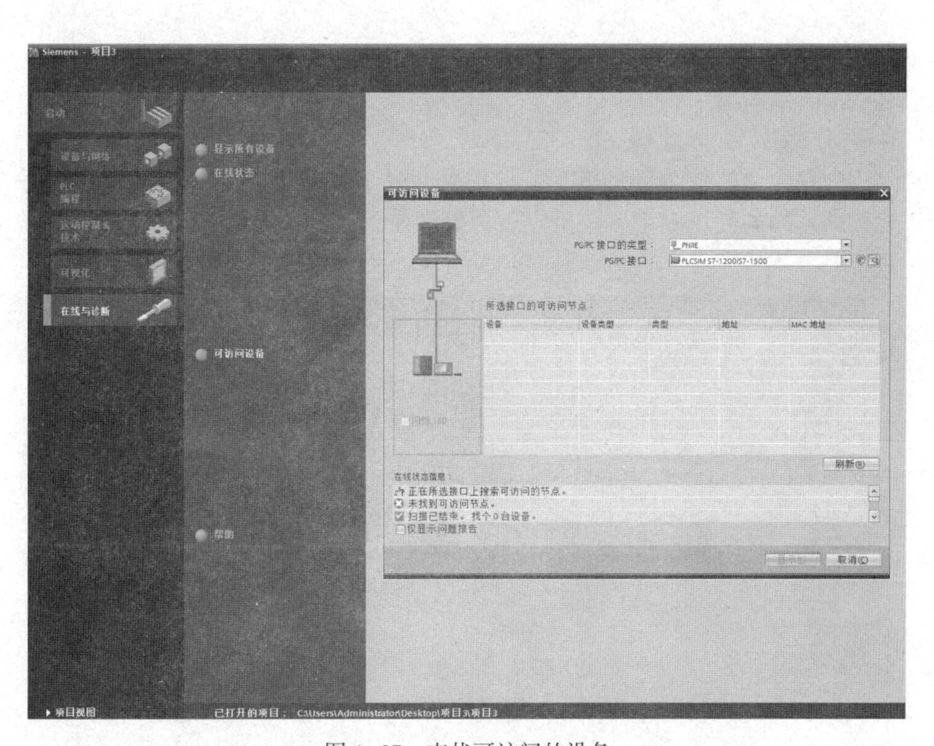

图 1-27　查找可访问的设备

1.4.2　认识项目视图

单击 Portal 视图左下角的项目视图按钮可切换至软件的项目视图，S7-1200 PLC 及其他硬件设备的编程、组态等操作都是在项目视图中完成的，因此必须熟练掌握项目视图的操作。TIA Portal 软件是西门子公司基于微软 Windows 操作系统开发的，因此与其他软件具有相似的界面，由标题栏、菜单栏、工具栏、项目树、编辑区、选件区和巡视窗口组成，各区域可在视图菜单中进行设置，窗口的大小可以拖动窗口的边框进行调整。标题栏显示的是当前打开的任务名，如图 1-28 所示。

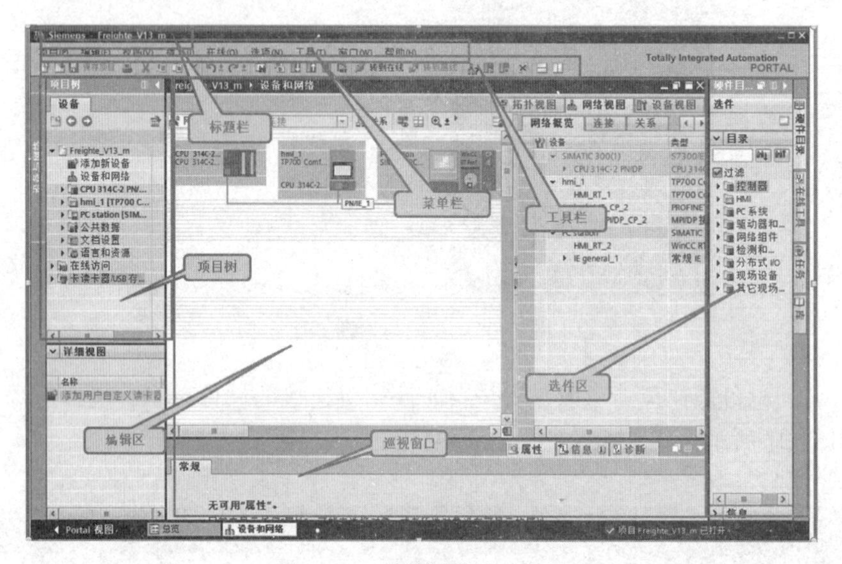

图 1-28　项目视图界面分区

菜单栏中包含了软件全部的操作，同时提供了软件的快捷方式操作，使用快捷方式操作能提高软件的使用效率，菜单栏所含操作如图 1-29 所示。

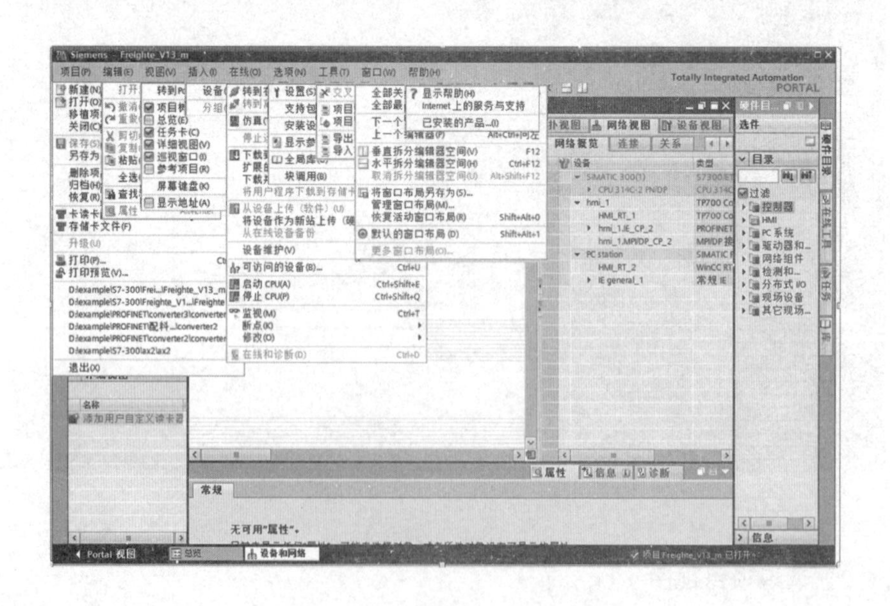

图 1-29　项目视图菜单栏内容

工具栏提供了软件部分常用的操作，例如打开项目、关闭项目、项目保存、项目编译、下载、仿真等，工具栏中包含的图标用户可以自己设定。

项目树中显示的是正在组态的设备，在项目树中也可以添加新设备，添加的硬件设备都会在项目树中进行显示，并且在项目树中可以将该设备展开，显示该设备的全部操作，同时也可以显示设备之间的网络组态等，如图 1-30 所示。

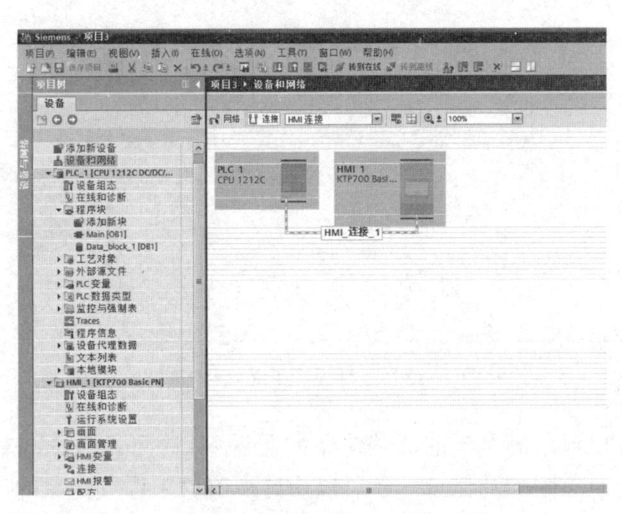

图 1-30　项目视图设备和网络操作界面

编辑区内显示的是当前选中设备的操作界面，在该区内可以进行选定的操作，如 PLC 编程、HMI 画面组态、添加变量、网络组态等操作，如图 1-31 所示。

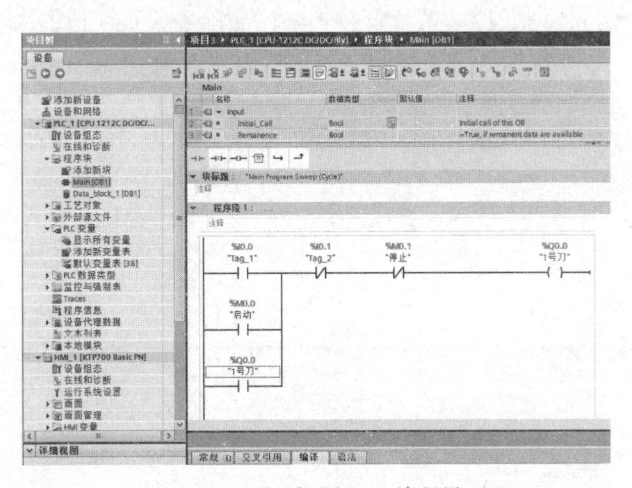

图 1-31　项目视图 PLC 编程界面

右侧的选件区，显示的是当前操作的可用选件。例如在 PLC 编程时，提供全部的指令系统，在设备选型时，提供全部的硬件设备目录，在 HMI 画面组态时显示系统提供的对象、元素和控件等，如图 1-32 所示。

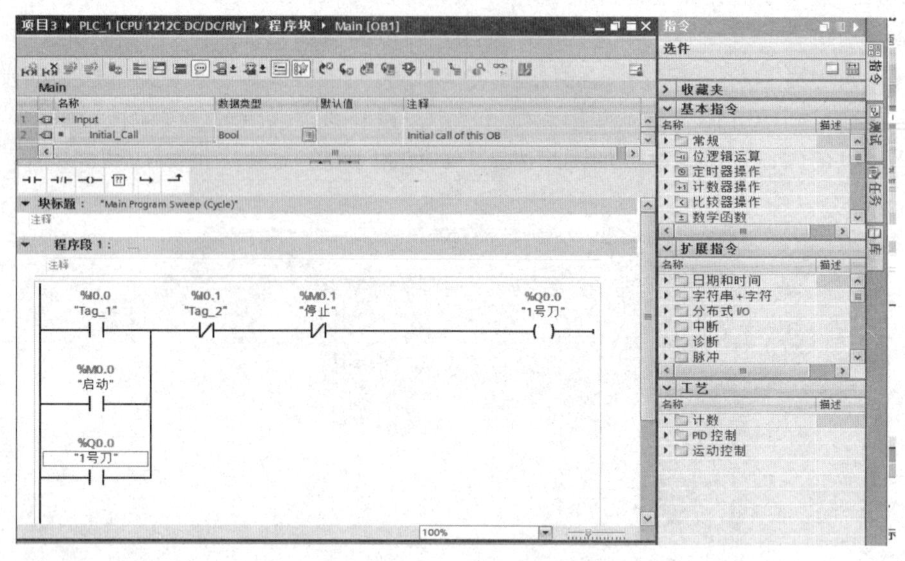

图 1-32　项目视图 PLC 指令选件

下方的监视窗口显示的是当前选定对象的监视窗口（Inspector window），用来显示选中的工作区中的对象附加的信息，还可以用监视窗口来设置对象的属性。监视窗口有 3 个选项卡，如图 1-33 所示。

1）Properties（属性）选项卡：用来显示和修改选中的工作区中的对象的属性，左边窗口是浏览窗口，选中其中的参数组，在右边窗口显示和编辑相应的信息或参数，如图 1-33 所示。

2）Info（信息）选项：显示所选对象和操作的详细信息，以及编译的报警信息。

3）Diagnostics（诊断）选项卡：显示系统诊断事件和组态的报警事件。

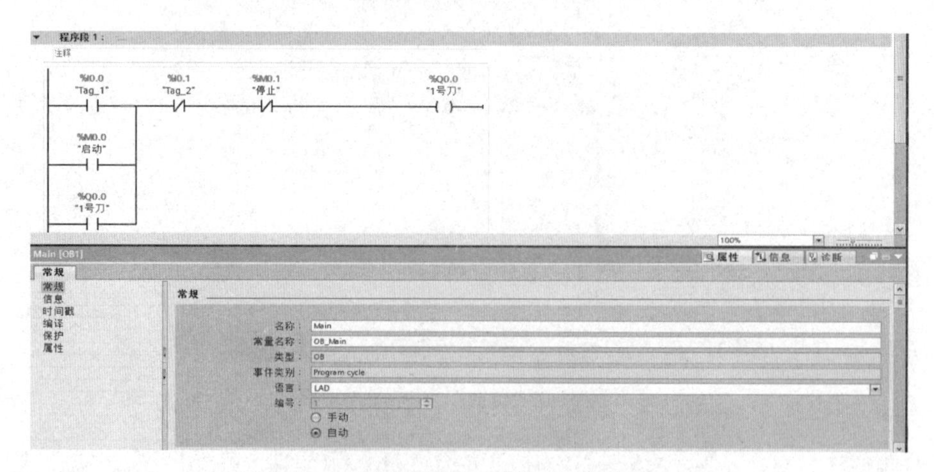

图 1-33　项目视图下方巡视窗口属性界面

项目检查与评估

根据项目完成情况，按照表1-6进行评价。

表1-6　　项目评价表

序号	考核项目	评价内容	要求	权重/%	评价
1	博途认知	了解博途软件组态的功能	1. 认识PLC，了解PLC的相关知识 2. 了解西门子S7-1200 PLC的相关知识 3. 了解博途软件的特点和功能	5	
2	软件安装	软件安装的方法及解决安装过程中的问题	1. 能正确安装博途软件 2. 能正确对软件进行授权 3. 能解决安装过程中遇到的其他问题	10	
3	项目创建	正确打开软件，并创建项目	1. 能正确打开软件并创建项目 2. 能按照需求修改项目名称、路径等	10	
4	Portal视图与项目视图	了解Portal视图的组成	1. 掌握Portal视图的各任务及操作 2. 了解帮助文档的使用 3. 掌握视图切换的方法 4. 熟悉Portal视图的相关操作	20	
5	添加新硬件	插入硬件的方法	1. 能正确添加PLC设备 2. 能正确添加HMI设备 3. 能正确查看项目硬件目录	25	
6	在线设备查找	查找在线可访问设备	1. 能正确查看项目中的全部设备 2. 能通过网络查找全部在线设备	20	
7	职业素质	职业素质	1. 具备良好的职业素养，具有良好的团结协作、语言表达及自学能力 2. 具备安全操作意识、环保意识等	10	
8	评价结果				

项目总结

PLC是目前主流的工业控制设备，在工业自动化生产中应用十分广泛。S7-1200 PLC是西门子公司推出用于代替早期S7-200 PLC的一种小型整体式PLC，S7-1200 PLC的编程、组态、调试等工作均是在博途软件内完成的。学习PLC主要内容是掌握硬件的组态、程序的编制及通信网络连接，因此在学习S7-1200 PLC前要先掌握博途软件的安装方法，博途软件安装过程比较复杂，在本项目中通过详细的图解一步步讲述了软件的步骤，并讲解了博途视图的组成和在博途视图中创建新项目的方法。软件的项目视图提供了面向对象的操作，项目视图能进行设备添加并进行PLC编程，添加触摸屏设备并进行HMI画面编辑和组态，能查看项目硬件设备及网络，因此项目视图是TIA软件操作的基础，必须熟练掌握项目视图的操作。

练习与训练

一、知识训练

1. ________年，美国数字设备公司（DEC）成功研制世界上第一台可编程序控制器。

2. 工业自动化的三大技术支柱是________、________、________。

3. ________________公司是第一家设计运用 PLC 的公司。

4. S7-1200 系列 PLC 是________________公司生产的 。

5. S7-1200 系列 PLC 属于小型________________PLC。

6. TIA Portal 是________________的英文简称。

7. 博途软件的操作界面分为____________和____________。

8. 在添加新设备时必须注意设备固件的版本号必须与____________相一致。

9. 可视化视图用来组态____________。

10. PLC 添加的新块包括____________、____________和____________。

11. 简述 PLC 的定义。

12. 简述 PLC 的特点。

13. 简述 PLC 控制系统和传统继电器控制系统的优缺点。

二、项目练习

1. 请为自己的计算机安装博途软件，并在计算机桌面位置新建一个博途项目，命名为“刀库换刀控制系统”。

2. 为桌面的“刀库换刀控制系统”项目添加 S7-1200 CPU 1212C 型号 PLC 和 KP700 人机界面触摸屏设备。

3. 查看帮助文档，了解项目视图的组成和功能。

项目 2 项目硬件组态

任务描述

在进行软件编程之前根据 PLC 系统的实际硬件情况，对 PLC 系统进行硬件组态。本系统的硬件实物如图 2-1 所示。

图 2-1　S7-1200 PLC 系统硬件实物图

任务能力目标

1）熟悉 S7-1200 PLC 各个功能模块。
2）掌握 S7-1200 PLC 系统的组态。
3）能修改和设置各个模块的属性。
4）能进行硬件组态信息的编译及下载。
5）能进行 PLC 系统的连线。

完成任务的计划决策

要进行 S7-1200 PLC 的硬件组态，要求能识别其硬件系统各个模块的型号、参数等基本信息，再在软件里找到相应的硬件，将各个模块组态并进行属性设置，最后再将正确的硬件信息下载至 PLC 中。

实施过程

2.1　S7-1200 PLC 系统的硬件组成

由图 2-1 可知，本系统主要由 CPU、信号板、AI 模块、AQ 模块、通信模块等组成，其具体组成参数见表 2-1。

表 2-1　　S7-1200 PLC 系统的硬件组成参数表

序号	名称	型号	订货号
1	CPU	CPU1214C DC/DC/DC	6ES7 214-1AG40-0XB0
2	信号板	SB 1232AQ	6ES7 232-4HA30-0XB0
3	AI 模块	SM1231AI4XTC	6ES7 231-5QD32-0XB0
4	AQ 模块	SM1232AQ2	6ES7-232-4HB32-0XB0
5	通信模块	CM1243-5	6GK7-243-5DX30-0XE0

2.2　S7-1200 PLC 系统的硬件组态

（1）项目的创建

打开博途软件 TIA Portal V13，单击“创建新项目”，输入项目名称（如：motor1），选择工程保存路径（也可以用默认路径），单击“创建”按钮，开始创建项目，如图 2-2 所示。创建成功后，如图 2-3 所示。

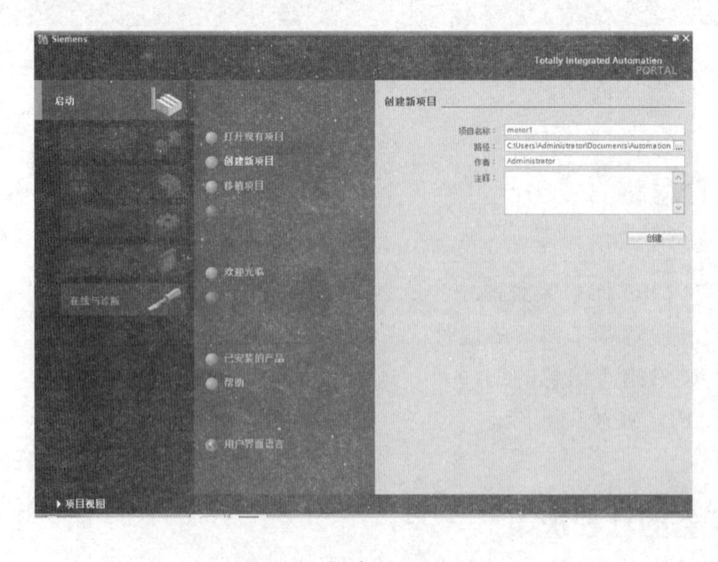

图 2-2　创建项目对话框

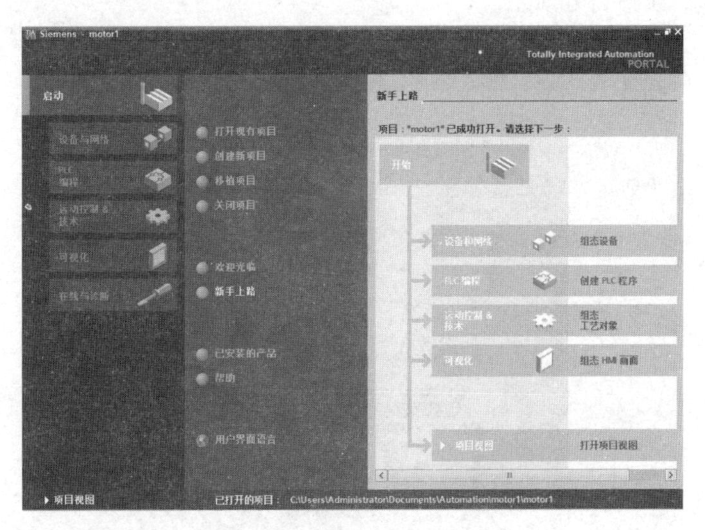

图 2-3　创建项目成功对话框

(2) 组态 CPU

点击如图 2-3 所示左下角“项目视图”，进入项目视图。在项目视图界面下双击“添加新设备”，如图 2-4 所示。

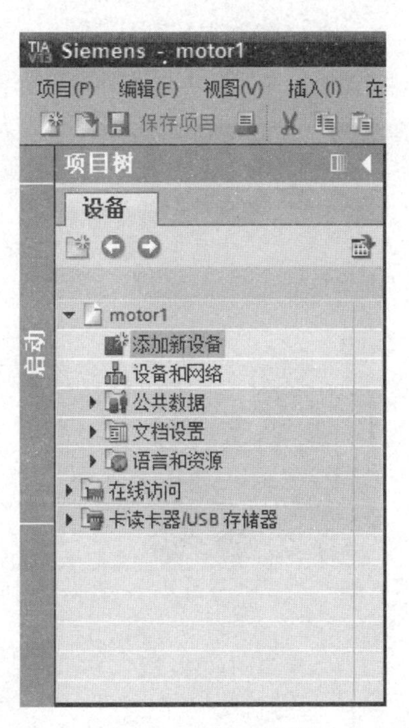

图 2-4　添加新设备

根据实际的 PLC 找到 CPU 的型号 S7-1200 CPU1214C DC/DC/DC，同时找到对应的订货号 6ES7 214-1AG40-0XB0，如图 2-5 所示，选中后，点击“确定”，则显示组态 CPU 对话框，如图 2-6 所示。

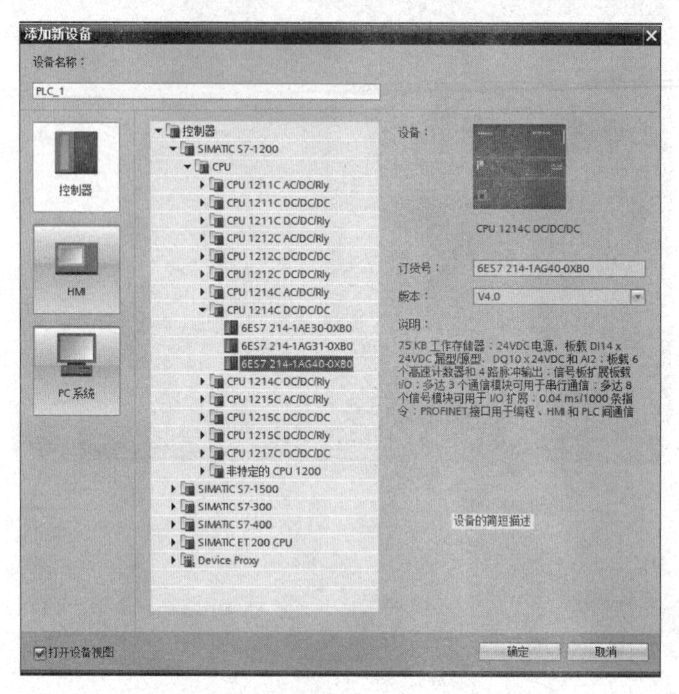

图 2-5　添加 CPU 对话框

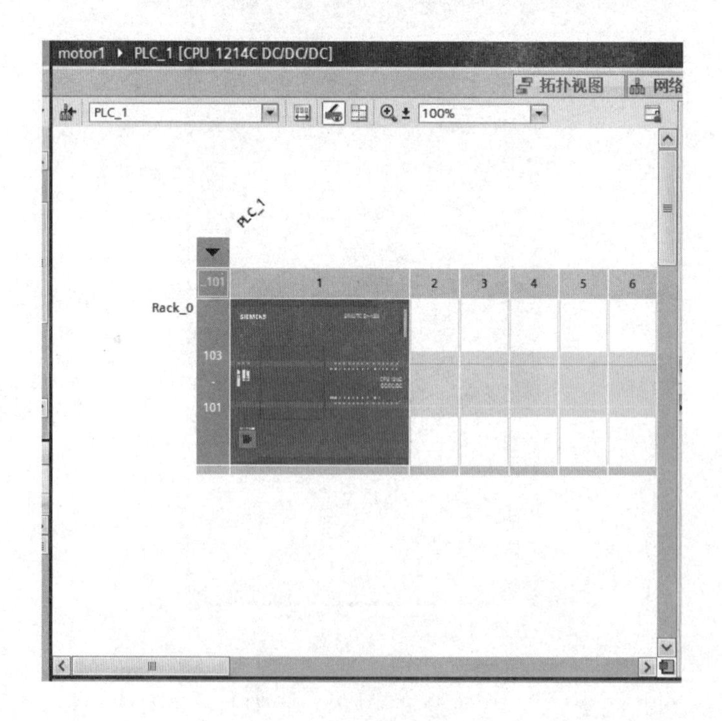

图 2-6　组态 CPU

(3) 组态信号板

点击 CPU 模块上的信号板位置，添加信号板，本系统的信号板为一个 12 位的 AQ 输出扩展板。相应地找到该板子，并选中其订货号：6ES7 232-4HA30-0XB0，如图 2-7 所示，通过双击，或用鼠标拖到其对应位置即可。完成信号板组态，如图 2-8 所示。

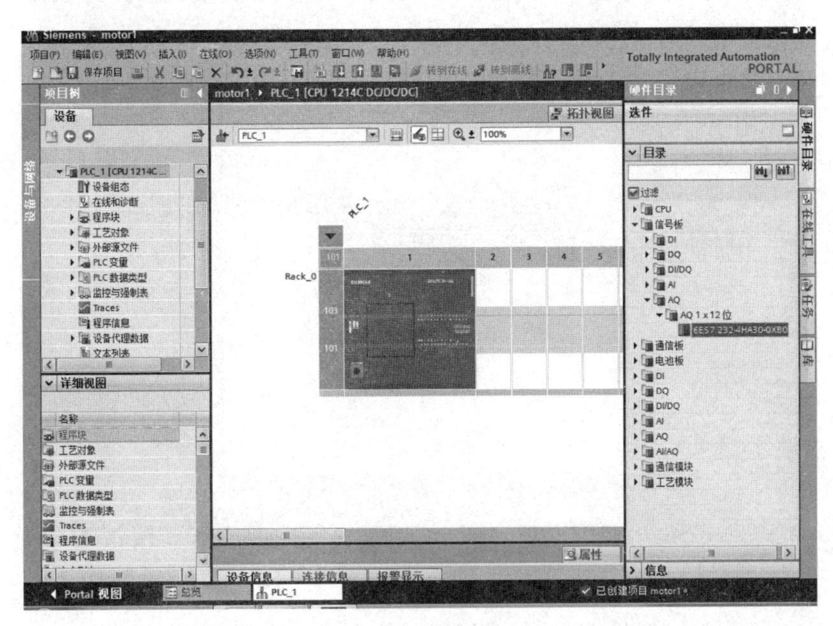

图 2-7　添加信号板对话框

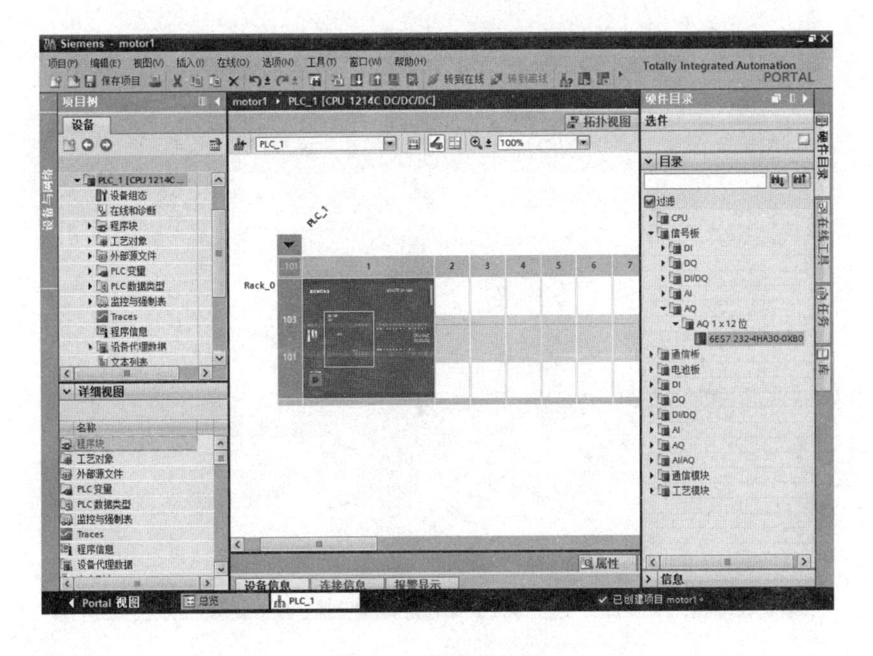

图 2-8　组态信号板

(4) 组态 AI 模块

本系统配备的 AI 模块是 SM1231 模块，能接收 4 路 TC 信号，其订货号为 6ES7 231-5QD32-0XB0。找到该模块后拖到 CPU 旁边的 2 号槽，如图 2-9 所示。

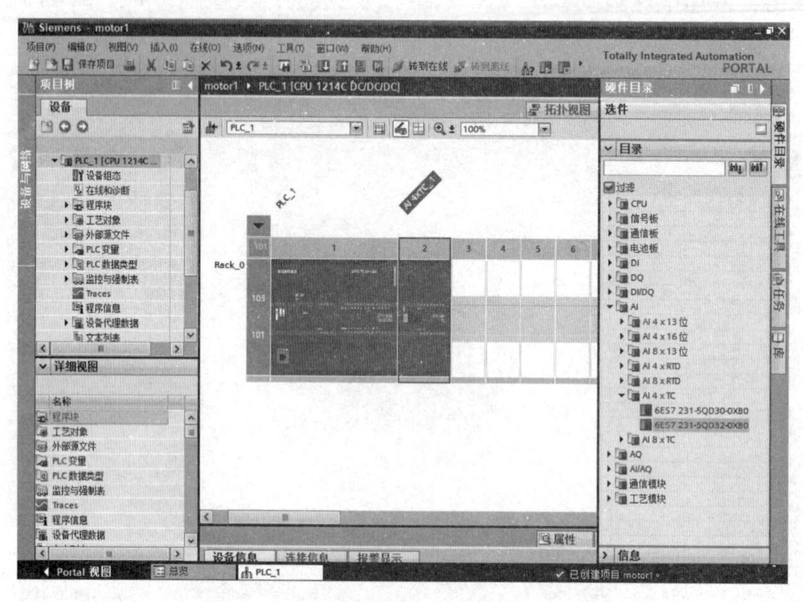

图 2-9 组态 AI 模块

在 AI 模块的属性里面要把其每个通道（通道 0~4）的“启用溢出诊断”和“启用下溢诊断”前面的钩去掉，如图 2-10 所示。

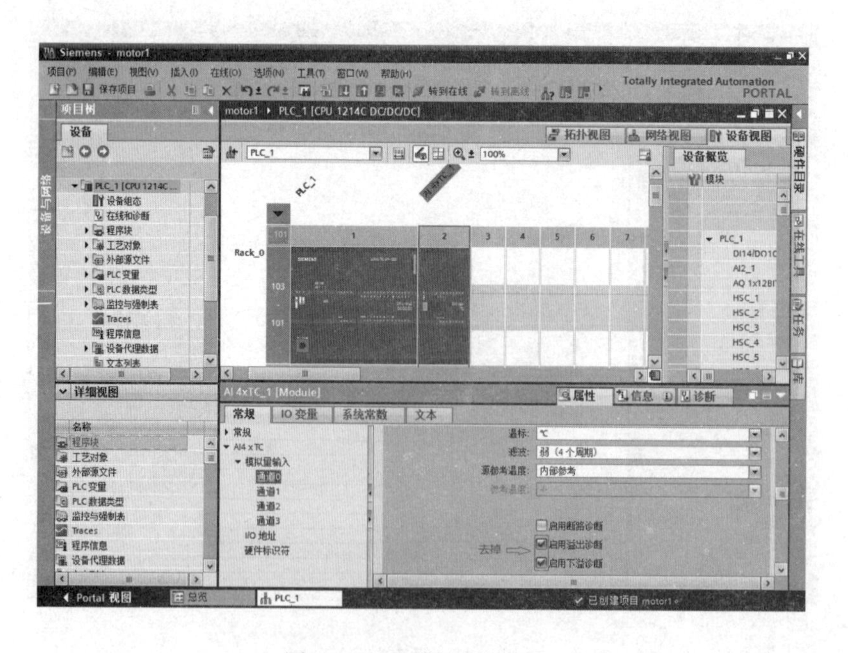

图 2-10 AI 模块属性设置

(5) 组态 AQ 模块

本系统配备的 AQ 模块是 SM1232 模块，能输出 2 路 14 位的模拟信号，其订货号为 6ES7-232-4HB32-0XB0。找到该模块后拖到 3 号槽，如图 2-11 所示。

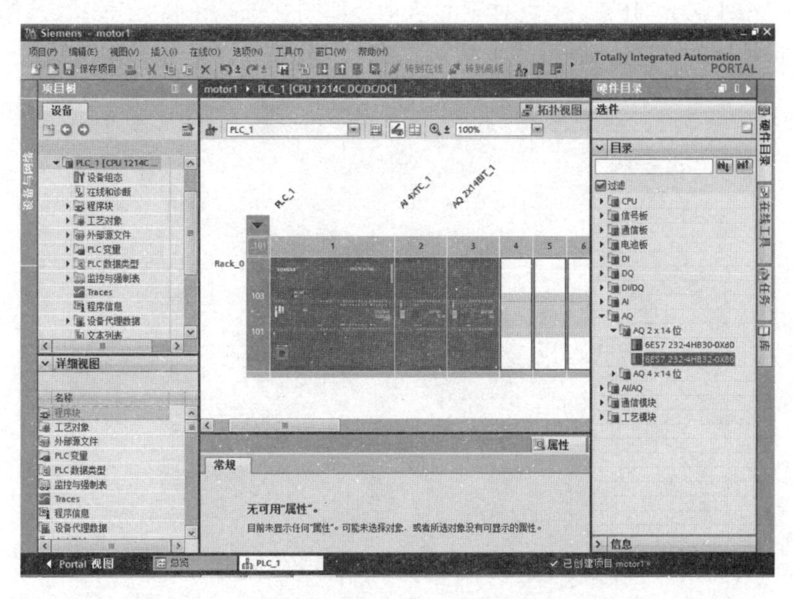

图 2-11　组态 AQ 模块

(6) 组态通信模块

本系统配备的通信模块是 CM1243-5 模块，该模块支持 profibus 通信，其订货号为 6GK7-243-5DX30-0XE0。找到该模块后拖到 CPU 左边的 101 号槽，如图 2-12 所示。

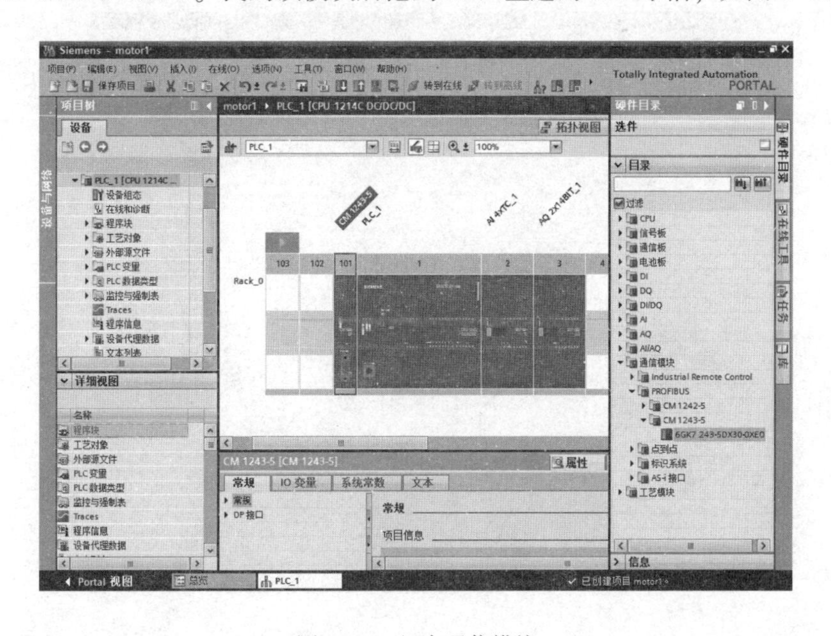

图 2-12　组态通信模块

(7) 下载硬件信息

添加完 PLC 系统所有设备后，点击“编译”图标，确定没有问题后，点击工具栏的“下载”图标，在弹出的对话框中分别选择“PG/PC 接口的类型”“ PG/PC 接口的名称”“接口/子网的连接”对应的信息，如图 2-13 所示，点击“开始搜索”找到 PLC 后如图 2-14 所示，点击“下载”，进入下载界面。

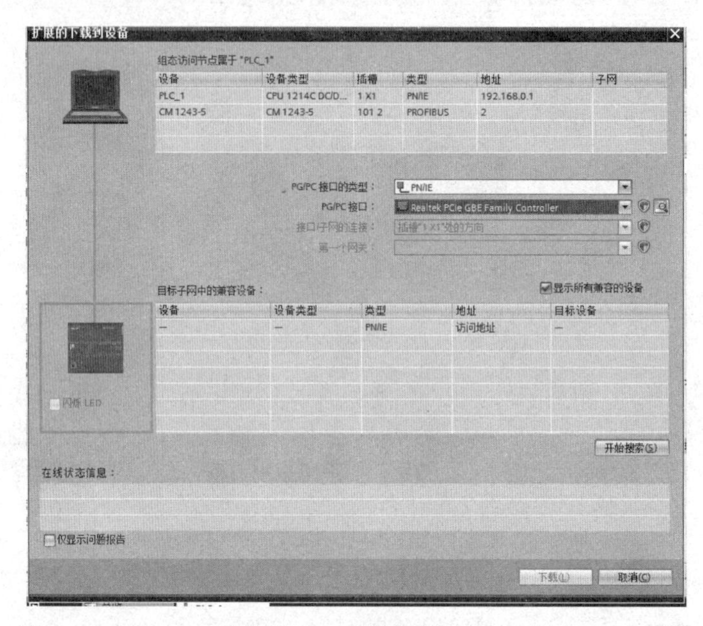

图 2-13　下载接口设置

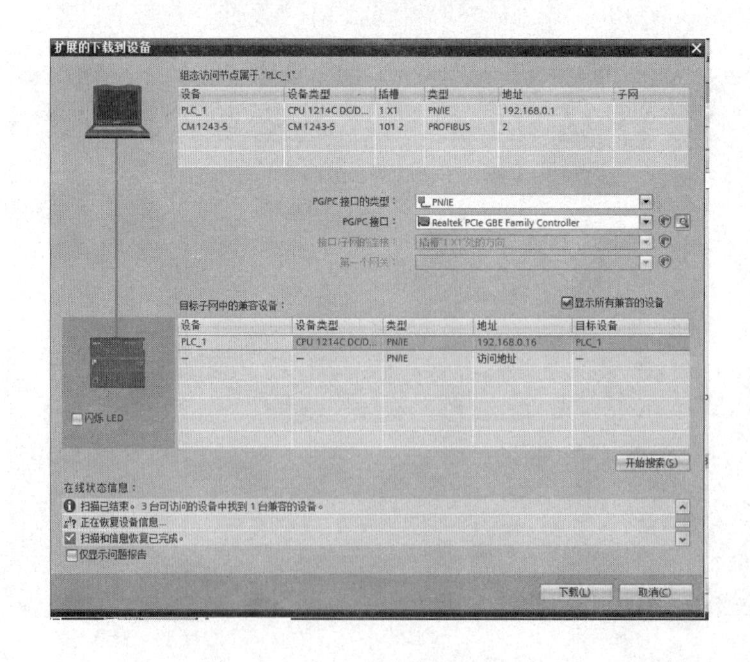

图 2-14　搜索 PLC

点击下载运行后弹出如图 2-15 所示对话框，在“停止模块”栏，选“全部停止”，再点“下载”，显示如图 2-16 所示对话框 。

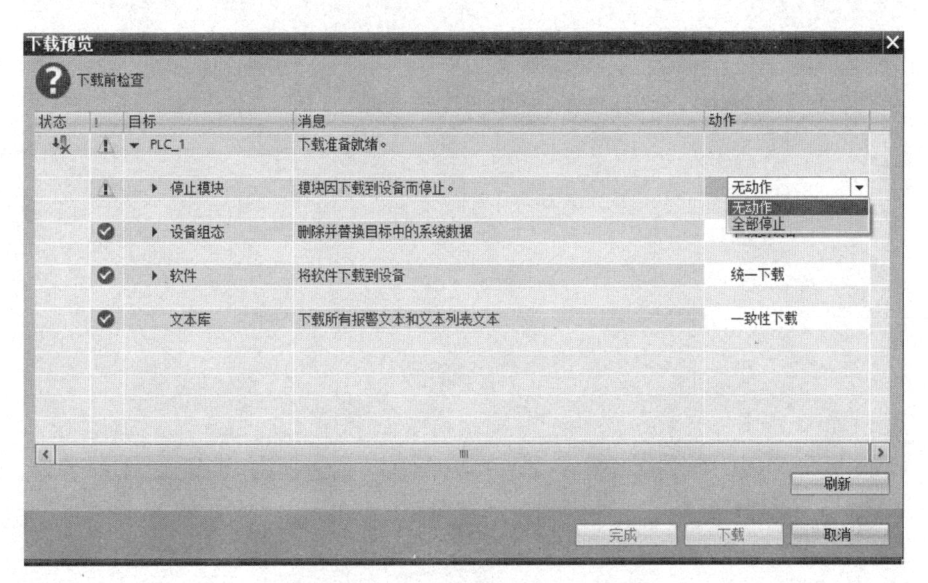

图 2-15　硬件组态下载对话框 1

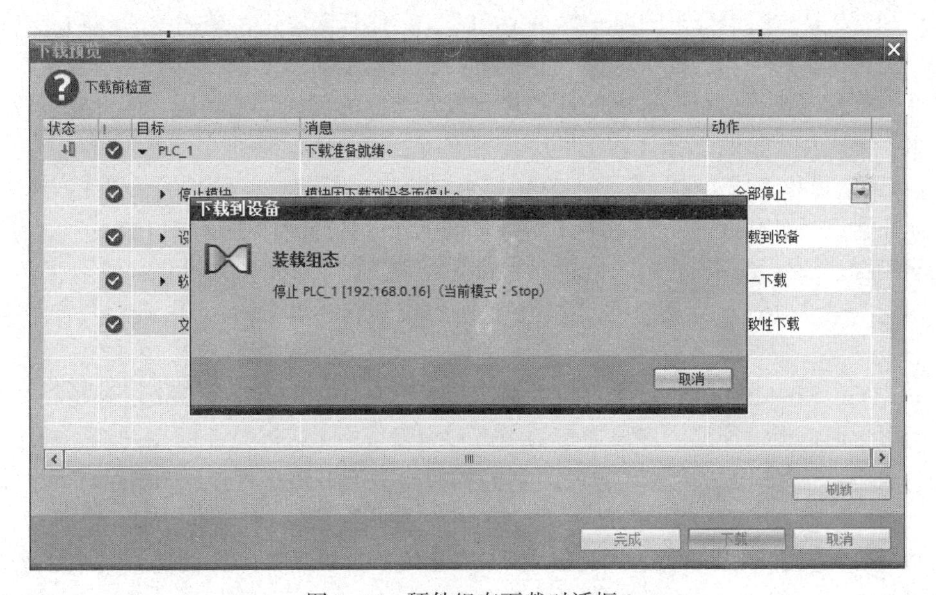

图 2-16　硬件组态下载对话框 2

下载结束后在弹出如图 2-17 所示对话框中，“全部启动”框打上钩，最后点击“完成”，则完成将硬件信息下载至 PLC 中。

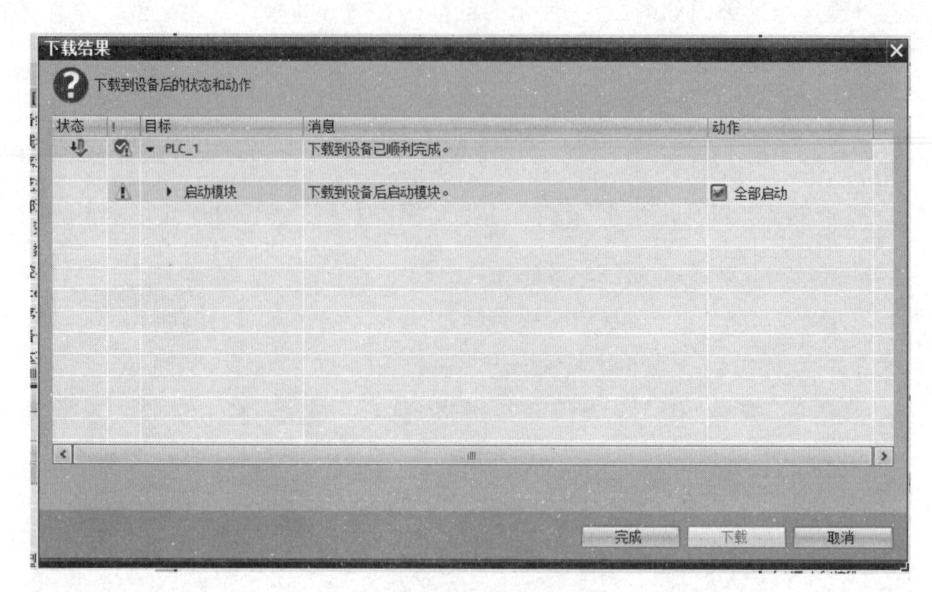

图 2-17　硬件组态下载结束对话框

• **知识点学习**

（1）西门子 S7-1200 系列 PLC 功能特点

S7-1200 是西门子公司的新一代小型 PLC，它具有模块化、结构紧凑、功能全面等特点，适用于多种应用，能够保障现有投资的长期安全。由于该控制器具有可扩展的灵活设计，符合工业通信最高标准的通信接口以及全面的集成工艺功能，因此它可以作为一个组件集成在完整的综合自动化解决方案中。

1）通信模块集成工艺。集成的 PROFINET 接口用于编程、HMI 通信和 PLC 间的通信，此外它还通过开放的以太网协议支持与第三方设备的通信。该接口带一个具有自动交叉网线（auto-cross-over）功能的 RJ45 连接器，提供 10/100 Mbit/s 的数据传输速率，它支持最多 16 个以太网连接以及下列协议：TCP/IPnative、ISO-on-TCP 和 S7 通信。

SIMATIC S7-1200 CPU 最多可以添加三个通信模块。RS485 和 RS232 通信模块为点到点的串行通信提供连接。对该通信的组态和编程采用了扩展指令或库功能、USS 驱动协议、Modbus RTU 主站和从站协议，它们都包含在 SIMATIC STEP7 Basic 工程组态系统中。

2）高速输入。SIMATIC S7-1200 控制器带有多达 6 个高速计数器，其中 3 个输入为 100kHz，3 个输入为 30kHz，用于计数和测量。

3）高速输出。SIMATIC S7-1200 控制器集成了两个 100kHz 的高速脉冲输出，用于步进电机或控制伺服驱动器的速度和位置。这两个输出都可以输出脉宽调制信号来控制电机速度、阀位置或加热元件的占空比。

4）存储器。用户程序和用户数据之间的可变边界可提供最多 50KB 容量的集成工作内存，同时还提供了最多 2MB 的集成装载内存和 2KB 的掉电保持内存。SIMATIC 存储卡可选，通过它可以方便地将程序传输至多个CPU。该卡还可以用来存储各种文件或更新控制器系统的固件。

5）可扩展的灵活设计。

①信号模块。多达8个信号模块可连接到扩展能力最高的CPU，以支持更多的数字和模拟量输入/输出信号。

②信号板。一块信号板就可连接至所有的CPU，由此使用者可以通过向控制器添加数字或模拟量输入/输出信号来量身定做CPU，而不必改变其体积。SIMATIC S7-1200控制器的模块化设计允许使用者按照自己的需要准确地设计控制器系统。

（2）西门子S7-1200的CPU

CPU模块是PLC的硬件核心，CPU的主要性能，如速度、规模等都由它的性能来体现。S7-1200 PLC的CPU模块包括CPU、电源、输入信号处理回路、输出信号处理回路、存储区、RJ45端口和扩展模块接口，其本质为一台计算机，该计算机负责系统程序的调度、管理、运行和PLC的自诊断，负担将用户程序做出编译解释处理以及调度用户目标程序运行的任务，与之前的西门子S7-200系列CPU模块最大的区别在于它配置了以太网接口RJ45，并可以采用一根标准网线与安装有STEP7 Basic软件的PC进行通信，这也是它的优点之一。

目前、西门子公司提供CPU1211C、CPU1212C和CPU1214C三种类型。如图2-18所示为CPU1214C外观示意图。表2-2为三种类型的CPU模块技术规范。表2-3为S7-1200CPU的3种版本。

图2-18　CPU1214C外观示意图

表 2-2　　S7-1200 的 CPU 模块技术规范

特性	CPU1211C	CPU1212C	CPU1214C
本机数字量 I/O 本机模拟量输入点数	6I/4O 2 点	8I/6O 2 点	14I/10O 2 点
脉冲捕获输入点数	6 点	8 点	14 点
扩展模块个数	—	2 个	8 个
上升沿/下降沿中断点数	6 点/6 点	8 点/8 点	12 点/12 点
集成/可扩展的工作存储器 集成/可扩展的装载存储器	25KB/不可扩展 1MB/24MB	25KB/不可扩展 1MB/24MB	50KB/不可扩展 2MB/24MB
高速计数器点数/最高频率	3 点/100kHz	3 点/100kHz 1 点/30kHz	3 点/100kHz 3 点/30kHz
高速脉冲输出点数/最高频率	2 点/100kHz（DC/DC/DC 型）		
操作员监控功能	无	有	有
传感器电源输出电流/mA	300	300	400
外形尺寸/mm	90×100×75	90×100×75	110×100×75

表 2-3　　S7-1200 CPU 的 3 种版本

版本	电源电压	DI 输入电压	DO 输出电压	DO 输出电流
DC/DC/DC	DC 24V	DC 24V	DC 24V	0.5A，MOSFET
DC/DC/Relay	DC 24V	DC 24V	DC 5～30V AC 5～250V	2A，DC30W/ AC200W
AC/DC/Relay	AC 85～264V	DC 24V	DC 5～30V AC 5～250V	2A，DC30W/ AC200W

S7-1200 系列 PLC 不同的 CPU 模块提供了不同的特征和功能，这些特征和功能可帮助用户针对不同的应用创建有效的解决方案。

CPU 一般有三种操作模式：STOP 模式、STARTUP 模式和 RUN 模式。CPU 前面的状态 LED 灯指示当前操作模式。

1）在 STOP 模式下，CPU 不执行任何程序，用户可以下载项目。

2）在 STARTUP 模式下，CPU 会执行任何启动逻辑（如果存在）。在 STARTUP 模式下不处理任何中断事件。

3）在 RUN 模式下，重复执行扫描周期。在程序循环阶段的任何时刻都可能发生和处理中断事件。CPU 如果处于 RUN 模式下时，无法下载任何项目。只有在 CPU 处于 STOP 模式时，才能下载项目。

S7-1200 PLC 的 CPU 没有用于更改操作模式（STOP 或 RUN）的物理开关。在设备配置中组态 CPU 时，应在 CPU 属性中组态启动行为。STEP 7 Basic 提供了用于更改在线 CPU 操作模式的操作面板，如图 2-19 所示，使用操作员面板上的按钮更改操作模式（STOP 或 RUN），同时在该面板还提供了用于复位存储器的 MRES 按钮。指示灯的颜色也能表示 CPU 当前的操作模式：黄色表示 STOP 模式；绿色表示 RUN 模式；闪烁表示 STARTUP 模式。

图 2-19　在线 CPU 操作模式的操作面板

（3）S7-1200 的信号板与信号模块

S7-1200 的 CPU 根据系统的需要进行信号的扩展。可以通过信号板扩展数字量或模拟量。

信号板（Signal Board）为 S7-1200 PLC 所特有的，通过信号板（SB）给 CPU 模块增加 I/O。每一个 CPU 模块都可以添加一个具有数字量或模拟量 I/O 的 SB，SB 连接在 CPU 的前端。信号板如图 2-20 所示。

图 2-20　信号板

常见的信号板如下：

SB 1221 数字量输入信号板；

SB 1222 数字量输出信号板；

SB 1223 数字量输入/输出信号板；

SB 1231 热电偶和热电阻模拟量输入信号板；

SB 1231 模拟量输入信号板；

SB 1232 模拟量输出信号板。

表 2-4、表 2-5、表 2-6 分别为 SB1221、SB1222、SB1223 数字量输入的规范。表 2-7 为 SB1231 热电偶和热电阻模拟量输入信号板技术规范，表 2-8 为 SB1231 模拟量输入信号板技术规范，表 2-9 为 SB1232 模拟量输出信号板技术规范。

表 2-4　　SB1221 数字量输入的规范

型号	SB 1221 DI 4×24V DC，200kHz	SB 1221 DI 4×5V DC，200kHz
订货号	6ES7 221-3BD30-0XB0	6ES7 221-3AD30-0XB0
常规		
尺寸（*W*×*H*×*D*）/mm	38×62×21	38×62×21
重量/g	35	35
功耗/W	1.5	1.0
电流消耗（SM 总线）/mA	40	40
电流消耗/（24V DC）	7mA /每通道 + 20mA 15mA	每通道 + 15mA
数字量输入		
输入路数	4	4
类型	源型	源型
额定电压	7mA 时 24V DC，额定值	15mA 时 5V DC，额定值
允许的连续电压	28.8V DC	28.8V DC
浪涌电压	35V DC 持续 0.5s	6V
逻辑 1 信号（最小）	2.9mA 时 L +/- 10V DC	5.1mA 时 L +/- 2.0V DC
逻辑 0 信号（最大）	1.4mA 时 L +/- 5V DC	2.2mA 时 L +/- 1.0V DC
HSC 时钟输入频率（最大）	单相：200kHz 正交相位：160kHz	单相：200kHz 正交相位：160kHz
隔离（现场侧与逻辑侧）	500V AC 持续 1min	500V AC 持续 1min
隔离组	1	1
滤波时间	0.2、0.4、0.8、1.6、3.2、6.4 和 12.8 ms 可选择 4 个为一组	0.2、0.4、0.8、1.6、3.2、6.4 和 12.8 ms 可选择 4 个为一组
同时接通的输入数	4	4
电缆长度/m	50，屏蔽双绞线	50，屏蔽双绞线

表 2-5　　SB1222 数字量输入的规范

型号	SB 1222 DQ 4×24V DC，200kHz	SB 1222 DQ 4×5V DC，200kHz
订货号	6ES7 222-1BD30-0XB0	6ES7 222-1AD30-0XB0
常规		
尺寸（$W\times H\times D$）/mm	38×62×21	38×62×21
重量/g	35	35
功耗/W	0.5	0.5
电流消耗（SM 总线）/mA	35	35
电流消耗（24V DC）/mA	15	15
数字量输出		
输出路数	4	4
类型	固态 - MOSFET（源型和漏型）	固态 - MOSFET（源型和漏型）
电压范围	20.4~28.8V DC	4.25~6.0V DC
最大电流时的逻辑 1 信号	L +/- 1.5V	L +/- 0.7V
最大电流时的逻辑 0 信号	最大 1.0V DC	最大 0.2V DC
电流（最大）/A	0.1	0.1
灯负载	—	—
通态触点电阻/Ω	最大 11	最大 7
关态电阻/Ω	最大 6	最大 0.2
每点的漏泄电流	—	—
脉冲串输出频率	最大 200kHz，最小 2Hz	最大 200kHz，最小 2Hz
浪涌电流/A	0.11	0.11
过载保护	无	无
隔离（现场侧与逻辑侧）	500V AC 持续 1min	500V AC 持续 1min
隔离组	1	1
公共端电流/A	0.4	0.4
电感钳位电压	无	无
开关延迟	1.5μs + 300ns 断开到接通 1.5μs + 300ns 接通到断开	200ns + 300ns 断开到接通 200ns + 300ns 接通到断开
RUN-STOP 时的行为	上一个值或替换值（默认值为 0）	上一个值或替换值（默认值为 0）
同时接通的输出数	4	4
电缆长度/m	50，屏蔽双绞线	50，屏蔽双绞线

表 2-6　　SB1223 数字量输入的规范

型号	SB 1223 DI 2×24V DC/ DQ 2×24V DC，200kHz	SB 1223 DI 2×5V DC/ DQ 2×5V DC，200kHz
订货号（MLFB）	6ES7 223-0BD30-0XB0	6ES7 223-3BD30-0XB0
常规		
尺寸（W×H×D）/mm	38×62×21	38×62×21
重量/g	40	35
功耗/W	1.0	1.0
电流消耗（SM 总线）/mA	50	35
电流消耗（24V DC）	所用的每点输入 4mA 7mA	每通道 +30mA 15mA
数字量输入		
输入点数	2	2
类型 IEC 1 类	漏型	源型
额定电压	4mA 时 24V DC，额定值	7mA 时 24V DC，额定值
允许的连续电压（最大）	30V DC	28.8V DC
浪涌电压	35V DC，持续 0.5s	35V DC，持续 0.5s
逻辑 1 信号（最小）	2.5mA 时 15V DC	2.9mA 时 L +/- 10V DC
逻辑 0 信号（最大）	1mA 时 5V DC	1.4mA 时 L +/- 5V DC
HSC 时钟输入频率（最大）	20kHz（15~30V DC） 30kHz（15~26V DC）	单相：200kHz 正交相位：160kHz
隔离（现场侧与逻辑侧）	500V AC，持续 1min	500V AC，持续 1min
隔离组	1	1（输出通道间无隔离）
滤波时间	0.2、0.4、0.8、1.6、3.2、6.4 和 12.8 ms 可选择 2 个为一组	0.2、0.4、0.8、1.6、3.2、6.4 和 12.8 ms 可选择 4 个为一组
同时接通的输入数	2	2
电缆长度/m	500（屏蔽）	300（非屏蔽）
数字量输出		
输出点数	2	2
输出类型	固态 - MOSFET	固态 - MOSFET（源型和漏型）
电压范围	20.4~28.8V DC	20.4~28.8V DC
额定值	—	24V DC
最大电流时的逻辑 1 信号	最小 20V DC	L +/- 1.5V
具有 10kΩ 负载时的逻辑 0 信号	最大 0.1V DC	最大 1.0V DC
电流（最大）/A	0.5	0.1
灯负载/W	5	—
通态触点电阻/Ω	最大 0.6	最大 11

续表

型号	SB 1223 DI 2×24V DC/ DQ 2×24V DC，200kHz	SB 1223 DI 2×5V DC/ DQ 2×5V DC，200kHz
关态电阻/Ω	—	最大 6
每点的漏泄电流/μA	最大 10	—
脉冲串输出频率	最大 20kHz，最小 2Hz	最大 200kHz，最小 2Hz
电流（最大）/A	—	0.11
浪涌电流	5A，最长持续 100 ms	—
过载保护	无	无
隔离（现场侧与逻辑侧）	500V AC，持续 1min	500V AC，持续 1min
隔离组	1	1（通道间无隔离）
每个公共端的电流/A	1	0.2
电感钳位电压	L+/- 48V，1W 损耗	无
开关延迟	断开到接通最长为 2μs 接通到断开最长为 10μs	1.5μs + 300ns 断开到接通 1.5μs + 300ns 接通到断开
RUN - STOP 时的行为	上一个值或替换值（默认值为 0）	上一个值或替换值（默认值为 0）
同时接通的输出数	2	2
电缆长度/m	500（屏蔽）	150（非屏蔽）

表 2-7　　SB1231 热电偶和热电阻模拟量输入信号板技术规范

型号	SB 1231 AI 1×16 位 热电偶	SB 1231 AI 1×16 为 热电阻
订货号	6ES7 231-5QA30-0XB0	6ES7 231-5PA30-0XB0
常规		
尺寸（W×H×D）/mm	38×62×21	38×62×21
重量/g	35	35
功耗/W	0.5	0.7
电流消耗（SM 总线）/mA	5	5
电流消耗（24V DC）/mA	20	25
模拟输入		
输出路数	1	1
类型	悬浮型热电偶和毫伏信号	模块参考接地的 RTD 和电阻值
范围	J，K，T，E，R，S，N，C，TXK/ XK（L），电压范围：+/-80 mV	铂（Pt），铜（Cu），镍（Ni）， LG-Ni 或电阻
精度 温度 电压	0.1℃/0.1℉ 15 位+符号位	0.1℃/0.1℉ 15 位+符号位
最大承受电压/V	±35	±35

续表

型号	SB 1231 AI 1×16 位 热电偶	SB 1231 AI 1×16 为 热电阻
噪声抑制/dB	85（10Hz/50Hz/60Hz/400Hz 时）	85（10Hz，50Hz，60Hz 或 400Hz）
共模抑制/dB	120V AC 时>120	>120
阻抗/MΩ	≥10	≥10
重复性	±0.05%FS	±0.05%FS
测量原理	积分	积分
冷端误差	±1.5℃	—
隔离（现场侧与逻辑侧）	500V AC	500V AC
电缆长度/m	到传感器的最大长度为 100	到传感器的最大长度为 100
电缆电阻/Ω	最大 100	20，2.7，对于 10 个 Ω RTD
诊断		
上溢/下溢①,②	√	√
断路③	√	√

注意：①如果在模块组态时未使能报警，上溢、下溢和低电压诊断报警信息会以模拟量数值形式显示。

②对于电阻量程不做下溢检测。

③如果断线报警未使能，在传感器接线断开时会显示随机值。

表 2-8　SB1231 模拟量输入信号板技术规范

型号	SB 1231 AI 1×12 位
订货号	6ES7 231-4HA30-0XB0
常规	
尺寸（W×H×D）/mm	38×62×21
重量/g	35
功耗/W	0.4
电流消耗（SM 总线）/mA	55
电流消耗（24V DC）	无
模拟输入	
输出路数	1
类型	电压或电流（差动）
范围	±10V，±5V，±2.5 或者 0~20mA
精度	11 位+符号位
满量程范围（数据字）	-27648~27648
最大耐压/耐流	±35V/±40mA
平滑	无，弱，中或强
噪声抑制	400，60，50，或 10Hz
精度（25℃/0~55℃）	满流程±0.3%/±0.6%
负载阻抗 差动 共模	电压：200kΩ；电流：250Ω 电压：55kΩ；电流：55Ω
RUN - STOP 时的行为	上一个值或替换值（默认值为 0）

续表

型号	SB 1231 AI 1×12 位
测量原理	实际值转换
共模抑制	400dB，DC-60Hz
工作信号范围	信号加共模电压必须小于+35V 且大于-35V
隔离（现场侧与逻辑侧）	无
电缆长度/m	100，双绞线
诊断	
上溢/下溢	√
24V DC 低压	无

表 2-9　SB1232 模拟量输出信号板技术规范

型号	SB 1232 AQ 1×12 位
订货号（MLFB）	6ES7 232-4HA30-0XB0
常规	
尺寸（*W*×*H*×*D*）/mm	38×62×21
重量/g	40
功耗/W	1.5
电流消耗（SM 总线）/mA	15
电流消耗（24V DC）/mA	40（无负载）
模拟输出	
输出路数	1
类型	电压或电流
范围	±10V 或-20mA
精度	电压：12 位 电流：11 位
满量程范围（数据字）	电压：-27624~27648 电流：0~27648
精度（25℃/0~55℃）	满流程的±0.5%/±1%
稳定时间（新值的 95%）	电压：300μs（R），750μs（1μF） 电流：600μs（1mH），2ms（10mH）
负载阻抗/Ω	电压：≥1000 电流：≤600
RUN - STOP 时的行为	上一个值或替换值（默认值为 0）
隔离（现场侧与逻辑侧）	无
电缆长度/m	100，屏蔽双绞线
诊断	
上溢/下溢	√
对地断路（仅限电压模式）	√
断路（仅限电流模式）	√

信号模块（Signal Module）用于扩展控制器的输入和输出通道，可以使 CPU 增加附加功能。信号模块连接在 CPU 模块右侧，与 S7-200 系列 PLC 不同的是它的全新安装方式，图 2-21 为 SM1221 模块实物图。

图 2-21　SM1221 信号模块

常见的信号模块如下：

SM 1221 数字量输入模块；

SM 1222 数字量输出模块；

SM 1223 数字量输入/直流输出模块；

SM 1223 数字量输入/交流输出模块；

SM 1231 模拟量输入模块；

SM 1232 模拟量输出模块；

SM 1231 热电偶和热电阻模拟量输入模块；

SM 1234 模拟量输入/输出模块。

表 2-10~表 2-16 分别对应这些信号模块的技术规范。

表 2-10　　SM1221 数字量输入模块技术规范

型号	SM 1221 DI 8×24V DC	SM 1221 DI 16×24V DC
订货号（MLFB）	6ES7 221-1BF30-0XB0	6ES7 221-1BH30-0XB0
常规		
尺寸（W×H×D）/mm	45×100×75	
重量/g	170	210
功耗/W	1.5	2.5

续表

型号	SM 1221 DI 8×24V DC	SM 1221 DI 16×24V DC
电流消耗（SM 总线）/mA	105	130
电流消耗（24V DC）/mA	所用的每点输入 4	所用的每点输入 4
数字输入		
输入点数	8	16
类型	漏型/源型（IEC 1 类漏型）	
额定电压	4mA 时 24V DC，额定值	
允许的连续电压	最大 30V DC	
浪涌电压	35V DC，持续 0.5s	
逻辑 1 信号（最小）	2.5mA 时 15V DC	
逻辑 0 信号（最大）	1mA 时 5V DC	
隔离（现场侧与逻辑侧）	500V AC，持续 1min	
隔离组	2	4
滤波时间	0.2，0.4，0.8，1.6，3.2，6.4 和 12.8ms（可选择，4 个为一组）	
同时接通的输入数	8	16
电缆长度/m	500（屏蔽）；300（非屏蔽）	

表 2-11　　SM1222 数字量输出模块技术规范

型号	SM 1222 DQ 8×RLY	SM 1222 DQ 8×RLY(切换)	SM 1222 DQ 16×RLY	SM 1222 DQ 8×24RV DC	SM 1222 DQ 16×24RV DC
订货号（MLFB）	6ES7 222-1HF30 -0XB0	6ES7 222-1XF30 -0XB0	6ES7 222-1HH30 -0XB0	6ES7 222-1BF30 -0XB0	6ES7 222-1BH30 -0XB0
常规					
尺寸（W×H×D）/mm	45×100×75	70×100×75	45×100×75	45×100×75	45×100×75
重量/g	190	310	260	180	220
功耗/W	4.5	5	8.5	1.5	2.5
电流消耗 （SM 总线）/mA	120	140	135	120	140
电流消耗（24V DC）	所用的每个 继电器线圈 11mA	所用的每个 继电器线圈 16.7mA	所用的每个 继电器线圈 11mA	—	
数字输出					
输出点数	8	8	16	8	16
类型	继电器，干触点	继电器切换触点	继电器，干触点	固态-MOSFET	

续表

型号	SM 1222 DQ 8×RLY	SM 1222 DQ 8×RLY(切换)	SM 1222 DQ 16×RLY	SM 1222 DQ 8×24RV DC	SM 1222 DQ 16×24RV DC
电压范围	5~30V DC 或 5~250V AC			20.4~28.8V DC	
最大电流时的逻辑 1 信号	—			最小 20V DC	
具有 10kΩ 负载时的逻辑 0 信号	—			最大 0.1V DC	
电流（最大）/A	2.0			0.5	
灯负载	30W DC/200W AC			5W	
通态触电电阻/Ω	新设备最大为 0.2			最大 0.6	
每点的漏泄电流	—			最大 10μA	
浪涌电流	触点闭合时为 7A			8A，最长持续 100ms	
过载保护	无				
隔离（现场侧与逻辑侧）	1500V AC，持续 1min（线圈与触点）；无（线圈与逻辑侧）	1500V AC，持续 1min（线圈与触点）	1500V AC，持续 1min（线圈与触点）；无（线圈与逻辑侧）	1500V AC，持续 1min	
隔离电阻	新设备最小为 100MΩ			—	
断开触点间的绝缘	750V AC，持续 1min			—	
隔离组	2	8	4	1	1
每个公共端的电流（最大）/A	10	2	10	4	8
电感钳位电压	—			L+/-48V，1W 损耗	
开关延迟	最长 10ms			断开到接通最长为 50μs 接通到断开最长为 200μs	
机械寿命（无负载）	10 000 000 个断开/闭合周期			—	
额定负载下的触点寿命	100 000 个断开/闭合周期			—	
RUN-STOP 时的行为	上一个值或替换值（默认值为 0）				
同时接通的输出数	8	4（无相邻点/8）	16	8	16
电缆长度/m	500（屏蔽），150（非屏蔽）				

表 2-12　　**SM1223 数字量输入/直流输出模块技术规范**

型号	SM 1223 DI 8×24V DC, DQ 8×RLY	SM 1223 DI16×24V DC, DQ 16×RLY	SM 1223 DI 8×24V DC, DQ 8×24V DC	SM 1223 DI 16×24V DC, DQ16×24V DC	SM1223 DI8×120/230V AC, DQ 8×RLY
订货号（MLFB）	6ES7 223 - 1PH30-0XB0	6ES7 223 - 1PL30-0XB0	6ES7 223 - 1BH30-0XB0	6ES7 223 - 1BL30-0XB0	6ES7 223 - 1QH30-0XB0
尺寸（*W*×*H*×*D*）/mm	45×100×75	70×100×75	45×100×75	70×100×75	45×100×75
重量/g	230	350	210	310	190
功耗/W	5. 5	10	2. 5	4. 5	7. 5
电流消耗（SM 总线）/mA	145	180	145	185	120
电流消耗（24V DC）/mA	所用的每点输入 4 所用的每个继电器线圈 11		所用的每点输入 4 所用的每点输出 11		
数字输入					
输入点数	8	16	8	16	8
类型	漏型/源型（IEC 1 类漏型）				
额定电压	4mA 时 24V DC，额定值				6mA 时 120V AC，9mA 时 230V AC
允许的连续电压	最大 30V DC				264V AC
浪涌电压	35V DC，持续 0. 5s				-
逻辑 1 信号（最小）	2. 5mA 时 15V DC				2. 5mA 时 79V AC
逻辑 0 信号（最大）	1mA 时 5V DC				1mA 时 20V AC
隔离（现场侧与逻辑侧）	500V AC，持续 1min				1500V AC，持续 1min
隔离组	2	2	2	2	4
滤波时间	0. 2、0. 4、0. 8、1. 6、3. 2、6. 4 和 12. 8 ms（可选择，4 个为一组）				
同时接通的输入数	8	16	8	16	8
电缆长度/m	500（屏蔽）；300（非屏蔽）				
数字输出					
输出点数	8	16	8	16	8

续表

型号	SM 1223 DI 8×24V DC, DQ 8×RLY	SM 1223 DI16×24V DC, DQ 16×RLY	SM 1223 DI 8×24V DC, DQ 8×24V DC	SM 1223 DI 16×24V DC, DQ16×24V DC	SM1223 DI8×120/230V AC, DQ 8×RLY
类型	继电器，干触点		固态 - MOSFET		继电器，干触点
电压范围	5~30V DC 或 5~250V AC		20.4~28.8V DC		5~30V DC 或 5~250V AC
最大电流时的 逻辑 1 信号	—		最小 20V DC		—
具有 10kΩ 负载时的 逻辑 0 信号	—		最大 0.1V DC		—
电流（最大）	2.0A		0.5A		2.0A
灯负载	30W DC/200W AC		5W		30W DC/200W AC
通态触点电阻	新设备最大为 0.2Ω		最大 0.6Ω		新设备最大为 0.2Ω
每点的漏泄电流	—		最大 10μA		—
浪涌电流	触点闭合时为 7A		8A，最长持续 100ms		触点闭合时为 7A
过载保护	无				
隔离（现场侧与 逻辑侧）	1500V AC，持续 1min（线圈与触点）无 （线圈与逻辑侧）		500V AC，持续 1min		1500V AC，持续 1min（线圈与触点）无
隔离电阻	新设备最小为 100MΩ		—		新设备最小为 100MΩ
断开触点间的绝缘	750V AC，持续 1min		—		750V AC 持续 1min
隔离组	2	4	1	1	2
每个公共端的电流/A	10	8	4	8	10
电感钳位电压	—		L+/- 48V，1W 损耗		—
开关延迟	最长 10 ms		断开到接通最长为 50μs 接通到断开最长为 200μs		最长 10 ms
机械寿命（无负载）	10 000 000 个断开/闭合周期		—		10 000 000 断开/闭合周期
额定负载下的触点寿命	100 000 个断开/闭合周期		—		1 000 000 断开/闭合周期

续表

型号	SM 1223 DI 8×24V DC， DQ 8×RLY	SM 1223 DI16×24V DC， DQ 16×RLY	SM 1223 DI 8×24V DC， DQ 8×24V DC	SM 1223 DI 16×24V DC， DQ16×24V DC	SM1223 DI8×120/230V AC， DQ 8×RLY
RUN-STOP 时的行为	上一个值或替换值（默认值为 0）				
同时接通的输出数	8	16	8	16	8
电缆长度/m	500（屏蔽）；150（非屏蔽）				

表 2-13　　SM1231 模拟量输入模块技术规范

型号	SM 1231 AI 4×13 位	SM 1231 AI 8×13 位	SM 1231 AI 4×16 位
订货号（MLFB）	6ES7 231-4HD30-0XB0	6ES7 231-4HF30-0XB0	6ES7 231-5ND30-0XB0
常规			
尺寸（*W*×*H*×*D*）/mm	45×100×75	45×100×75	45×100×75
重量/g	180	180	180
功耗/W	2. 2	2. 3	2. 0
电流消耗（SM 总线）/mA	80	90	80
电流消耗（24V DC）/mA	45	45	65
模拟输入			
输入路数	4	8	4
类型	电压或电流（差动）：可 2 个选为一组		电压或电流（差动）
范围	±10V、± 5V、± 2. 5V 或 0~20mA		± 10V、± 5V、± 2. 5V、±1. 25V、0 ~ 20mA 或 4 ~ 20mA
满量程范围（数据字）	-27 648~27 648		
过冲/下冲范围（数据字）	电压：32 511~27 649/-27 649~-32 512 电流：32 511~27 649/0~-4 864		电压：32 511 ~ 27 649/-27 649~-32 512 电流：(0~20mA)：32 511~27 649/0~-4 864；4~20mA：32 511~27 649/-1~-4 864
上溢/下溢（数据字）	电压：32 767~32 512/-32 513~-32 768 电流：32 767~32 512/-4 865~-32 768		电压：32 767 ~ 32 512/-32 513~-32 768 电流：0~20mA：32 767~32 512/-4 865~-32 768 4 ~ 20mA：32 767 ~ 32 512/-4 865~-32 768

续表

型号	SM 1231 AI 4×13 位	SM 1231 AI 8×13 位	SM 1231 AI 4×16 位
精度	12 位 + 符号位		15 位 + 符号位
最大耐压/耐流	±35V/±40mA		
平滑	无、弱、中或强		
噪声抑制	400、60、50 或 10Hz		
阻抗	≥ 9MΩ（电压）/250Ω（电流）		≥ 1MΩ（电压）/<315Ω，>280Ω（电流）
隔离（现场侧与逻辑侧）	无		
精度（25℃/0~55℃）	满量程的 ±0.1%/±0.2%		满量程的 ±0.1%/±0.3%
最大耐压/耐流	±35V/±40mA		
平滑	无、弱、中或强		
噪声抑制	400，60、50 或 10Hz		
阻抗	≥ 9MΩ（电压）/250Ω（电流）		≥ 1MΩ（电压）/<315Ω，>280Ω（电流）
隔离（现场侧与逻辑侧）	无		
精度（25℃/0~55℃）	满量程的 ±0.1%/±0.2%		满量程的 ±0.1%/±0.3%
模数转换时间	625μs（400Hz 抑制）		
共模抑制	40dB，DC~60Hz		
工作信号范围	信号加共模电压必须小于 +12V 且大于 -12V		
电缆长度/m	100，屏蔽双绞线		
诊断			
上溢/下溢	√	√	√
对地短路（仅限电压模式）	不适用	不适用	不适用
断路（仅限电流模式）	不适用	不适用	仅限 4~20mA 范围（如果输入低于 -4 164；1.0mA）
24V DC 低压	√	√	√

表 2-14　SM1231 热电偶和热电阻模拟量输入模块

型号	SM 1231 AI 4×16 位热电偶	SM 1231 AI 8×16 位热电偶	SM 1231 AI 4×16 位热电阻	SM 1231 AI 8×16 位热电阻
订货号（MLFB）	6ES7 231-5QD30-0XB0	6ES7 231-5QF30-0XB0	6ES7 231-5PD30-0XB0	6ES7 231-5PF30-0XB0

续表

型号	SM 1231 AI 4×16 位热电偶	SM 1231 AI 8×16 位热电偶	SM 1231 AI 4×16 位热电阻	SM 1231 AI 8×16 位热电阻
常规				
尺寸（*W*×*H*×*D*）/mm	45×100×75	45×100×75	45×100×75	70×100×75
重量/g	180	190	220	270
功耗/W	1.5	1.5	1.5	1.5
电流消耗（SM 总线）/mA	80	80	80	90
电流消耗（24V DC）/mA	40	40	40	40
模拟输入				
输入路数	4	8	4	8
类型	热电偶	热电偶	模块参考接地的热电阻	模块参考接地的热电阻
范围	J，K，T，E，R，S，N，C，TXK/XK（L），电压范围：+/-80mV	J，K，T，E，R，S，N，C，TXK/XK（L），电压范围：+/-80 mV	铂（Pt）、铜（Cu）、镍（Ni）、LG-Ni 或电阻	铂（Pt）、铜（Cu）、镍（Ni）、LG-Ni 或电阻
精度 温度 电阻	0.1℃/0.1 ℉ 15 位 + 符号位	0.1℃/0.1 ℉ 15 位 + 符号位	0.1℃/0.1 ℉ 15 位 + 符号位	0.1℃/0.1 ℉ 15 位 + 符号位
最大耐压	±35V	±35V	±35V	±35V
噪声抑制	85dB，10Hz/50Hz/60Hz/400Hz 时	85dB，10Hz/50Hz/60Hz/400Hz 时	85dB，10Hz/50Hz/60Hz/400Hz 时	85dB，10Hz/50Hz/60Hz/400Hz 时
共模抑制	120V AC 时> 120dB	120V AC 时> 120dB	> 120dB	> 120dB
阻抗/MΩ	≥10	≥10	≥10	≥10
隔离 现场侧与逻辑侧 现场侧与 24V DC 侧 24V DC 侧与逻辑侧	 500V AC 500V AC 500V AC	 500V AC 500V AC 500V AC	 500V AC 500V AC 500V AC	 500V AC 500V AC 500V AC
通道间隔离	120V AC	120V AC	无	无
重复性	±0.05% FS	±0.05% FS	±0.05% FS	±0.05% FS

续表

型号	SM 1231 AI 4×16 位热电偶	SM 1231 AI 8×16 位热电偶	SM 1231 AI 4×16 位热电阻	SM 1231 AI 8×16 位热电阻
测量原理	积分	积分	积分	积分
冷端误差	±1.5℃	±1.5℃	—	—
电缆长度/m	到传感器的最大长度为 100	到传感器的最大长度为 100	到传感器的最大长度为 100	到传感器的最大长度为 100
电缆电阻/Ω	最大 100	最大 100	20，2.7，对于 10 个 RTD	20，2.7，对于 10 个 RTD
诊断				
上溢/下溢	√	√	√	√
断路（仅电流模式）	√	√	√	√
24V DC 低压	√	√	√	√

表 2-15　　　　SM1232 模拟量输出模块技术规范

型号	SM 1232 AQ 2×14 位	SM 1232 AQ 4×14 位
订货号（MLFB）	6ES7 232-4HB30-0XB0	6ES7 232-4HD30-0XB0
常规		
尺寸（$W \times H \times D$）/mm	45×100×75	45×100×75
重量/g	180	180
功耗/W	1.5	1.5
电流消耗（SM 总线）/mA	80	80
电流消耗（24V DC）/mA	45（无负载）	45（无负载）
模拟输出		
输出路数	2	3
类型	电压或电流	
范围	±10V 或 0~20mA	
精度	电压：14 位；电流：13 位	
满量程范围（数据字）	电压：-27 648~27 648；电流：0~27 648	
精度（25℃/0~55℃）	满量程的 ±0.3%/±0.6%	
稳定时间（新值的 95%）	电压：300μs（R）、750μs（1 μF）；电流：600μs（1 mH）、2 ms（10 mH）	
负载阻抗	电压：≥ 1000Ω；电流：≤ 600Ω	
RUN- STOP 时的行为	上一个值或替换值（默认值为 0）	
隔离（现场侧与逻辑侧）	无	

续表

型号	SM 1232 AQ 2×14 位	SM 1232 AQ 4×14 位
电缆长度/m	100，屏蔽双绞线	
	诊断	
上溢/下溢	√	√
对地短路（仅限电压模式）	√	√
断路（仅限电流模式）	√	√
24V DC 低压	√	√

表 2-16　　SM1234 模拟量输入/输出模块技术规范

型号	SM 1234 AI 4×13 位 AQ 2×14 位
订货号（MLFB）	6ES7 234-4HE30-0XB0
常规	
尺寸（*W*×*H*×*D*）/mm	45×100×75
重量/g	220
功耗/W	2.0
电流消耗（SM 总线）/mA	80
电流消耗（24V DC）/mA	60（无负载）
模拟输入	
输入路数	4
类型	电压或电流（差动）：可 2 个选为一组
范围	±10V、±5V、±2.5V 或 0~20mA
满量程范围（数据字）	-27 648~27 648
过冲/下冲范围（数据字）	电压：32 511~27 649/-27 649~-32 512 电流：32 511~27 649/0~-4 864
上溢/下溢（数据字）	电压：32 767~32 512/-32 513~-32 768 电流：32 767~32 512/-4 865~-32 768
精度	12 位 + 符号位
最大耐压/耐流	±35V/±40mA
平滑	无、弱、中或强
噪声抑制	400、60、50 或 10Hz
阻抗	≥ 9MΩ（电压）/250Ω（电流）
隔离（现场侧与逻辑侧）	无
精度（25℃/0~55℃）	满量程的 ±0.1%/±0.2%
模数转换时间	625μs（400Hz 抑制）
共模抑制	40dB，DC~60Hz
工作信号范围	信号加共模电压必须小于 +12V 且大于 -12V

续表

型号	SM 1234 AI 4×13 位 AQ 2×14 位
电缆长度/m	100，屏蔽双绞线
模拟输出	
输出路数	2
类型	电压或电流
范围	±10V 或 0~20mA
精度	电压：14 位；电流：13 位
满量程范围（数据字）	电压：-27 648~27 648；电流：0~27 648
精度（25℃/0 - 55℃）	满量程的 ±0.3%/±0.6%
稳定时间（新值的 95%）	电压：300μs（R）、750μs（1μF） 电流：600μs（1mH）、2 ms（10mH）
负载阻抗/Ω	电压：≥ 1000；电流：≤ 600
RUN- STOP 时的行为	上一个值或替换值（默认值为 0）
隔离（现场侧与逻辑侧）	无
电缆长度/m	100，屏蔽双绞线
诊断	
上溢/下溢	√
对地短路（仅限电压模式）	输出端有
断路（仅限电流模式）	输出端有
24V DC 低压	√

（4）西门子 S7-1200 的通信模块

S7-1200 CPU 最多可以添加三个通信模块，支持 PROFIBUS 主从站通信。RS485 和 RS232 通信模块为点到点的串行通信提供连接。对该通信的组态和编程采用了扩展指令或库功能、USS 驱动协议、Modbus RTU 主站和从站协议，它们都包含在 SIMATIC STEP7 工程组态系统中。如图 2-22 所示，型号是 CM1241 的通信模块。

• 通信模块主要有以下几个特点：

1）简单远程控制应用。新的通信处理器 CP 1242-7 可以通过简单 HUB（集线器）、移动电话网络或 Internet（互联网）同时监视和控制分布式的 S7-1200 单元。

2）集成 PROFINET 接口。集成的 PROFINET 接口用于编程、HMI 通信和 PLC 间的通信，此外它还通过开放的以太网协议支持与第三方设备的通信。该接口带一个具有自动交叉网线（auto-cross-over）功能的 RJ45 连接器，提供 10/100Mbit/s 的数据传输速率，支持以下协议：TCP/IP native、ISO-on-TCP 和 S7 通信。

3）最大的连接数为 15 个连接。

其中：

①3 个连接用于 HMI 与 CPU 的通信。

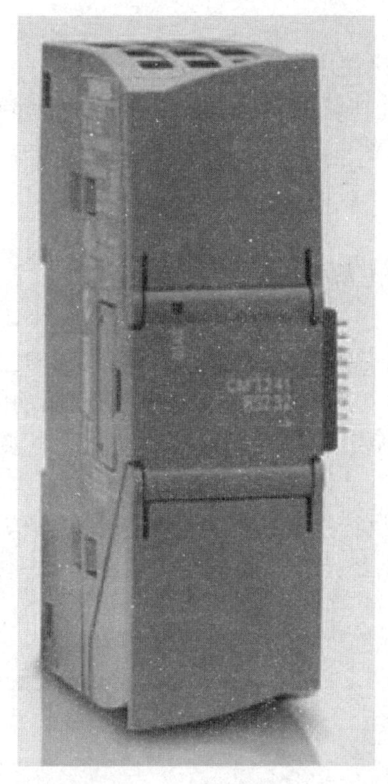

图 2-22　通信模块

②1 个连接用于编程设备（PG）与 CPU 的通信。

③8 个连接用于 Open IE（TCP，ISO-on-TCP）的编程通信，使用 T-block 指令来实现，可用于 S7-1200 之间的通信，S7-1200 与 S7-300/400 的通信。

④3 个连接用于 S7 通信的服务器端连接，可以实现与 S7-200，S7-300/400 的以太网 S7 通信。

• 常用的通信模块主要有以下几种：

CM1241 通信模块；

CSM 1277 紧凑型交换机模块；

CM 1243-5 PROFIBUS DP 主站模块；

CM 1242-5 PROFIBUS DP 从站模块；

CP 1242-7 GPRS 模块。

下面分别介绍这几种模块的功能特点。

1）CM1241 通信模块。

特点：

①用于执行强大的点到点高速串行通信。

②执行协议：ASCII，USS drive protocol，Modbus RTU。

③可装载其他协议。

④通过 STEP 7 Basic V11，简化参数设定。

功能：

通信模块 CM1241 可直接使用以下标准协议：

① ASCII。用于单工传输协议的第三方接口，例如带起始码和结束码的协议或带块检验符的协议。通过用户程序，可以调用和控制接口的握手信号。

② Modbus。用于 Modbus 协议（RTU 格式）的通信：

- Modbus 主站：

SIMATIC S7 作为主站的主从接口。

- Modbus 从站：

SIMATIC S7 作为从站的主从接口，从站与从站之间的信息帧不能交换。

③ USS 驱动协议。特别支持了用于连接 USS 协议驱动的指令。在这种情况下，通过 RS485 驱动数据交换。之后，可以控制这些驱动并读写参数。

应用：

通信模块 CM1241 用于执行强大的点到点高速串行通信，点到点通信示例如下：

① SIMATIC S7 自动化系统及其他制造商的系统。

② 打印机。

③ 机械手控制。

④ 调制解调器。

⑤ 扫描仪。

⑥ 条形码扫描器，等等。

表 2-17 为 CM1241 RS485/422 技术规范表；表 2-18 为 CM1241 RS232 技术规范。

表 2-17　　CM 1241 RS485/422 技术规范

订货号（MLFB）	6ES7 241-1CH31-0XB0
尺寸（W×H×D）/mm	30×100×75
重量/g	155
共模电压范围	-7~12V，1s，3V RMS 连续
发送器差动输出电压	R_L= 100Ω 时最小 2V R_L= 54Ω 时最小 1.5V
终端和偏置	B 上 10kΩ 对 +5V，PROFIBUS 针 3 A 上 10kΩ 对 GND，PROFIBUS 针 8
接收器输入阻抗	最小 5.4kΩ，包括终端
接收器阈值/灵敏度	最低 +/- 0.2V，典型滞后 60mV
隔离 RS485 信号与外壳接地 RS485 信号与 CPU 逻辑公共端	500V AC，1min
电缆长度，屏蔽电缆/m	最长 1000
功率损失（损耗）/W	1.2
+5V DC 电流/mA	240

表 2-18　　CM1241 RS232 技术规范

订货号（MLFB）	6ES7 241-1AH30-0XB0
尺寸（W×H×D）/mm	30×100×75
重量/g	150
发送器差动输出电压	R_L= 3kΩ 时最小 +/- 5V
传送输出电压	最大 +/- 15V DC
接收器输入阻抗	最小 3kΩ
接收器阈值/灵敏度	最低 0.8V，最高 2.4V 典型滞后 0.5V
接收器输入电压	最大 +/- 30V DC
隔离 RS 232 信号与外壳接地 RS 232 信号与 CPU 逻辑公共端	500V AC，1min
电缆长度，屏蔽电缆/m	最长 10
功率损失（损耗）/W	1.1
+5V DC 电流/mA	220

2）CSM 1277 紧凑型交换机模块 。

CSM 1277 是一款应用于 SIMATIC S7-1200 的结构紧凑和模块化设计的工业以太网交换机，能够被用来增加 SIMATIC 以太网接口以便实现与操作员面板、编程设备、其他控制器，或者办公环境的同步通信。

CSM 1277 和 SIMATIC S7-1200 控制器可以低成本实现简单的自动化网络。

① 能够以线型、树型或星型拓扑结构，将 SIMATIC S7-1200 连接到工业以太网。

② 增加多达 3 个用于连接的节点。

③ 简单、节省空间地安装到 SIMATIC S7-1200 安装导轨。

④ 低成本的解决方案，实现小的、本地以太网连接。

⑤ 坚固耐用、工业标准的具有 RJ45 连接器的节点连接。

⑥ 通过设备上 LED 灯实现简单、快速的状态显示。

⑦ 集成的 autocrossover 功能允许使用非交叉连接电缆。

亮点：

① 紧凑设计。

坚固的塑料外壳包含：

- 用于连接到工业以太网的 4 个 RJ45 插口。
- 用于连接顶部的外部 24V 直流电源的 3 极插入式端子排。
- LED 灯，用于工业以太网端口的诊断和状态显示。

② SIMATIC S7-1200 以太网接口的增加可实现编程设备，操作控制，更多以太网节点的附加连接。

③ 安全，工业标准的插入式连接。

④ 相比于使用外部网络组件，减少了装配成本和安装空间。

⑤ 模块可被替换而不需要编程设备。

⑥ 无风扇因而低维护的设计。

⑦ 应用自检测（autosensing）和交叉自适应（autocrossover）功能实现数据传输速率的自动检测。

⑧ CSM 1277 紧凑型交换机模块是一个非托管交换机，不需要进行组态配置。

表 2-19 为 CSM 1277 技术规范。

表 2-19　　　　CSM 1277 技术规范表

订货号	6GK7 277-1AA10-0AA0
连接器	
通过双绞线连接终端设备或网络组件	采用 MDI-X 接法的 4×RJ-45 插孔，10/100 Mbit/s（半/全双工），浮地
电源接头	3 针插入式接线端子
电气数据	
电源	电源 24V DC（限制：19.2~28.8V DC） 安全超低电压（SELV） 功能性接地
24V DC 时的功耗/W	1.6
额定电压时的电流消耗/mA	70
输入端的过电压保护	PTC 自恢复熔断器（0.5A/60V）
允许的电缆长度	
通过工业以太网 FCTP 电缆连接 0~100m 0~85m	带有 IE FC RJ-45 plug 180 的工业以太网 FC TP 标准电缆或者通过工业以太网 FC outlet RJ-45 连接 0~90m 工业以太网 FC TP 标准电缆+10m TP 软线 带有 IE FC RJ-45 plug 180 的工业以太网 FC TP 船用/拖拽电缆或者 0~75m 工业以太网 FC TP 船用/拖拽电缆+10m TP 软线
老化时间/s	280
允许的环境条件	
工作温度/℃	0~60
存储/运输温度/℃	-40~70
工作时的相对湿度	< 95%（无结露）
工作时海拔	环境温度最高 56℃时为 2000m 环境温度最高 50℃时为 3000m
抗扰性	EN 61000-6-2
发射	EN 61000-6-4
防护等级	IP20

续表

MTBF	
MTBF	273 年
结构	
尺寸（$W \times H \times D$）/mm	45×100×75
重量/g	150
安装选件	35mm DIN 导轨（DIN EN 60715 TH35）

3）CM 1243-5 PROFIBUS DP 主站模块。

通过使用 PROFIBUS DP 主站通信模块 CM 1243-5，S7-1200 可以和下列设备通信：

① 其他 CPU。

② 编程设备。

③ 人机界面。

④ PROFIBUS DP 从站设备（例如 ET 200 和 SINAMICS）。

表 2-20 为 CM 1243-5 技术规范。

表 2-20　CM 1243-5 技术规范

订货号	6GK7 243-5DX30-0XE0
接口	
连接到 PROFIBUS	9 针 D 型母接头
允许的环境条件	
存储温度/℃	-40~70
运输温度/℃	-40~70
垂直安装时运行温度/℃（导轨水平安装）	0~55
水平安装时运行温度/℃（导轨垂直安装）	0~45
25℃时运行的最大相对湿度，无结露/%	95
防护等级	IP20
供电，电流消耗，功率损耗	
供电类型	DC
外部供电/V	24
最小值/V	19.2
最大值/V	28.8
电流消耗（典型值） 从外部 24V DC 电源/mA 从 S7-1200 背板总线/mA	 100 0
尺寸（$W \times H \times D$）/mm	30×100×75

4）CM 1242-5 PROFIBUS DP 从站模块。

通过使用 PROFIBUS DP 从站通信模块 CM 1242-5，S7-1200 可以作为一个智能 DP 从站设备与任何 PROFIBUS DP 主站设备通信。

表 2-21 为 CM 1242-5 技术规范。

表 2-21　　CM 1242-5 技术规范

订货号	6GK7 242-5DX30-0XE0
接口	
连接到 PROFIBUS	9 针 D 型母接头
允许的环境条件	
存储温度/℃	-40~70
运输温度/℃	-40~70
垂直安装时运行温度/℃（导轨水平安装）	0~55
水平安装时运行温度/℃（导轨垂直安装）	0~45
25℃时运行的最大相对湿度，无结露/%	95
防护等级	IP20
供电，电流消耗，功率消耗	
供电类型	DC
从背板总线的供电/V	5
电流消耗/mA	150
功率消耗/W	0.75
尺寸（*W*×*H*×*D*）/mm	30×100×75

5）CP 1242-7 GPRS 模块。

通过使用 GPRS 通信处理器 CP 1242-7，S7-1200 可以与下列设备远程通信：

① 中央控制站。

② 其他的远程站。

③ 移动设备（SMS 短消息）。

④ 编程设备（远程服务）。

⑤ 使用开放用户通信（UDP）的其他通信设备。

表 2-22 为 CP1242-7 技术规范。

表 2-22　　CP 1242-7 技术规范

订货号	6GK7 242-7KX30-0XE0
允许的环境条件	
存储温度/℃	-40~70
运输温度/℃	-40~70
垂直安装时运行温度/℃（导轨水平安装）	0~55
水平安装时运行温度/℃（导轨垂直安装）	0~45
25℃ 时运行的最大相对湿度，无结露/%	95
防护等级	IP20
供电，电流消耗，功率损耗	
供电类型	DC
外部供电/V	24
最小值/V	19.2
最大值/V	28.8
电流消耗（典型值） 从外部 24V DC 电源/mA 从 S7-1200 背板总线/mA	 100 0
尺寸（$W \times H \times D$）/mm	30×100×75

（5）西门子 S7-1200 的存储器

CPU 提供了以下用于存储用户程序、数据和组态的存储区：

1）装载存储器。用于非易失性地存储用户程序、数据和组态。将项目下载到 CPU 后，CPU 会先将程序存储在装载存储区中。该存储区位于存储卡（如存在）或 CPU 中。CPU 能够在断电后继续保持该非易失性存储区。存储卡支持的存储空间比 CPU 内置的存储空间更大。

2）工作存储器是易失性存储器。用于在执行用户程序时存储用户项目的某些内容。CPU 会将一些项目内容从装载存储器复制到工作存储器中。该易失性存储区将在断电后丢失，而在恢复供电时由 CPU 恢复。

3）保持性存储器。用于非易失性地存储限量的工作存储器值。断电过程中，CPU 使用保持性存储区存储所选用户存储单元的值。如果发生断电或掉电，CPU 将在上电时恢复这些保持性值。

常用的存储卡见表 2-23。

表 2-23　　SIMATIC 存储卡

存储卡	SIMATIC 存储卡	SIMATIC 存储卡	SIMATIC 存储卡
容量/MB	2	12	24
订货号	6ES7 954-8LB01-0AA0	6ES7 954-8LE01-0AA0	6ES7 954-8LF01-0AA0

扩展学习：

西门子 S7-1200 硬件组态其他方法

在硬件组态的时候也可以选择一个未指定的 CPU 作为设备，然后通过读取硬件信息的方式上载到硬件组态界面。方法如下：

在添加新设备选择“非特定的 CPU 1200”，如图 2-23 所示。

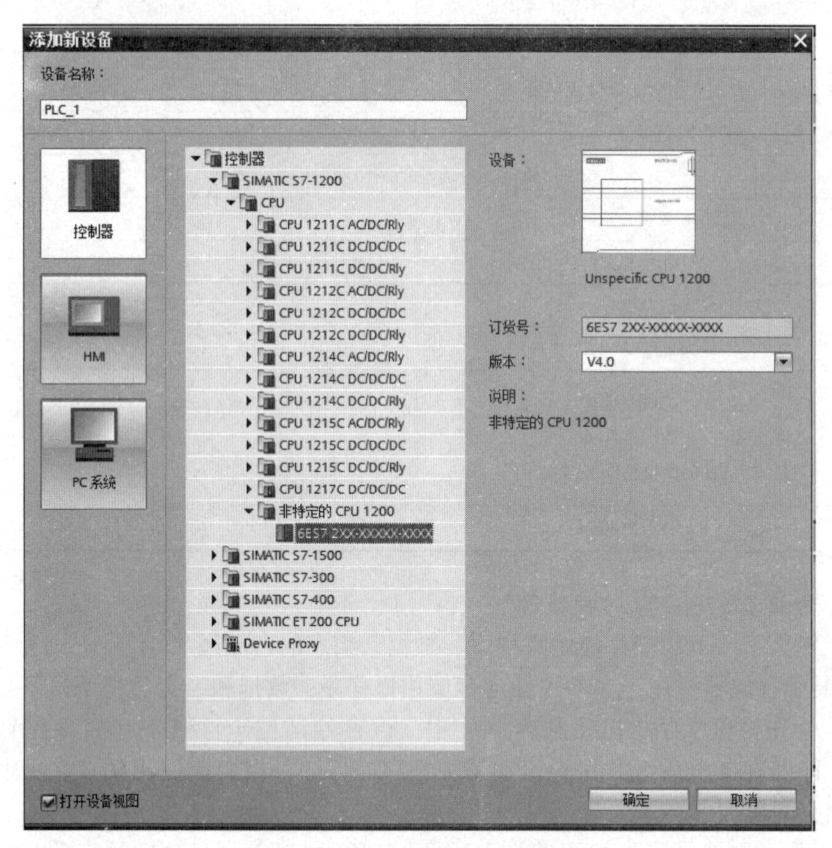

图 2-23　选择非特定的 CPU S7-1200

点“确定”后，弹出图 2-24，在“未指定该设备”图标点“获取”。

连接上 PLC 硬件后点击“检测”，如图 2-25 所示。

硬件信息就上传到硬件组态界面了，右键点击 AI 模块的属性，把其 4 个通道的“启用溢出诊断”“启用下溢诊断”的钩给去掉。如图 2-26 所示，至此，完成了 PLC 的硬件组态。

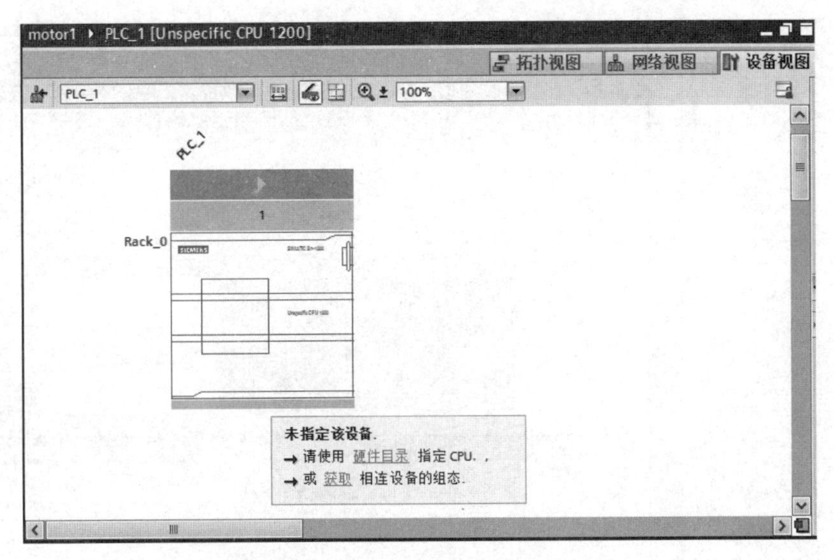

图2-24　获取硬件信息命令

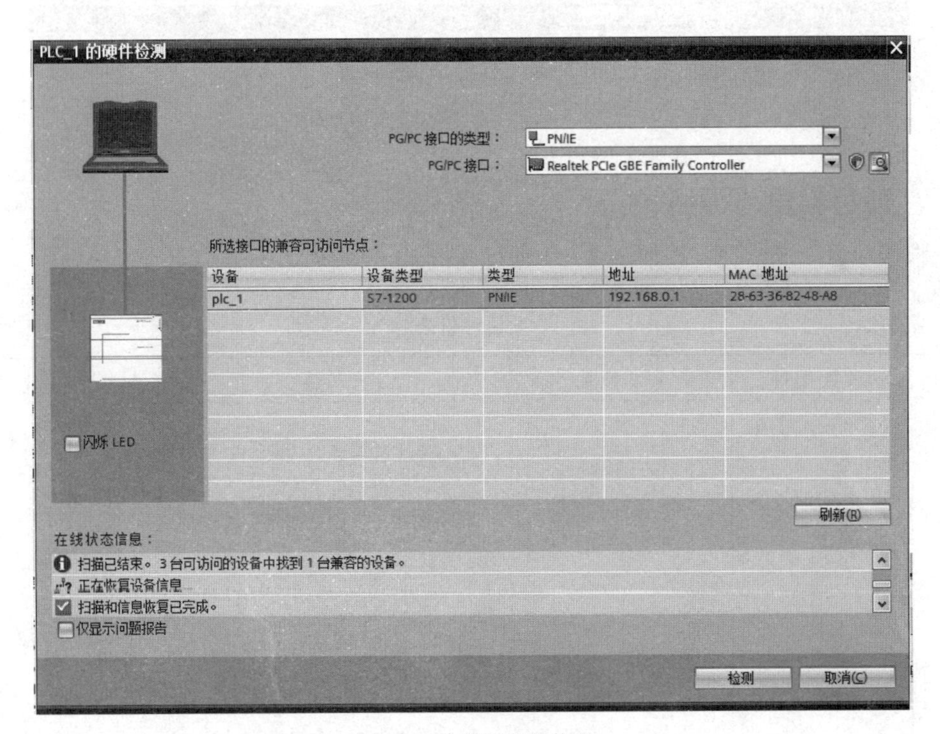

图2-25　检测硬件信息

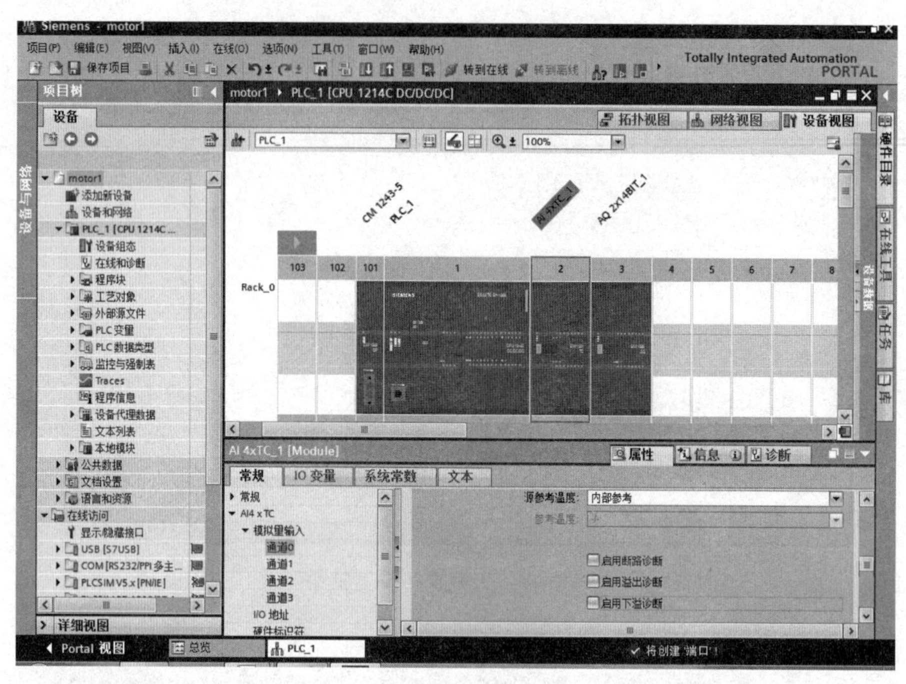

图 2-26　AI 模块属性设置

项目检查与评估

根据项目完成情况，按照表 2-24 进行评价。

表 2-24　　　　项目评价表

序号	考核项目	评价内容	要求	权重/%	评价
1	硬件设计	系统电气线路设计	1. 能根据控制要求选取 PLC 型号 2. 能根据控制要求选取外部设备 3. 电路图设计满足要求，有保护措施，系统可靠稳定	20	
		系统接线	1. 操作符合安全规范 2. 连线整齐，工艺美观	20	
2	软件设计	硬件组态	1. 能正确组态各个模块 2. 能正确设置各个模块的属性 3. 能正确修改模块相关参数	30	
		硬件信息下载	能正确建立与 PLC 通信，并下载	20	

续表

序号	考核项目	评价内容	要求	权重/%	评价
3	职业素质	职业素质	具备良好的职业素养，具有良好的团结协作、语言表达及自学能力，具备安全操作意识、环保意识等	10	
4	评价结果				

项目总结

硬件组态是 PLC 系统设计的基础，只有正确组态硬件信息，才能在软件设计和编写的时候有效利用相应的硬件功能完成整个系统的设计，达到运行效果。

练习与训练

一、知识训练

1. 在串行通信方面，S7-200 和 S7-1200 都支持通过________和________实现点对点通信，支持 ASCII，________和________等通信协议。

2. 下列 S7-1200 PLC 的 CPU 型号中，PLC 工作电源为交流的是（　　）。

A. CPU1211C DC/DC/RLY　　B. CPU1211C DC/ DC/DC

C. CPU1211C AC/DC/RLY

3. 下列 S7-1200 PLC 的 CPU 型号中，PLC 输出接口电路工作电源只能是直流的是（　　）。

A. CPU1211C DC/DC/RLY　　B. CPU1211C DC/ DC/DC

C. CPU1211C AC/DC/RLY

4. S7-1200 PLC 模块中，下列（　　）属于信号模块。

A. CPU1214　　B. SM1222　　C. CM1241　　D. SB1223

5. S7-1200 系统不能接入哪种现场总线？（　　）

A. MPI　　B. PROFINET　　C. PROFIBUS　　D. MODBUS

6. 简述 S7-1200 PLC 的特点有哪些。

7. 简述一个 PLC 硬件系统一般包含哪些模块。

二、项目训练

请按实验室 S7-1200 系统的实际设备进行硬件组态并下载至 PLC 中。

项目 3 PLC地址访问

任务描述

PLC 是一台可以编写控制程序的控制器。通过将外部输入设备的信号送入 PLC 内，根据控制程序进行信号处理，再将其处理结果输出给外部设备，最终实现系统的自动控制功能。清楚各个信号的存储方式以及寻址方式，为更加高效的用户程序编写做好准备。

S7-1200 PLC 是西门子公司新的小型全集成自动化控制器，与之前的 PLC 控制器在数据存储和处理上存在一些差别。分清存储区的组织结构，分清它们之间的相同之处和不同之处。

对加工中心刀具库选择控制系统进行分析时，有很多按钮、位置检测开关、指示灯、接触器等元件。有些元件信息需送入 PLC、有些元件需 PLC 输出信号控制或需要 PLC 内部元件实现控制功能，如何利用 PLC 的存储单元显得尤为重要。

任务能力目标

1）熟悉 S7-1200 PLC 的存储区的类型。

2）熟悉数据存储区。

3）熟悉数据存储区的位、字节、字、双字的编制方式。

4）熟悉 S7-1200 的数据寻址方式。

5）理解绝对寻址和符号寻址之间的差别。

6）理解局部变量和全局变量之间的差别。

7）学会通过 PLC 变量表，观察全局变量。

8）学会编辑全局变量表。

9）熟悉全局数据块创建及访问。

10）能进行数据块的优化。

完成任务的计划决策

PLC 在编写程序的过程中，需要用到很多编程元件。编程元件是 PLC 存储区中的存储单元，如何区别各个编程元件，就要弄清楚 PLC 存储器的类型及各个类型的特点。为了实现控制功能，特别要弄清楚数据存储单元。分清数据存储单元的作用以及编制方式，才能更好地运用各个编程元件。

S7-1200 PLC 的工作存储区中的一个特点是数据和程序存储空间是可以变化的。根据这一特点，如何快速找到数据存储器的存储内容，S7-1200 PLC 的数据寻址方式也有一些变化。

S7-1200 PLC 的又一个特点是为每一个变量都赋予变量名。采用变量名的方式便于程序的设计和可读性，也便于存储和节省空间。根据项目任务建立合理的刀具库变量表，便于程序设计和数据的管理。

实施过程

3.1 PLC 数据存储器地址概述

3.1.1　存储区类型

CPU 提供了用于存储用户程序、数据和组态的存储区。S7-1200 PLC 的存储区大致分为三种类型的存储器，即装载存储器、工作存储器和系统存储器，如图 3-1 所示。

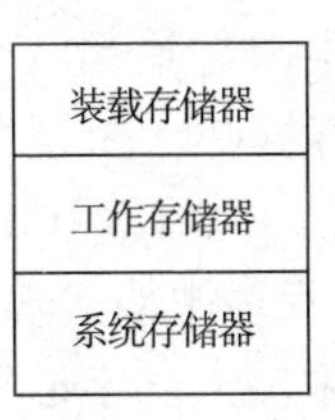

图 3-1　存储区

（1）装载存储器

装载存储器的作用是保存程序指令块和数据块以及系统数据（组态、连接和模块参数等），也可以将项目的整个组态数据（包括符号和注释）保存在装载存储器中。装载存储器是一个可编程模块，它可以是内部集成的 RAM 或是微型存储器卡（MMC）。每个 CPU 都具有内部装载存储器。该内部装载存储器的大小取决于所使用的 CPU，程序空间容量在不同的 CPU 中是不同的。S7-1200 PLC 集成的装载存储器容量有限，可以插入存储器卡。在 S7-1200 PLC 中，存储器卡（RAM、EPROM 或闪存）可以扩展集成的装载存储器。该非易失性存储区能够在断电后继续保持。存储卡支持的存储空间比 CPU 内置的存储空间更大。项目被下载到 CPU 后，首先存储在装载存储器中。

（2）工作存储器

工作存储器是非保持性存储器区域（集成 RAM），用于存储与程序执行有关的用户程序元素。CPU 会将一些项目内容从装载存储器复制到工作存储器中。用户程序只能在工作存储器和系统存储器中执行。该易失性存储区将在断电后丢失，而在恢复供电时由 CPU 恢复。

（3）系统存储器

系统存储器用来存放由 PLC 生产厂家编写的系统程序，系统程序固化在 ROM 内，用户不能直接更改，它使 PLC 具有基本的功能，能够完成 PLC 设计者规定的各项工作。系统程序质量的好坏，很大程度上决定了 PLC 的性能，其内容主要包括三部分：第一部分为系统管理程序，它主要控制 PLC 的运行，使整个 PLC 按部就班地工作。第二部分为用户指令解释程序，通过用户指令解释程序，将 PLC 的编程语言变为机器语言指令，再由 CPU 执行这些指令。第三部分为标准程序模块与系统调用，它包括许多不同功能的子程序及其调用管理程序，如完成输入、输出及特殊运算等的子程序。PLC 的具体工作都是由这部分程序来完成的，这部分程序的多少也决定了 PLC 性能的高低。

系统存储器也包含各 CPU 为用户程序提供的操作数存储器单元。例如，过程映像和位存储器。详细操作数存储区如图 3-2 所示。通过在用户程序中使用合适的操作，可以在相关操作数区域中直接对数据寻址。

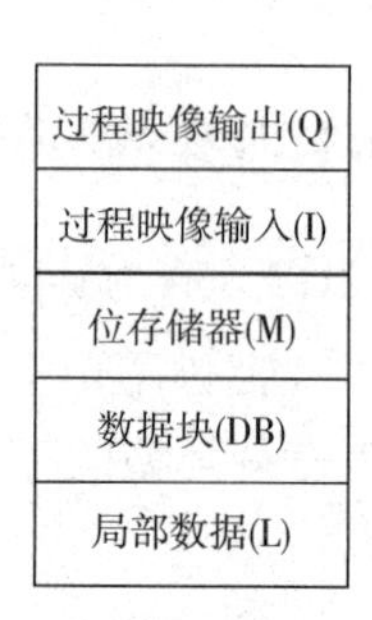

图 3-2　操作数存储区

1）过程映像输出（Q）。过程映像输出的字母标识符为 Q，CPU 在循环开始时将过程映像输出表中的值写入到输出模块，再由后者驱动外部负载。过程映像输出区域的值只能通过程序来发生改变，只有通过过程映像输出（Q）才能与输出模块相连。PLC 要发出的控制信号必须由过程映像输出来实现，要改变外部负载的动作情况，也只需在 PLC 程序中让过程映像输出的状态改变即可。在程序中能实现“读”操作，也能执行“写”操作。

2）过程映像输入（I）。过程映像输入的字母标识符为 I，在每个扫描周期的开始，CPU 对输入点进行采样，并将采样值存于过程映像输入的存储区中，其状态只能由外部输入信号所驱动，而不能在程序内部用指令来驱动。外部的信号要送入 PLC 内部只能通过输入模块存在过程映像输入存储区中。

3）位存储器（M）。此区域用于存储程序中计算出的中间结果。位存储器（M）与 PLC 外部信号没有直接的联系，相当于继电器控制系统的中间继电器，主要完成信号的转化、方便系统控制程序的编写等作用。

4）数据块（DB）。数据块的字母标识符为 DB，存储程序信息。可以对它们进行定义以便所有代码块都可以访问的全局数据块，也可将其分配给特定的 FB 或 SFB 的背景数据块。在 S7-1200 PLC 中，位存储器（M）的存储空间是固定的，相对于数据块（DB）的存储空间小很多。数据块在使用时首先要进行定义数据的类型、名称等信息。数据块的个数、大小、访问方式都可根据需求变化，使用非常灵活。

5）局部数据（L）。此区域包含块处理过程中块的临时数据。临时存储器与 M 存储器类似，但有一个主要的区别：M 存储器在“全局”范围内有效，而临时存储器在“局部”范围内有效。任何 OB、FC 或 FB 都可以访问 M 存储器中的数据，也就是说这些数据可以全局性地用于用户程序中的所有元素。而临时存储器只有创建或声明了临时存储单元的OB、FC或FB才可以访问临时存储器中的数据。临时存储单元是局部有效的，并且不会被其他代码块共享，即使在代码块调用其他代码块时也是如此。例如：当OB调用FC时，FC无法访问对其进行调用的OB的临时存储器，只能通过符号寻址的方式访问临时存储器。

操作数存储器单元中与外部有直接关联的只有过程映像输入（I）和过程映像输出（Q）。位存储器（M）、数据块（DB）、局部数据（L）这三类操作数存储区主要是方便系统完成控制功能和内部信息处理功能。操作数存储区与外部联系的示意图，如图3-3所示。

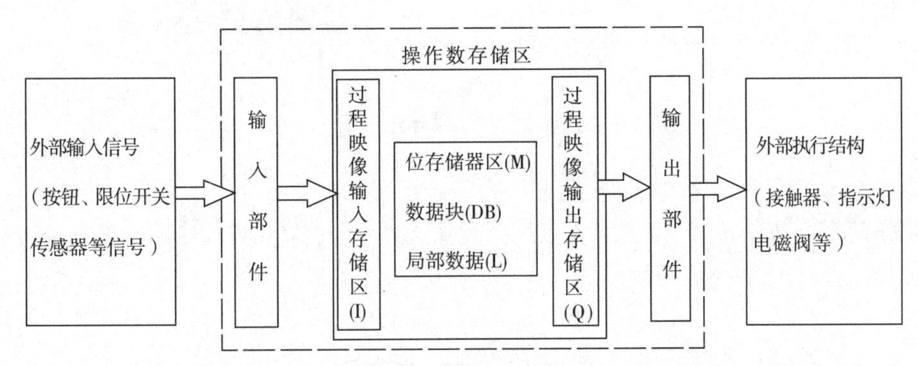

图3-3 操作数存储区与外部联系的示意图

3.1.2 存储区编址方式

S7-1200将信息存于不同的存储器单元，每个单元都有唯一的地址。只要明确指出要存取的存储器地址，用户程序就可以直接存取这个信息。S7-1200采用区域标志加上区域内编号编址，有4种编址方式：位编址、字节编址、字编址和双字编址。

（1）位编址

若要访问存储区的某一位，则必须指定地址，包括存储器标识符、字节地址和位号。如图3-4所示是一个位寻址的例子（也称为“字节. 位”寻址）。在这个例子中，存储器区、字节地址（I = 输入，3=字节3）之后用点号（“.”）来分隔位地址（第4位）。

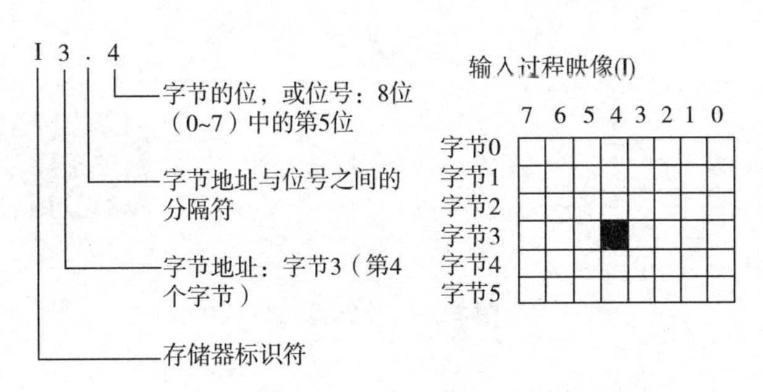

图3-4 位编址

(2) 字节编址

8位二进制数组成1个字节（Byte），其中的第0位为最低位（LSB），第7位为最高位（MSB）。如图3-5所示是一个字节寻址的例子。

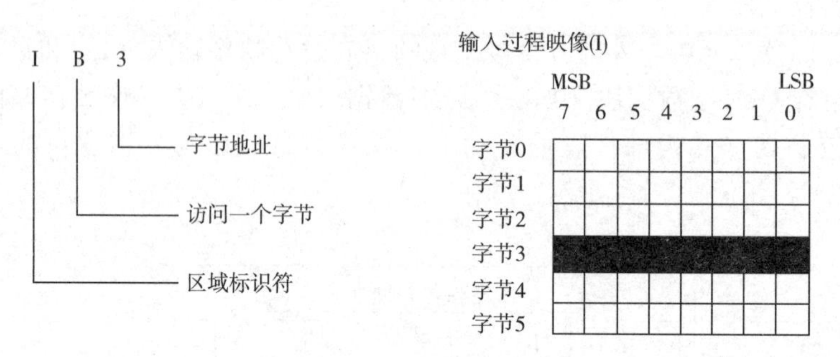

图3-5 字节编址

(3) 字编址

相邻两个字节组成1个字（Word），其中IB2为高位字节、IB3为低位字节。如图3-6所示是一个字寻址的例子。

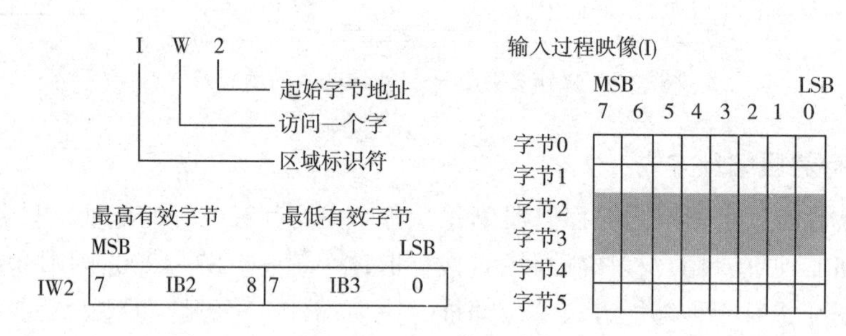

图3-6 字编址

(4) 双字编址

相邻的两个字组成1个双字，其中IB0为高位字节、IB3为低位字节。如图3-7所示是一个双字寻址的例子。

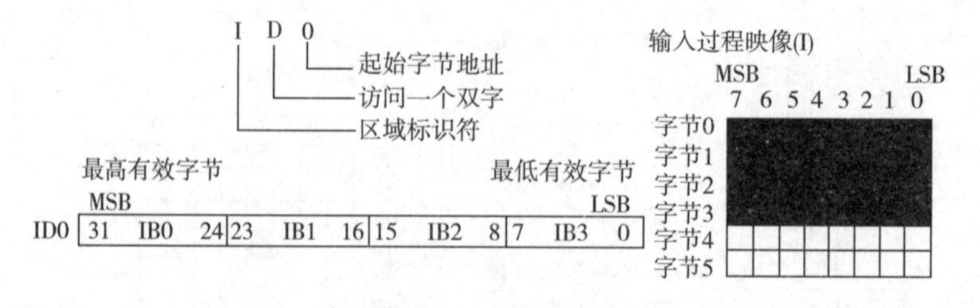

图3-7 双字编址

过程映像输入（I）和过程映像输出（Q）、位存储器（M）、数据块（DB）可以按位、字节、字、双字四种方式来存取。

按“位”方式，例：I0.0 、M3.2、Q0.6、DB1. DBX0.0。

按“字节”方式，例：IB0、MB3、QB0、DB0. DBB0。

按“字”方式，例：IW0、MW2、QW0、DB0. DBW0。

按“双字”方式，例：ID0、MD2、QD0、DB0. DBD0。

3.2　操作数寻址方式

操作数指PLC运行时处理的数据，同时也指这些等待处理的数据所在的内存地址。操作数包括标识符和标识参数。标识符是操作数存放的存储区的区域，也就是前面描述的I、Q、M、DB、L。可以使用下列元素作为操作数：PLC变量、常量、数据块中的变量。在PLC中地址是访问数据的依据，通过地址来访问数据的过程称为“寻址”。几乎所有的指令和功能都与各种形式的寻址有关。S7-1200 PLC寻址方式有三种：绝对地址寻址、符号寻址和间接寻址。

（1）绝对地址寻址

S7-1200 PLC中的过程映像输入（I）、过程映像输出（Q）、位存储器（M）、数据块（DB）这些存储单元都可以设定唯一的地址。用户程序利用这些地址访问存储单元中的信息就叫绝对地址寻址。访问S7-1200的数据，可以通过绝对地址加以识别。绝对地址包括以下元素：存储区标识符（如I、Q或M等）、要访问的数据的大小（“B”表示Byte、“W”表示Word或“D”表示Double-Word）、数据的起始地址（如字节2或字2）。访问布尔值地址中的位时，不要输入助记符号。仅需输入数据的存储区、字节位置和位位置（如I0.0、Q0.0或M3.4）。要立即访问（读取或写入）物理输入和物理输出，请在地址后面添加“：P”（例如，I0.3：P、Q1.7：P）。在STEP7编程中前面有“%”表示绝对地址。绝对地址寻址如图3-8所示。

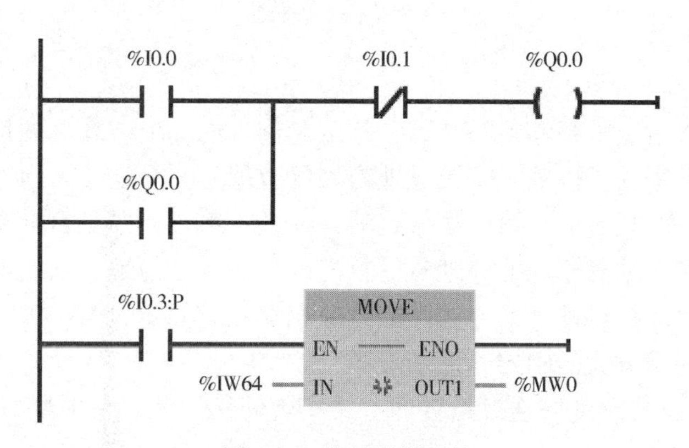

图3-8　绝对地址寻址

（2）符号寻址

访问S7-1200的数据，也可以通过符号名加以识别。在整个项目中使用统一应用且有意义的符号可以使程序代码更易于阅读和理解。这种方法具有以下优点：无须编写详细的注释。数据访问速度更快。访问数据时不会出错。无须再使用绝对地址。将符号分配给存储器地址由 STEP 7 监视，这意味着在变量的名称或地址更改时，所有的使用点都会自动更新。例如“Run”“Start”“Stop”“Data_ Block_ 1. Var1”等。优化访问的数据块中的数据元素只能接收声明中的符号名，无法接收绝对地址。优化的块访问，变量声明中定义的变量无绝对地址，也只能采用符号寻址。符号寻址如图 3-9 所示，显示了如何通过符号访问各个元素。

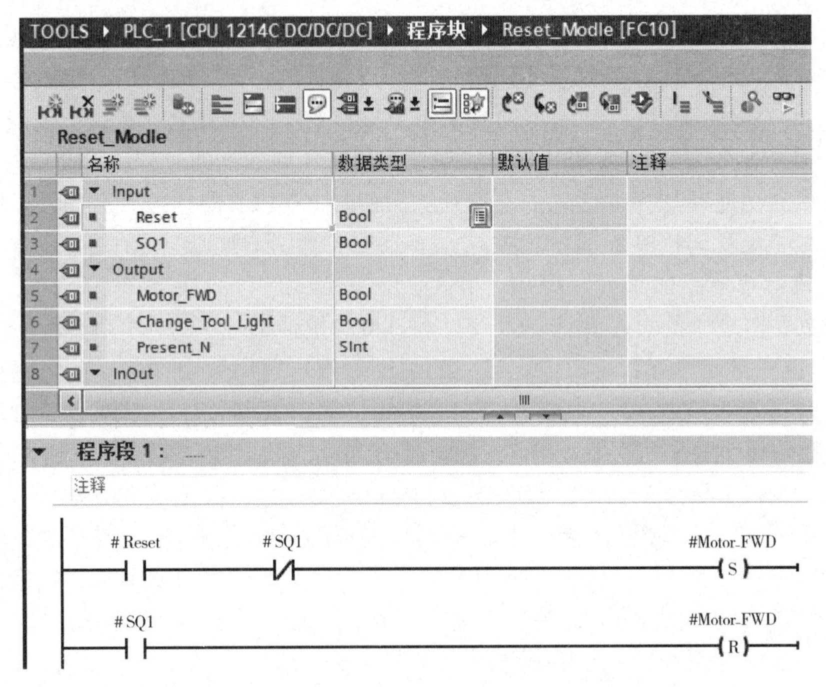

图 3-9　符号寻址

(3) 间接寻址

直接寻址即为指定了存储器的区域、长度和位置的寻址方式。间接寻址是在直接寻址的基础上建立起来的，也就是间接寻址得到的数据是一个地址，通过这个地址找到最终的数据，也就是两次寻址，第一次得到的是地址，第二次才是目标数据。间接寻址对于存储区里的很多数据做相同的处理时，只需改变数据的地址，数据就自动发生变化并做相同处理。这时间接寻址方式的程序编写就相对比较简单。S7-1200 PLC 所有的编程语言都提供以下三种方式的间接寻址。

1）通过指针间接寻址。通过指针的方式实现间接寻址，其类型如表 3-1 所示。

表 3-1　指针类型

类型	格式	示例输入
区域内部的指针	P#Byte. Bit	P#20. 0
跨区域指针	P#Memory_ area_ Byte. Bit	P#M20. 0
DB 指针	P#Data_ block. Data_ element	P#DB10. DBX20. 0

S7-1200 PLC 中的 SCL 编程方式中可使用指令 POKE（写存储器地址）、POKE-BOOL（写存储器位）、POKE_ BLK（写存储区）、PEEK（读存储器地址）和 PEEK_ BOOL（读存储器位）来实现间接寻址，也可以采用其他方式实现。

案例 1：以 FC 中 SCL 编程方式，FC 为一般访问方式，对 I 区及 Q 区进行位的间接寻址。

步骤：①假设欲对 QW0 进行间接位寻址，先在 PLC 变量表中建立一个 Word 变量（假设为 Word Tag1），此变量绝对地址为 QW0。

②在 FC 的接口区 Temp 参数区建立一个 Word 变量（假设为 Word Temp1），并对其建立覆盖变量（AT），覆盖变量名为 at1，类型为 array［0.. 15］of bool。

③在 FC 的接口区 Temp 参数区建立一个 int 变量（假设为 i）。

④将 QW0 传送给 Word Temp1。

⑤用数组实现对 QW0 位的间接寻址，方式为#at1［#i］，改变 i 值即可取出相应 QW0 的位值。

2）ARRAY 元素的间接索引。要寻址数组 ARRAY 元素，可以指定整型数据类型的变量并指定常量作为下标。在此，只能使用长度最长为 32 位的整数。使用变量时，则可在运行过程中对索引进行计算。

如图 3-10 所示，举例说明了对 ARRAY 组件进行的间接索引。“ARRAY”是一个二维 ARRAY。“Tag_ 1”和“Tag_ 2”是整型的临时变量。系统将根据它们的值，将某个“ARRAY”元素复制到“MyTarget”变量中。

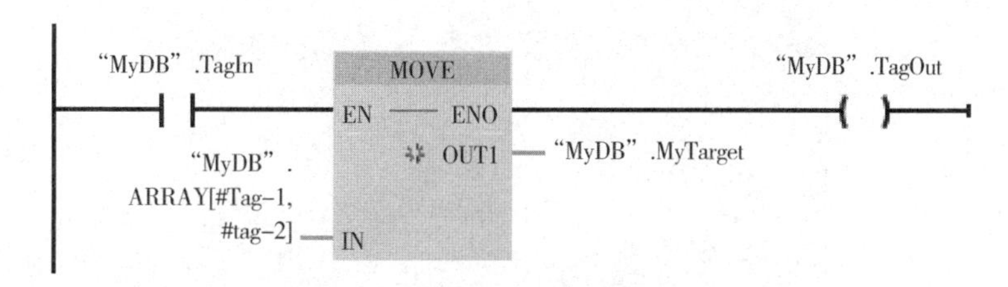

图 3-10　ARRAY 元素的间接索引

也可以使用“FieldRead”读取域和“FieldWrite”写入域指令对 ARRAY 元素进行索引。

3）通过 DB_ ANY 数据类型间接寻址数据块。全局数据块中的变量可以按符号名或绝对地址进行寻址。对于符号寻址，可以使用数据块的名称和变量名，并用圆点分隔。数据块的名称用“”括起来。对于绝对寻址，可以使用数据块的编号和数据块变量的绝对地址，并用圆点分隔。地址标识符“%”被自动设置为绝对地址的前缀。

S7-1200/1500 提供了一个选项，用于访问编程期间处于未知状态的数据块。为此，请在访问块的块接口中创建一个 DB_ ANY 数据类型的块参数。数据块名称或数据块编号将在运行期间传送到此参数。为了访问数据块的内部变量，请使用 DB_ ANY 数据类型的块参数名称以及变量的绝对地址，并用圆点分隔。

3.3 创建PLC变量表

PLC变量表包含在整个CPU范围有效的变量和符号常量的定义。系统为项目中使用的每个CPU自动创建一个PLC变量表，可以创建其他变量表用于对变量和常量进行归类与分组。

（1）PLC变量表的类型

在项目树中，项目的每个CPU都有“PLC变量”文件夹，包含有下列表格：“所有变量”表、默认变量表、用户定义变量表，如图3-11所示。

1）“所有变量”表。概括包含有全部的PLC变量、用户常量和CPU系统常量。该表不能删除或移动。

2）默认变量表。项目的每个CPU均有一个默认变量表。该表不能删除、重命名或移动。默认变量表包含PLC变量、用户常量和系统常量。可以在默认变量表中声明所有的PLC变量，或根据需要创建其他的用户定义变量表。

3）用户定义变量表。可以根据要求为每个CPU创建多个针对组变量的用户定义变量表。可以对用户定义的变量表重命名、整理合并为组或删除。用户定义变量表包含PLC变量和用户常量。

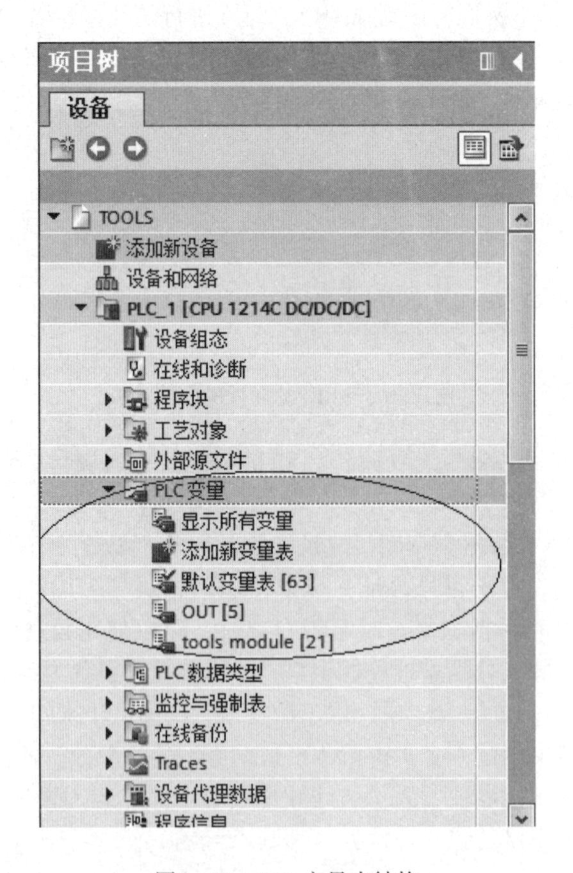

图3-11 PLC变量表结构

（2）PLC 变量表的结构

每个 PLC 变量表包含变量选项卡和用户常量选项卡。默认变量表和“所有变量”（All tags）表还均包括“系统常量”（System constants）选项卡。“PLC 变量”选项卡的结构如图 3-12 所示。在“变量”（Tags）选项卡中声明程序中所需的全局 PLC 变量。

图 3-12　PLC 变量选项卡

表 3-2 列出了各列的含义。所显示的列编号可能有所不同。可以根据需要显示或隐藏列。

表 3-2　　PLC 变量选项卡各列含义

列	说明（可以单击该符号，以便通过拖放操作将变量移动到程序段中以用作操作数）
名称（Name）	常量在 CPU 范围内的唯一名称
数据类型（Data type）	变量的数据类型
地址（Address）	变量地址
保持性（Retain）	将变量标记为具有保持性 保持性变量的值将保留，即使在电源关闭后也是如此
可从 HMI 访问（Visible in HMI）	显示运行期间 HMI 是否可访问此变量
HMI 中可见（Accessible from HMI）	显示默认情况下，在选择 HMI 的操作数时变量是否显示
监视值（Monitor Value）	CPU 中的当前数据值 只有建立了在线连接并选择“监视所有”按钮时，才会显示该列
变量表（Tag table）	显示包含有变量声明的变量表 该列仅存在于“所有变量”（All tags）表中
注释（Comment）	用于说明变量的注释信息

“用户常量”和“系统常量”表结构：在“用户常量”中，可以定义整个 CPU 范围内有效的符号常量。系统所需的常量将显示在“系统常量”（Systems constants）选项卡中。例如，系统常量可以是用于标识模块的硬件 ID。如图 3-13 所示为两种变量的结

构。所显示的列编号可能有所不同。

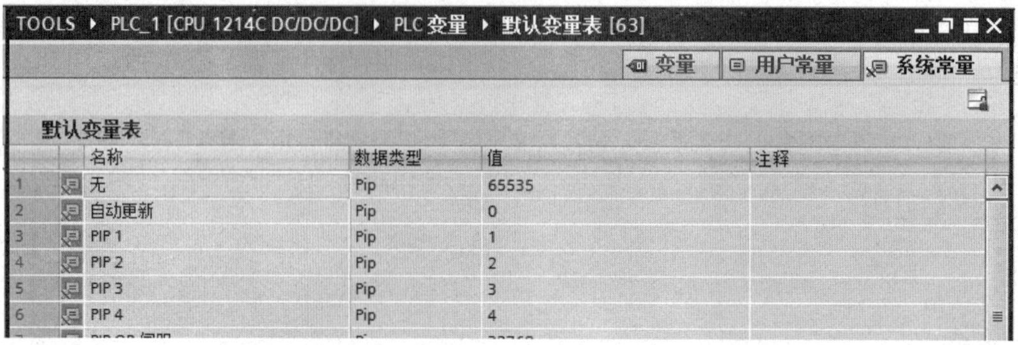

图 3-13 “用户常量”和“系统常量”表结构

表 3-3 列出了各列的含义。可以根据需要显示或隐藏列。

表 3-3　　“用户常量”和“系统常量”表结构各列含义

列	说明
名称（Name）	常量在 CPU 范围内的唯一名称
数据类型（Data type）	常量的数据类型
值（Value）	常量的值
变量表（Tag table）	显示包含有常量声明的变量表 该列仅存在于“所有变量”（All tags）表中
注释（Comment）	用于描述变量的注释

(3) 局部变量

在程序块的接口处声明的变量为局部变量。使用局部变量可使程序变得更灵活。例如，对于每次块调用，可以为在块接口中声明的变量分配不同的值，从而可以重复使用已编程的块，用于实现多种用途。

变量由以下元素组成：名称、数据类型、绝对地址、Value（可选）。

可一般访问的 PLC 变量和 DB 变量都有绝对地址。可优化访问的块中的 DB 变量无绝对地址。

(4) 声明变量

可以为程序定义具有不同范围的变量：

①在 CPU 的所有区域中都适用的 PLC 变量。

②全局数据块中的 DB 变量可以在整个 CPU 范围内被各类块使用。

③背景数据块中的 DB 变量，这些背景数据块主要用于声明它们的块中。

表 3-4 显示的是变量类型之间的区别。

表3-4　变量类型之间的区别

变量类型	PLC变量	背景DB中的变量	全局DB中的变量
应用范围	在整个CPU中有效 CPU中的所有块均可使用 该名称在CPU中唯一	主要用于定义它们的块中； 该名称在背景DB中唯一	CPU中的所有块均可使用 该名称在全局DB中唯一
可用的字符	字母、数字、特殊字符 不可使用引号 不可使用保留关键字	字母、数字、特殊字符 不可使用保留关键字	字母、数字、特殊字符 不可使用保留关键字
使用	I/O信号（I、IB、IW、ID、Q、QB、QW、QD） 位存储器（M、MB、MW、MD）	块参数（输入、输出和输入/输出参数） 块的静态数据	静态数据
定义位置	PLC变量表	块接口	全局DB声明表

（5）保持性设置

保持性存储区，通过将某些数据标记为具有保持性可以避免电源故障后数据丢失。此类数据存储在保持性存储区中。保持性存储区是指在暖启动后（换言之，CPU从STOP切换到RUN时的循环上电后）其内容依然保留的区域。

可以为以下数据赋予保持性：

1）位存储器：可以在PLC变量表或分配列表中为位存储器定义精确的存储器宽度。

2）函数块（FB）的变量：如果已启用的可优化访问的块，则可以在FB接口中将各个变量定义为具有保持性。仅当没有为FB激活可优化访问的块时，才可以在所分配的背景数据块中定义保持性设置。

3）全局数据块的变量：根据访问设置的不同，既可以对全局数据块的个别变量定义保持性，也可以对所有变量定义保持性。

可优化访问的块：可为各个变量设置保持性。

可标准访问的块：保持性设置应用于数据块的所有变量，即所有变量都具有保持性或所有变量都不具有保持性。

根据项目任务要求，建立了2个用户表量表，一个将PLC系统外部信号需要送入到PLC中的变量表，详细信息如图3-14所示。外部的信号送入PLC，其存储的区域都是过程映像输入存储区。另一个变量表是PLC发出信号的一个详细变量表，如图3-15所示。PLC要传送给负载的信号都是通过过程映像输出存储区。两个变量表中主要完成了变量名称、数据类型、地址的定义。

3.4　数据块的应用

数据块用于整合用户数据，数据块拥有的存储空间占用CPU的用户存储区，数据块包含供用户程序使用的变量数据（例如数值）。当程序中用到相应的数据时，最好将这些数据变量放到数据块中定义，所以需要先创建数据块，再在相应的程序块中访问。

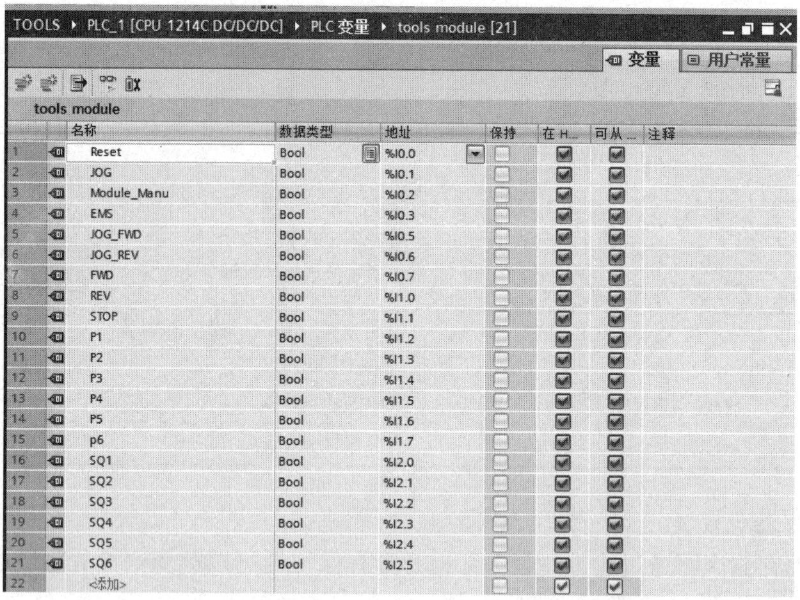

TOOLS ▸ PLC_1 [CPU 1214C DC/DC/DC] ▸ PLC变量 ▸ tools module [21]

变量 | 用户常量

tools module

	名称	数据类型	地址	保持	在 H...	可从 ...	注释
1	Reset	Bool	%I0.0	☐	☑	☑	
2	JOG	Bool	%I0.1	☐	☑	☑	
3	Module_Manu	Bool	%I0.2	☐	☑	☑	
4	EMS	Bool	%I0.3	☐	☑	☑	
5	JOG_FWD	Bool	%I0.5	☐	☑	☑	
6	JOG_REV	Bool	%I0.6	☐	☑	☑	
7	FWD	Bool	%I0.7	☐	☑	☑	
8	REV	Bool	%I1.0	☐	☑	☑	
9	STOP	Bool	%I1.1	☐	☑	☑	
10	P1	Bool	%I1.2	☐	☑	☑	
11	P2	Bool	%I1.3	☐	☑	☑	
12	P3	Bool	%I1.4	☐	☑	☑	
13	P4	Bool	%I1.5	☐	☑	☑	
14	P5	Bool	%I1.6	☐	☑	☑	
15	p6	Bool	%I1.7	☐	☑	☑	
16	SQ1	Bool	%I2.0	☐	☑	☑	
17	SQ2	Bool	%I2.1	☐	☑	☑	
18	SQ3	Bool	%I2.2	☐	☑	☑	
19	SQ4	Bool	%I2.3	☐	☑	☑	
20	SQ5	Bool	%I2.4	☐	☑	☑	
21	SQ6	Bool	%I2.5	☐	☑	☑	
22	<添加>			☐	☑	☑	

图 3-14　tools module 用户变量表

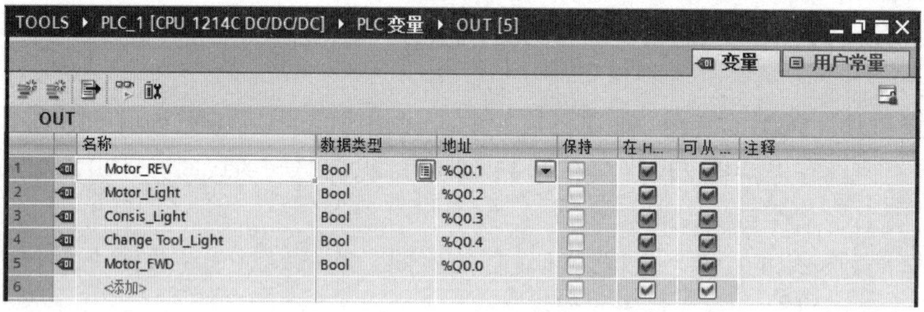

TOOLS ▸ PLC_1 [CPU 1214C DC/DC/DC] ▸ PLC变量 ▸ OUT [5]

变量 | 用户常量

OUT

	名称	数据类型	地址	保持	在 H...	可从 ...	注释
1	Motor_REV	Bool	%Q0.1	☐	☑	☑	
2	Motor_Light	Bool	%Q0.2	☐	☑	☑	
3	Consis_Light	Bool	%Q0.3	☐	☑	☑	
4	Change Tool_Light	Bool	%Q0.4	☐	☑	☑	
5	Motor_FWD	Bool	%Q0.0	☐	☑	☑	
6	<添加>			☐	☑	☑	

图 3-15　OUT 用户变量表

3.4.1　数据块的创建

按照变量使用范围的不同，数据块分为全局数据块和背景数据块，以及通过程序编辑器或者根据以前创建的“用户自定义数据块”。全局数据块用于存储全局数据，所有的逻辑块（OB、FC、FB）都可以访问；背景数据块用作“私有存储区”，即用作功能块（FB）的“存储器”，FB 的参数和静态变量安排在它的背景数据块中，背景数据块不是由用户编辑的，而是由编辑器生成的；用户自定义数据块是以 UDT 为模块所生成的数据块，创建用户自定义数据块前必须先创建一个用户定义数据类型，如 UDT1，并在 S7 程序编辑器内定义。数据块关系，如图 3-16 所示。

要创建数据块，先在项目中进行硬件组态之后，在项目树中此 PLC 的“程序块”（Program block）下即可以添加新的数据块。点击“添加新块”（Add new block），如图 3-17 所示，弹出“添加新块”对话框，如图 3-18 所示。

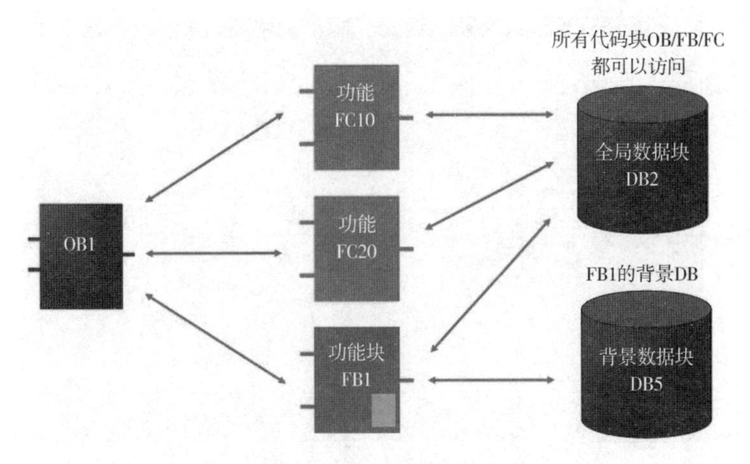

图 3-16　数据块关系

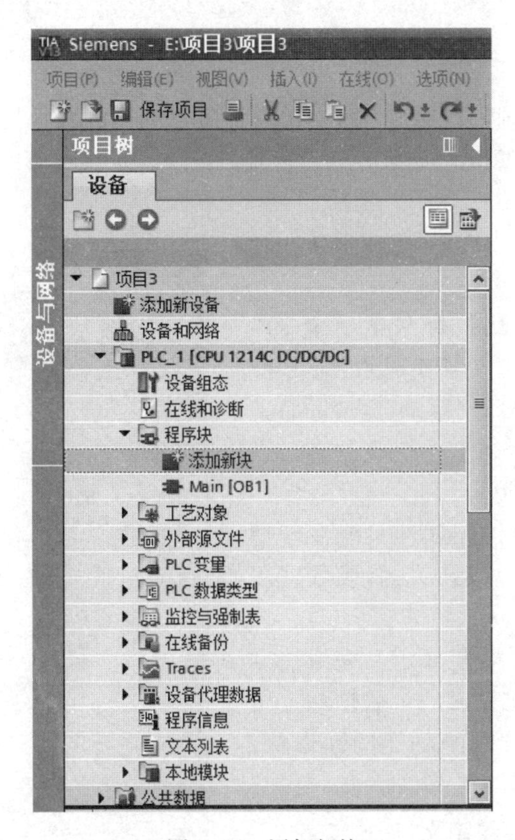

图 3-17　添加新块

在打开的“添加新块”窗口下选择“数据块”(Data block)。

名称(Name):此处可以键入 DB 块的符号名。如果不做更改,那么将保留系统分配的默认符号名。例如此处为 DB 块分配的符号名为“Data_ block_ 1”。

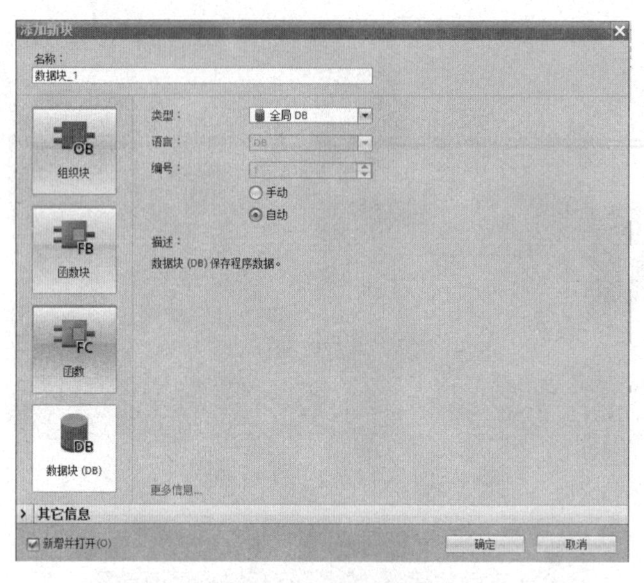

图 3-18　添加数据块

类型（Type）：此处可以通过下拉菜单选择所要创建的数据块类型——全局数据块（Global DB）或背景数据块。如果要创建背景数据块，下拉菜单中列出了此项目中已有的 FB 供用户选择。

语言（Language）：对于创建数据块，此处不可更改。

编号（Number）：默认配置为“自动”（Automatic），即系统自动为所生成的数据块配分块号。当然也可以选择“手动”（Manual），则“编号”处的下拉菜单变为高亮状态，以便用户自行分配 DB 块编号。

注意：数据块的块访问属性只能在创建数据块时定义。创建完成后无法修改数据块的访问属性。

当以上的数据块属性全部定义完成，点击“确认”按钮即创建完成一个数据块。用户可以在项目树中看到刚刚创建的数据块，如图 3-19 所示。

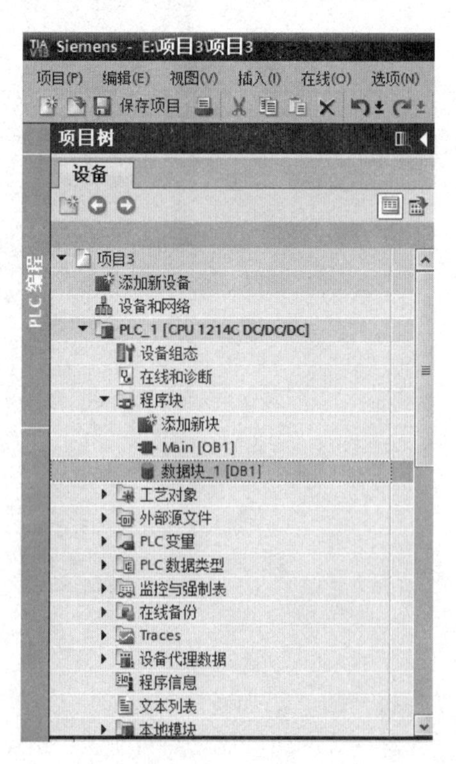

图 3-19　项目树中的 DB 块

3.4.2　数据块的变量定义

双击打开数据块即可逐行添加变量，为数据块定义变量，根据本项目要求，定义三个变量，如图 3-20 所示。

在该对话框中，“ Data type” 为该变量

项目3 ▸ PLC_1 [CPU 1214C DC/DC/DC] ▸ 程序块 ▸ 数据块_1 [DB1]

数据块_1

	名称	数据类型	启动值	保持性	可从 HMI ...	在 HMI ...	设置值
1	▼ Static			☐	☐	☐	☐
2	Times_F	Int	0	☐	☑	☑	☐
3	Times_W	Int	0	☐	☑	☑	☐
4	Times	Int	0	☐	☑	☑	☐
5				☐	☐	☐	☐

图3-20　数据块的变量1

的数据类型，其详细情况参考“知识点学习：变量的数据类型”；“Start value”为该变量的初始值，其初始值默认为“0”，如果修改了其初始值，则系统运行开始，该变量的值即为设定的初始值，假如正转圈数（Times_ F）初始值为3，反转圈数（Times_ W）初始值为4，则如图3-21所示；“Retain”表示该变量的属性为“可保持”，如果选中该属性，则该变量有断电保持功能，如图3-22所示。

项目3 ▸ PLC_1 [CPU 1214C DC/DC/DC] ▸ 程序块 ▸ 数据块_1 [DB1]

数据块_1

	名称	数据类型	启动值	保持性	可从 HMI ...	在 HMI ...	设置值
1	▼ Static			☐	☐	☐	☐
2	Times_F	Int	3	☐	☑	☑	☐
3	Times_W	Int	4	☐	☑	☑	☐
4	Times	Int	0	☐	☑	☑	☐
5	<新增>			☐	☐	☐	☐

图3-21　数据块的变量2

项目3 ▸ PLC_1 [CPU 1214C DC/DC/DC] ▸ 程序块 ▸ 数据块_1 [DB1]

数据块_1

	名称	数据类型	启动值	保持性	可从 HMI ...	在 HMI ...	设置值
1	▼ Static			☐	☐	☐	☐
2	Times_F	Int	3	☑	☑	☑	☐
3	Times W	Int	4	☑	☑	☑	☐
4	Times	Int	0	☐	☑	☑	☐
5	<新增>			☐	☐	☐	☐

图3-22　数据块的变量3

• 知识点学习

（1）变量的数据类型

变量的数据类型主要有基本数据类型、复杂数据类型（时间与日期，字符串，结构体，数组等）、PLC数据类型（如用户自定义数据类型）、系统数据类型和硬件数据类型等。一般情况下，基本数据类型均不大于32位。如表3-5所示为常用的数据类型。

表 3-5　　数据类型

数据类型	大小	范围	常量输入示例
Bool（布尔型）	1 位	0 到 1	TRUE，FALSE，0，1
Byte（字节）	8 位（1 个字节）	16#00 到 16#FF	16#12，16#AB
Word（字）	16 位（2 个字节）	16#0000 到 16#FFFF	16#ABCD，16#0001
DWord（双字）	32 位（4 个字节）	16#00000000 到 16#FFFFFFFF	16#02468ACE
Char（字符）	8 位（1 个字节）	16#00 到 16#FF	“A”，“t”，“@”
SInt（短整型）	8 位（1 个字节）	-128 到 127	123，-123
USInt（无符号短整型）	8 位（1 个字节）	0 到 255	123
Int（整型）	16 位（2 个字节）	-32 768 到 32 767	123，-123
UInt（无符号整型）	16 位（2 个字节）	0 到 65 535	123
DInt（双整型）	32 位（4 个字节）	-2 147 483 648 到 2 147 483 647	123，-123
UDInt（无符号双整型）	32 位（4 个字节）	0 到 4 294 967 295	123
Real（实型或浮点型）	32 位（4 个字节）	$+/-1.18\times10^{-38}$到$+/-3.40\times10^{38}$	123.456，-3.4，-1.2E+12，3.4E-3
LReal（长实型）	64 位（8 个字节）	$+/-2.23\times10^{-308}$到$+/-1.79\times10^{308}$	12345.123456789-1.2E+40
Time（时间）	32 位（4 个字节）	T#-24d_ 20h_ 31m_ 23s_ 648ms to T#24d_ 20h_ 31m_ 23s_ 647ms	T#5m 30s T#1d_ 2h_ 15m_ 30x_ 45ms
String（字符串）	可变	0 到 254 字节字符	“ABC”
DTL（长型日期和时间）	12 个字节	最小值：DTL#1970-01-01-00：00：00.0 最大值：DTL#2554-12-31-23：59：59.999 999 999	DTL#2008-12-16-20：30：20.250

数据类型为 SInt（短整型）的变量长度为 8 位，由两个部分组成，即符号和数值部分。位 0~7 的信号状态表示数值。位 8 的信号状态表示符号。符号采用“0”表示正、“1”表示负。如“00101100”表示的数值是“44”，　“10000100”表示的数值是“-124”，具体计算方法如下：

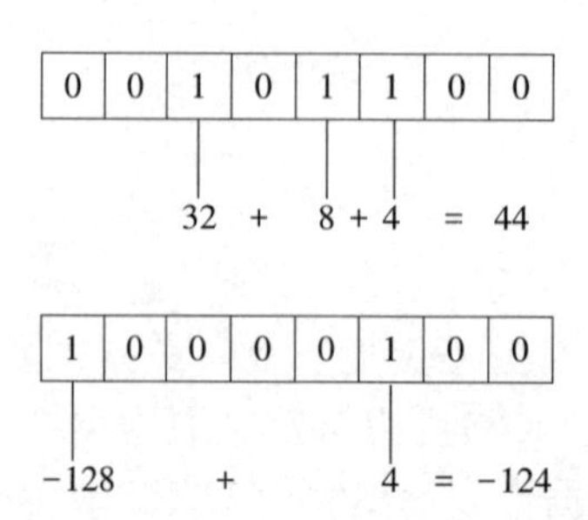

实（或浮点）数以 32 位单精度数（Real）或 64 位双精度数（LReal）表示。单精度浮点数的精度最高为 6 位有效数字，而双精度浮点数的精度最高为 15 位有效数字。在输入浮点常数时，最多可以指定 6 位（Real）或 15 位（LReal）有效数字来保持精度。

Time 数据作为有符号双整数存储，被解释为毫秒。编辑器格式可以使用日期（d）、小时（h）、分钟（m）、秒（s）和毫秒（ms）信息。

在表达的时候，不需要指定全部时间单位。例如，T#5h10s 和 500h 均有效合法。

所有指定单位值的组合值不能超过以毫秒表示的时间日期类型的上限或下限（-2 147 483 648ms到+2 147 483 647ms）。

CPU 支持使用 String 数据类型存储一串单字节字符。String 数据类型包含总字符数（字符串中的字符数）和当前字符数。String 类型提供了多达 256 个字节，用于存储最大总字符数（1 个字节）、当前字符数（1 个字节）以及最多 254 个字符（每个字符占 1 个字节）。String 数据类型中的每个字节都可以是从 16#00 到 16#FF 的任意值。

可以对 IN 类型的指令参数使用带单引号的文字串（常量）。例如，“ABC”是由三个字符组成的字符串，可用作 S_ CONV 指令中 IN 参数的输入。还可通过在 OB、FC、FB 和 DB 的块接口编辑器中选择数据类型“字符串”来创建字符串变量。无法在 PLC 变量编辑器中创建字符串。在声明字符串时，可以指定最大字符串大小（单位为字节）；例如，“MyString［10］”表示为 MyString 指定的最大大小为 10 字节。

以下实例定义了一个最大字符数为 10 而当前字符数为 3 的 String，见表 3-6。这表示该 String 当前包含 3 个单字节字符，但可以扩展到包含最多 10 个单字节字符。

表 3-6　　字符串数据类型实例

总字符数	当前字符数	字符 1	字符 2	字符 3	…	字符 10
10	3	‘C’ （16#43）	‘A’ （16#41）	‘T’ （16#54）	…	—
字节 0	字节 1	字节 2	字节 3	字节 4	…	字节 11

DTL 数据类型使用 12 个字节的结构保存日期和时间信息。可以在块的临时存储器或者 DB 中定义 DTL 数据。必须在 DB 编辑器的“起始值”（Start value）列为所有组件输入一个值。

DTL 的每一部分均包含不同的数据类型和值范围。指定值的数据类型必须与相应部分的数据类型相一致。DTL 结构的元素见表 3-7。

表 3-7　　DTL 的组成

Byte	组件	数据类型	值范围
0	年	UInt	1970~2554
1			
2	月	USInt	1~12
3	日	USInt	1~31

续表

Byte	组件	数据类型	值范围
4	星期几	USInt	1（星期日）~7（星期六） 工作日不包括在值条目内
5	小时	USInt	0~23
6	分	USInt	0~59
7	秒	USInt	0~59
8	纳秒	UDInt	0~999 999 999
9			
10			
11			

在 PLC 编程应用中还经常用到数组数据类型。PLC 可以创建包含多个基本类型元素的数组。数组可以在 OB、FC、FB 和 DB 的块接口编辑器中创建，但无法在 PLC 变量编辑器中创建数组。

若要在块接口编辑器中创建数组，先选择数据类型“Array [lo .. hi] of type”，然后编辑“lo”“hi”和“type”，具体如下：

① lo——数组的起始（最低）下标，下标可以为负数。

② hi——数组的结束（最高）下标。

③ type——基本数据类型之一，例如 Bool、SInt、UDInt。

数组语法为：

Name [index1_ min.. index1_ max, index2_ min.. index2_ max] of <数据类型>

① 全部数组元素必须是同一数据类型。

② 索引可以为负，但下限必须小于或等于上限。

③ 数组可以是一维到六维数组。

④ 用逗点字符分隔多维索引的最小最大值声明。

⑤ 不允许使用嵌套数组或数组的数组。

⑥ 数组的存储器大小=一个元素的大小×数组中的元素的总数。

示例：数组声明

A. RRAY [1.. 20] of REAL 一维，20 个元素

A. RRAY [-5.. 5] of INT 一维，11 个元素

A. RRAY [1.. 2, 3.. 4] of CHAR 二维，4 个元素

示例：数组地址

A. RRAY1 [0] ARRAY1 元素 0

A. RRAY2 [1, 2] ARRAY2 元素 [1, 2]

A. RRAY3 [i, j] 如果 i =3 且 j=4，则对 ARRAY3 的元素 [3, 4] 进行寻址

（2）数据块的优化

S7-1200 具有优化的存储空间，在优化的块里面，变量的地址是由 CPU 自己管理，这样变量之间的地址间隙最小化。但是使用优化块的访问方式，变量的偏移地址消失了，不能用间接寻址方式，也就是只能用符号访问方式。是否用“优化的块访问”，可以在数据块的属性里修改，右键点击“数据块-1”（Data_ block_ 1），选择“属性”（Properties），如图 3-23 所示。弹出如图 3-24 所示的对话框。

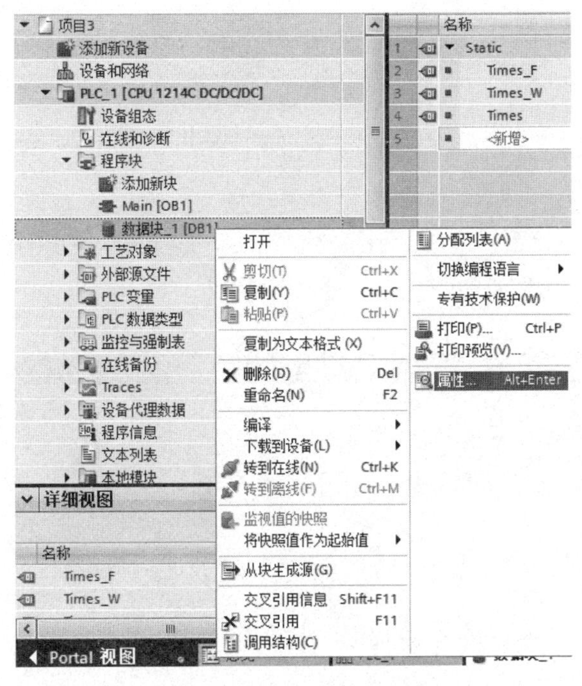

图 3-23　选择数据块的属性

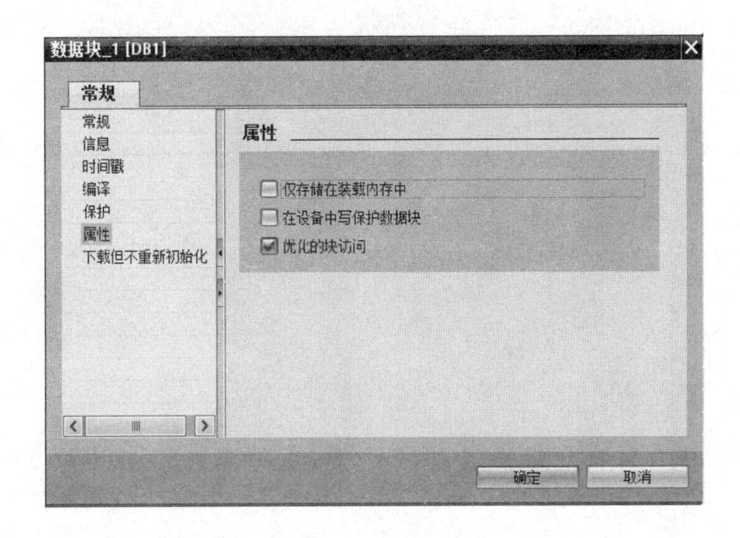

图 3-24　“优化的块访问”选项

如果不需要“优化的块访问”，则将此选择框的钩去掉即可。如果去掉该选项，则变量表的状态如图 3-25 所示。

项目3 ▸ PLC_1 [CPU 1214C DC/DC/DC] ▸ 程序块 ▸ 数据块_1 [DB1]

数据块_1

	名称	数据类型	偏移量	启动值	保持性	可从 HMI ...	在 HMI ...	设置值
1	▼ Static				☐	☐	☐	☐
2	Times_F	Int	0.0	3	☐	☑	☑	☐
3	Times_W	Int	2.0	4	☐	☑	☑	☐
4	Times	Int	4.0	0	☐	☑	☑	☐

图 3-25　数据块的变量（非优化的块访问）

通过比较图 3-21，该界面多了一栏“偏移量”（offset），在该方式下，不能单独对变量进行“保持性”设置，也就是如果要设置某个变量为“保持性”，则所有变量都为“保持性”，如图 3-26 所示。

项目3 ▸ PLC_1 [CPU 1214C DC/DC/DC] ▸ 程序块 ▸ 数据块_1 [DB1]

数据块_1

	名称	数据类型	偏移量	启动值	保持性	可从 HMI ...	在 HMI ...	设置值
1	▼ Static				☐	☐	☐	☐
2	Times_F	Int	0.0	3	☑	☑	☑	☐
3	Times_W	Int	2.0	4	☑	☑	☑	☐
4	Times	Int	4.0	0	☑	☑	☑	☐

图 3-26　“非优化的块访问”变量的保持性设置

在“优化的块访问”与“标准访问”（即“非优化的块访问”）这两种方式下，数据块的存储空间是不同的，如图 3-27 所示为两种存储空间的比较。

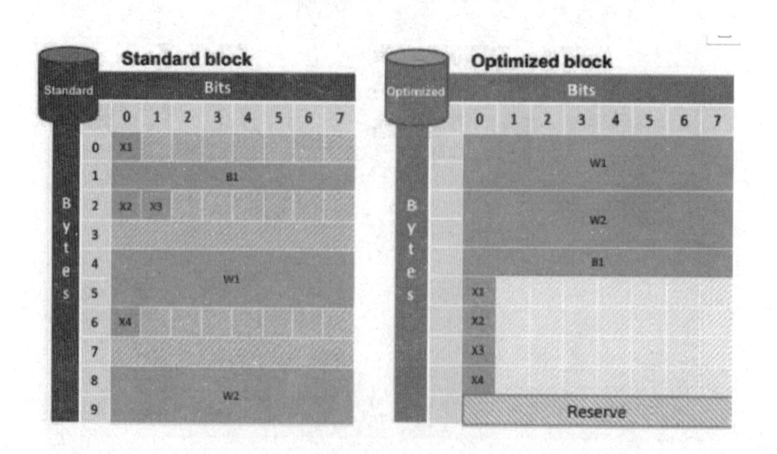

图 3-27　“标准访问”与“优化的块访问”存储空间的比较

“优化的块访问”是通过将占用地址空间多的变量放在前面，占用存储空间少的变量放在后面，这样的存储方式尽可能减少数据间隙；具有保持属性的变量单独存放在一个局域；布尔类型数据单独占用一个字节的空间，从而加快访问速度。表 3-8 为两种方式访问类型比较。

表 3-8　“优化的块访问”与“标准访问”访问类型的比较

访问类型	标准访问	优化的块访问
符号	√	√
索引（域）	√	√
Slice 访问	√	√
AT 访问	√	×
绝对地址	√	×
间接地址	√	×
下载数据无初始化	×	√

由表 3-8 得知，标准块访问类型多、灵活，但容易出错，优化块访问具有很高的特性及数据类型安全功能，所以在不需要使用间接寻址的情况下，建议使用“优化的块访问”方式。

项目检查与评估

根据项目完成情况，按照表 3-9 进行评价。

表 3-9　项目评价表

序号	考核项目	评价内容	要求	权重/%	评价
1	硬件设计	硬件选择	1. 能根据控制要求选取 PLC 型号 2. 能根据控制要求选取外部设备 3. 电路图设计满足要求，有保护措施，系统可靠稳定	15	
		系统接线	1. 操作符合安全规范 2. 元器件布置合理 3. 连线整齐，工艺美观	25	

续表

序号	考核项目	评价内容	要求	权重/%	评价
2	建立变量表	建立变量表	1. 能根据要求设置正确的变量 2. 能正确输入变量名称 3. 能正确选择变量数据类型 4. 能正确设置变量的相关参数	15	
3	数据块的创建	能创建数据块	能创建数据块	5	
		数据块的变量	1. 定义数据块的变量 2. 数据块中变量的属性设置	10	
4	数据块的应用	数据块的应用	1. 能调用数据块 2. 能访问数据块中的数据	10	
5	职业素质	职业素质	具备良好的职业素养，具有良好的团结协作、语言表达及自学能力，具备安全操作意识、环保意识等	20	
6	评价结果				

项目总结

本项目主要学习了 S7-1200PLC 存储区各区域的特点，重点在数据存储区。掌握存储区的编制方式、数据类型及 S7-1200 PLC 运行时的数据寻址方式。运用博途软件，建立项目的 PLC 变量表及数据块。通过本项目的学习，清楚 PLC 控制器与生产现场是如何实现信号交换的，架起沟通的桥梁，为后续控制功能的实现奠定基础。

练习与训练

一、知识训练

（一）填空题

1. SIMATICS7 CPU 中可以按照______ 、______ 、______和______对存储单元进行寻址。

2. 使用 I__:P 访问与直接使用 I 访问的区别是，前者直接从__________ 而非__________ 获得数据。

3. 使用 Q__:P 访问与直接使用 Q 访问的区别是，前者除了将数据写入__________外还直接将数据写入__________。

4. CPU 中用于存储程序代码的存储器为__________存储器，而用于代码执行及数据存储的存储器为____________存储器。

5. S7-1200CPU 的符号表和注释可以保存在________中，可在线获得。

6. 在 S7-1200 中利用__________，可以最优化分配数据块所占的存储区。

7. 请填写采用绝对地址访问变量 Varl_ 3 的地址__________。

（二）选择题

1. 以下哪种数据类型是 S7-1200 不支持的数据类型？（　　）

A. SINT　　B. UINT　　C. DT　　D. REAL

2. 2 个字组成一个（　　）。

A. 字节　　B. 字　　C. 双字

3. 2 个字节组成一个（　　）。

A. 字节　　B. 字　　C. 双字

4. 8 位二进制数组成一个（　　）。

A. 字节　　B. 字　　C. 双字

5. 请填写以下哪种方式为立即读访问？（　　）

A. I　　B. I_ ：P　　C. Q　　D. Q_ ：P

6. 请填写以下哪种方式为立即写访问？（　　）

A. I　　B. I_ ：P　　C. Q　　D. Q_ ：P

7. 以下关于 S7-1200 中数据块的保持性的描述中，正确的是（　　）。

A. 全局数据块只能进行整体性保持性设定

B. FB 的背景数据不能进行保持性设定

C. IEC 定时器的背景数据不能进行保持性设定

D. IEC 计数器的背景数据可进行保持性设定

8. 关于“优化的数据块”，以下哪种描述是正确的（　　）。

A. 只有全局数据块才具有“优化”的存储格式

B. 可以使用绝对寻址访问数据元素

C. 可以分别进行数据元素保持性的设定

D. 以上都不正确

9. 只用于存储在某个 FB 中需要存储的数据，直接分配给特定 FB 的“私有存储区”。（　　）

A. 全局数据块　　B. 背景数据块

二、项目训练

如图 3-28 所示，根据下列控制要求建立合理的 PLC 变量表。实现对多种液体混合控制，多种液体混合装置的作用是将 A 和 B 两种液体进行混合，当达到设定值，由出料阀放出，系统可实现单周期、连续、手动/自动和单步等方式控制。

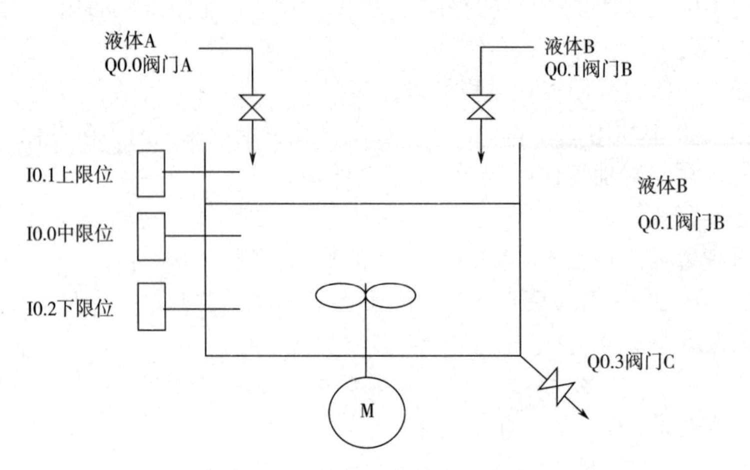

图 3-28　液体混合装置示意图

项目 4 循环组织块创建及组态

任务描述

任务一： 刀具库的运行由电动机实现拖动，控制电动机的正确运行是系统正常运行的关键。本任务主要是实现刀具库电机的点动运行和长动运行，按下点动正转按钮，刀具库实现正转功能；按下点动反转按钮，刀具库实现反转功能；按下长动正转按钮，刀具库连续正转；按下长动反转按钮，刀具库连续反转；按下停止按钮刀具库停止运行。正转和反转不能同时进行，任何时刻只能运行一种状态，在刀具库运行状态下，电动机运行指示灯按 1Hz 的频率闪烁。

任务二： 按下复位按钮“RESET”后，如果 1 号刀具不在“换刀”位置，刀具库实现正转，1 号刀具转到“换刀”位置，完成后换刀指示灯亮 3s 后熄灭，记录当前刀号。

任务能力目标

1）熟悉刀具库换刀工作流程。
2）熟悉程序结构及块的类型。
3）熟悉编程语言的特点。
4）掌握循环组织块的作用。
5）掌握位逻辑指令的类型及特点。
6）掌握定时器指令的类型及特点。
7）具备循环组织块的创建及组态能力。
8）具备根据控制任务要求设计 PLC 程序的能力。
9）具备应用位逻辑和定时器指令编写 PLC 控制程序的能力。
10）具备循环组织块的编译、下载及调试能力。
11）能顺利地与相关人员进行沟通、协调，具有自我学习和创新的能力。

完成任务的计划决策

组织块（OB）构成操作系统和用户程序之间的接口，程序可以保存在操作系统周期调用的循环组织块中（线性化程序），也可以把程序分开放在几个块中（结构化程序）。

刀具库电机的点动、长动和复位控制逻辑较为简单，一般采用经验设计法，利用位逻辑指令和定时器指令设计控制程序。本项目采用整个程序保存在循环组织块OB1中的线性化结构方式来实现任务控制。

实施过程

4.1 循环组织块创建

4.1.1 循环组织块基础

- **知识点学习**

（1）程序结构

PLC可能的程序结构主要有：线性化程序、分块化程序和结构化程序。

线性化程序：全部程序在一个块内，该方法一般仅用于简单的程序。小型自动化任务的解决方案可以线性地编制在一个循环块内。

分块化程序：各功能的程序包含在不同的块内。

结构化程序：可重复多次调用块。对于复杂的自动化任务，可以按照过程的技术工艺功能或技术工艺的可重复使用性，将其细分为相应的小型子任务，每一个子任务表现为一个块。

线性化程序、分块化程序和结构化程序结构如图4-1所示。

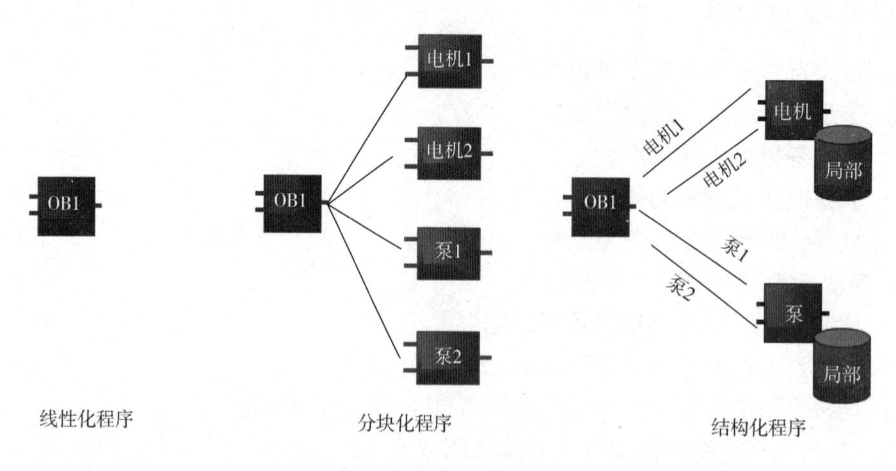

图4-1 可能的程序结构

（2）组织块（OB）

组织块（organization block，简称OB），是操作系统与用户程序之间的接口，它由操作系统调用，用于处理启动行为、循环程序执行、中断驱动程序执行及错误处理等事件。每个组织块都需要一个唯一的编号，小于 123 的某些编号保留给响应特定事件的 OB 使用。

(3) 循环组织块

循环组织块是操作系统可周期性调用的组织块，组织块编号为 1 或不小于 123，一个项目可以通过调用多个循环组织块构建而成，调用顺序按编号从小到大依次执行。

程序循环执行过程如下。

1）操作系统启动扫描循环时间监控功能。

2）操作系统将输出过程映像区中的值写至输出模块。

3）操作系统读取输入模块的输入状态，并更新输入过程映像区。

4）操作系统执行用户程序。

5）循环结束，操作系统执行处于等待状态的其他任务。

6）返回至循环起点，重新启动扫描循环时间监控功能。

4.1.2　循环组织块创建

1）在 PLC 项目下展开“程序块（Program blocks）”项，双击指令“添加新块（Add new block）”，弹出“添加新块（Add new block）”对话框，如图 4-2 所示。

图 4-2　“添加新块（Add new block）”对话框

2）在“添加新块（Add new block）”对话框中，选择 OB（组织块），在“块名称（name）”处输入块名称，在“语言（Language）”下拉列表框中，为新块选择编程语言，如果需要为块自动分配一个块号，则勾选选项按钮“自动（Automatic）”，如果需要为块手动分配一个块号，则勾选选项按钮“手动（Manual）”，在输入字段中手动输入块号，如图 4-3 所示。

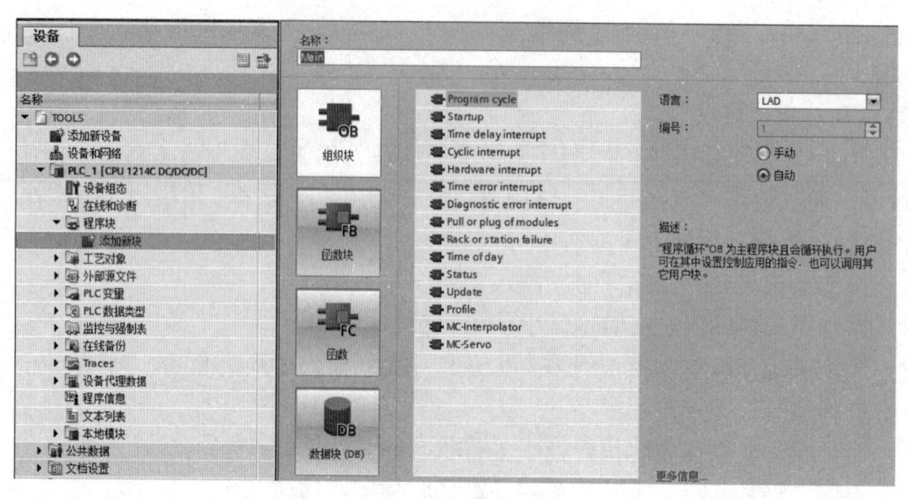

图 4-3　OB 块设置

• **知识点学习**

（1）PLC 编程语言

IEC 61131 是 PLC 的国际标准，其中 IEC 61131-3 是 PLC 的编程语言标准，该标准是目前为止唯一的工业控制系统编程语言标准。

IEC 61131-3 详细地说明了 PLC 下述 5 种编程语言。

①梯形图（LD），西门子公司简称为（LAD）。

②指令表（IL），西门子公司称为语句表（STL）。

③功能块图（FBD）。

④顺序功能图（SFC）。

⑤结构文本（ST），西门子公司称为结构化控制语言（SCL）。

（2）S7-1200 编程语言

S7-1200 有梯形图、功能块图和结构化控制语言三种编程语言。

①梯形图。梯形图是使用最多的编程语言。梯形图与继电器电路相似，具有直观易懂的优点，很容易被工厂熟悉继电器控制的电气人员掌握，特别适合于数字量逻辑控制。梯形图如图 4-4 所示。

②功能块图。功能块图编程语言（FBD）类似于数字电路的图形符号来表示控制逻

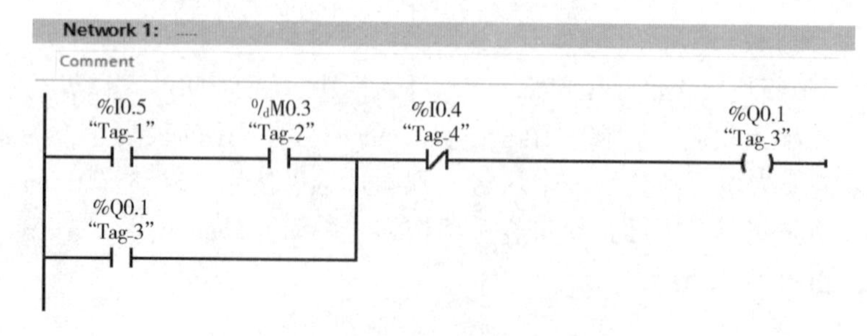

图 4-4　梯形图

辑，有数字电路基础的人很容易掌握。功能块图如图 4-5 所示。

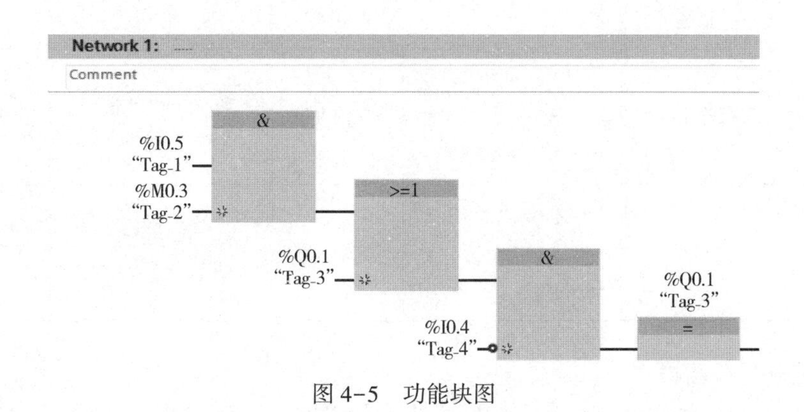

图 4-5　功能块图

③结构化控制语言。结构化控制语言（SCL）是一种高级编程语言，主要用于复杂计算、数据处理，具有汇编语言等基础的人很容易掌握。

3）如果需要为新块设置更多的属性，则可以点击“更多信息（Additional information）”旁边的箭头，在一个带有更多输入字段的区域进行设置。最后点击“确认（OK）”，完成循环组织块的创建。

4.2　程序设计

4.2.1　程序设计基础一

- **知识点学习**

（1）经验设计法

经验设计法是在已有的典型梯形图基础上，根据被控对象控制要求，不断地修改和完善程序，有时需要反复地调试和修改，最后才能得到一个较为满意的结果，这种方法没有普遍的规律可以遵循，设计所用时间、设计质量与设计者的经验有很大关系，一般用于设计逻辑关系较为简单的程序。

（2）位逻辑指令

1）位逻辑指令见表 4-1。

表 4-1　位逻辑指令

指令	描述	指令	描述	指令	描述
─┤ ├─	常开触点	─(S)─	置位	─┤P├─	上升沿检测触点
─┤/├─	常闭触点	─(R)─	复位	─┤N├─	下降沿检测触点
─┤NOT├─	取反触点	─(SET_BF)─	多点置位	─(P)─	上升沿检测线圈
─( )─	输出线圈	─(RESET_BF)─	多点复位	─(N)─	下降沿检测线圈

续表

指令	描述	指令	描述	指令	描述
—(/)—	取反输出线圈	SR: S, R1, Q	SR 锁存器	P_TRIG: CLK, Q	上升沿触发器
		RS: S, S1, Q	RS 锁存器	N_TRIG: CLK, Q	下升沿触发器

2）触点与线圈指令。

常开触点：在指定位为 1 状态闭合，为 0 状态断开。

常闭触点：在指定位为 1 状态断开，为 0 状态闭合。

取反触点：用来取反能流输入的逻辑状态。如果没有能流流入 NOT 触点，则有能流流出，如果有能流流入 NOT 触点，则没有能流流出。

输出线圈：赋值特定操作数的位。线圈输入端的逻辑运算结果为“1”时，指定操作数将会被改写成信号状态“1”。线圈输入端的逻辑运算结果为“0”时，指定操作数的位将会被改写成信号状态“0”。

取反输出线圈：特定操作数的位赋值取反。线圈输入端的逻辑运算结果为“1”时，指定操作数将会被改写成信号状态“0”。线圈输入端的逻辑运算结果为“0”时，指定操作数的位将会被改写成信号状态“1”。

案例 1：

程序如图 4-6 所示，如果指定位 I1.0 为 1 状态、I1.1 为 0 状态，则 Q0.5 为 1 状态，Q0.6 为 0 状态，Q0.7 为 0 状态。

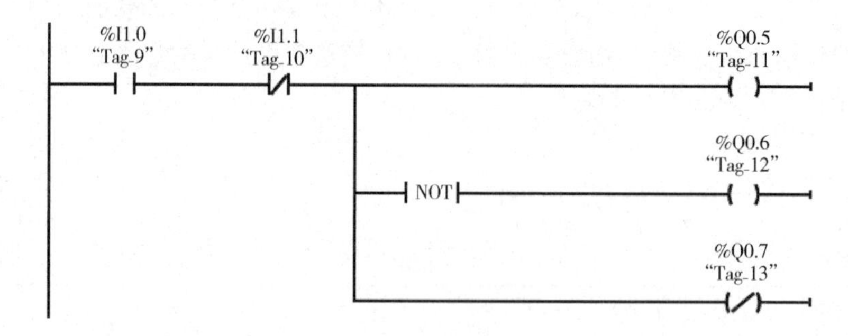

图 4-6　触点与线圈指令

3）置位复位指令。

S 指令：将指定操作数的信号状态置为“1”。如果线圈输入端的逻辑运算结果为“1”，则指定的操作数置为“1”，如果线圈输入端的逻辑运算结果为“0”，则指定操作数的信号状态将维持不变。该操作不影响逻辑运算结果。

R 指令：将指定操作数的信号状态置为“0”。如果线圈输入端的逻辑运算结果为

“1”，则指定的操作数置为“0”，如果线圈输入端的逻辑运算结果为“0”，则指定操作数的信号状态将维持不变。该操作不影响逻辑运算结果。

SET_ BF 指令：将指定操作数地址开始的连续若干位地址信号状态置为“1”。采用参数 N，可以设置需要复位的位数量。

RESET_ BF 指令：将指定操作数地址开始的连续若干位地址信号状态置为“0”。采用参数 N，可以设置需要复位的位数量。

SR 锁存器指令：输入 S 为“1”且输入 R1 为“0”时，指定操作数被置位（输出 Q 反映指定操作数状态）。输入 R1 优先于输入 S。

RS 锁存器指令：输入 S1 为“1”且输入 R 为“0”时，指定操作数被置位（输出 Q 反映指定操作数状态）。输入 S1 优先于输入 R。

案例 2：

程序如图 4-7 所示，如果 I0.5 的常开触点闭合，Q0.5 变为 1 状态并保持，M0.2 开始的连续 3 个位变为 1 状态并保持，即使 I0.5 的常开触点断开也仍然保持为 1 状态。如果 I0.6 的常开触点闭合，Q0.5 变为 0 状态并保持，M0.2 开始的连续 3 个位变为 0 状态并保持，即使 I0.6 的常开触点断开也仍然保持为 0 状态。

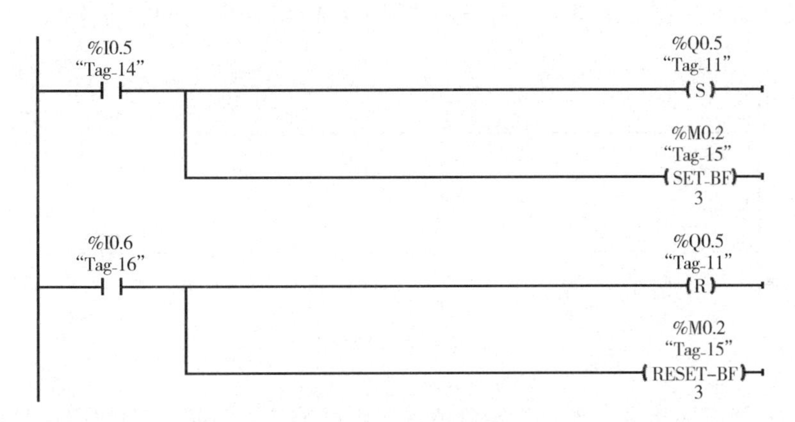

图 4-7　置位复位指令 1

案例 3：

程序如图 4-8 所示，如果 I1.1 的常开触点闭合，I1.2 为 0 状态，则 M8.0 和 M8.1 为 1 状态并保持，如果 I1.1 的常开触点断开，I1.2 为 1 状态，则 M8.0 和 M8.1 被复位为 0，如果 I1.1 的常开触点闭合，I1.2 为 1 状态，M8.0 和 M8.1 被复位为 0。

如果 I1.3 的常开触点闭合，I1.4 为 0 状态，则 M8.2 和 M8.3 被复位为 0，如果 I1.3 的常开触点断开，I1.4 为 1 状态，则 M8.2 和 M8.3 为 1 状态并保持，如果 I1.3 的常开触点闭合，I1.4 为 1 状态，则 M8.2 和 M8.3 为 1 状态并保持。

4）边沿检测指令。

上升沿检测触点指令：如果检测到特定操作数的信号状态出现了“0”至“1”的跳变，表明出现了一个上升沿，则触点接通一个扫描周期。

下降沿检测触点指令：如果检测到特定操作数的信号状态出现了“1”至“0”的

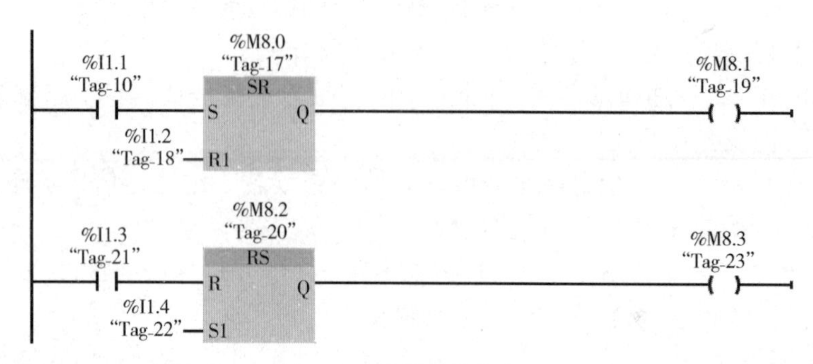

图 4-8　置位复位指令 2

跳变，表明出现了一个下降沿，则触点接通一个扫描周期。

案例 4：

程序如图 4-9 所示，如果 I1. 2 由 0 状态变为 1 状态，则该触点接通一个扫描周期，M4. 0 为 1 状态并保持。P 触点下的 M3. 0 为边沿存储位，用来存储上一扫描周期 I1. 2 的状态。如果 I1. 3 由 1 状态变为 0 状态，则该触点接通一个扫描周期，M4. 0 被复位。N 触点下的 M3. 1 为边沿存储位，用来存储上一扫描周期 I1. 3 的状态。

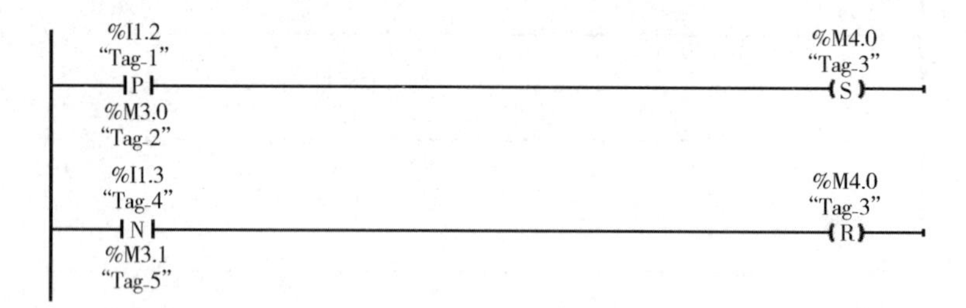

图 4-9　边沿检测指令

上升沿检测线圈指令：如果检测到流入线圈的能流上升沿（即线圈由断电到通电，则输出位为 1 状态）。上升沿检测线圈不会影响逻辑运算结果 RLO，对能流畅通无阻。

下降沿检测线圈指令：如果检测到流入线圈的能流下降沿（即线圈由通电到断电，则输出位为 1 状态）。下降沿检测线圈不会影响逻辑运算结果 RLO，对能流畅通无阻。

案例 5：

程序如图 4-10 所示，如果 I0. 1 由 0 状态变为 1 状态，输出位 M10. 0 为 1 状态，M10. 0 的常开触点接通一个扫描周期，Q0. 7 为 1 状态并保持，M10. 2 为边沿存储位。如果 I0. 1 由 1 状态变为 0 状态，输出位 M10. 3 为 1 状态，M10. 3 的常开触点接通一个扫描周期，Q0. 7 被复位，M10. 4 为边沿存储位。

上升沿触发器指令：如果检测到 P_ TRIG 指令 CLK 端流入能流的上升沿，则 Q 端输出一个扫描周期的能流。

下降沿触发器指令：如果检测到 N_ TRIG 指令 CLK 端流入能流的下降沿，则 Q 端输出一个扫描周期的能流。

图4-10　边沿检测线圈指令

案例6：

程序如图4-11所示，如果I2.3由0状态变为1状态，则Q端输出一个扫描周期的能流，使Q1.3为1状态并保持，M9.0为脉冲存储位。如果I2.4由1状态变为0状态，则Q端输出一个扫描周期的能流，使Q1.3被复位，M9.1为脉冲存储位。

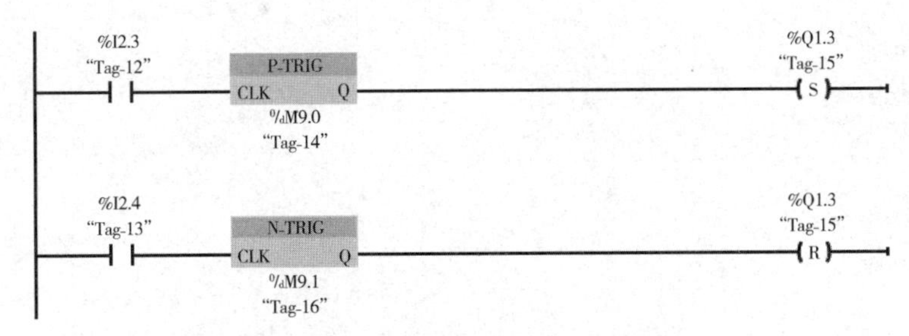

图4-11　上升沿触发器和下降沿触发器指令

4.2.2　程序设计基础二

（1）创建变量表

在PLC项目下展开“PLC变量（PLC tags）”项，双击指令“添加新变量表（Add new tag table）”，在弹出的变量创建窗口中，创建PLC变量。任务1变量表如图4-12所示。

- **知识点学习**

时钟存储器是二进制值发生周期性变化的位存储器（占空比为1：1），时钟存储器中的每一位都对应特定的周期/频率。

时钟存储器设置步骤：

1）双击PLC项目下“设备组态（Device configuration）”指令，在弹出的设备视图中，单击CPU，进入“属性（General）”设置窗口。

2）在“属性（General）”窗口，单击“系统和时钟存储器（System and clock

		Name	Tag table	Data type	Address	Retain	Visibl...	Acces...	Comment
1		Motor_FWD	OUT	Bool	%Q0.0	☐	☑	☑	
2		JOG_FWD	tools module	Bool	%I0.5	☐	☑	☑	
3		JOG_REV	tools module	Bool	%I0.6	☐	☑	☑	
4		FWD	tools module	Bool	%I0.7	☐	☑	☑	
5		REV	tools module	Bool	%I1.0	☐	☑	☑	
6		STOP	tools module	Bool	%I1.1	☐	☑	☑	
7		Motor_REV	OUT	Bool	%Q0.1	☐	☑	☑	
8		Motor_Light	OUT	Bool	%Q0.2	☐	☑	☑	
9		FWD_S	默认变量表	Bool	%M2.0	☐	☑	☑	
10		REV_S	默认变量表	Bool	%M2.1	☐	☑	☑	
11		Clock_Byte	默认变量表	Byte	%MB0	☐	☑	☑	
12		Clock_10Hz	默认变量表	Bool	%M0.0	☐	☑	☑	
13		Clock_5Hz	默认变量表	Bool	%M0.1	☐	☑	☑	
14		Clock_2.5Hz	默认变量表	Bool	%M0.2	☐	☑	☑	
15		Clock_2Hz	默认变量表	Bool	%M0.3	☐	☑	☑	
16		Clock_1.25Hz	默认变量表	Bool	%M0.4	☐	☑	☑	
17		Clock_1Hz	默认变量表	Bool	%M0.5	☐	☑	☑	
18		Clock_0.625Hz	默认变量表	Bool	%M0.6	☐	☑	☑	
19		Clock_0.5Hz	默认变量表	Bool	%M0.7	☐	☑	☑	

图 4-12　任务 1PLC 变量表

memory）”项，在弹出的“系统和时钟存储器”设置窗口中，激活“使能时钟存储器字节（Enable the use of clock memory byte）”，如图 4-13 所示。

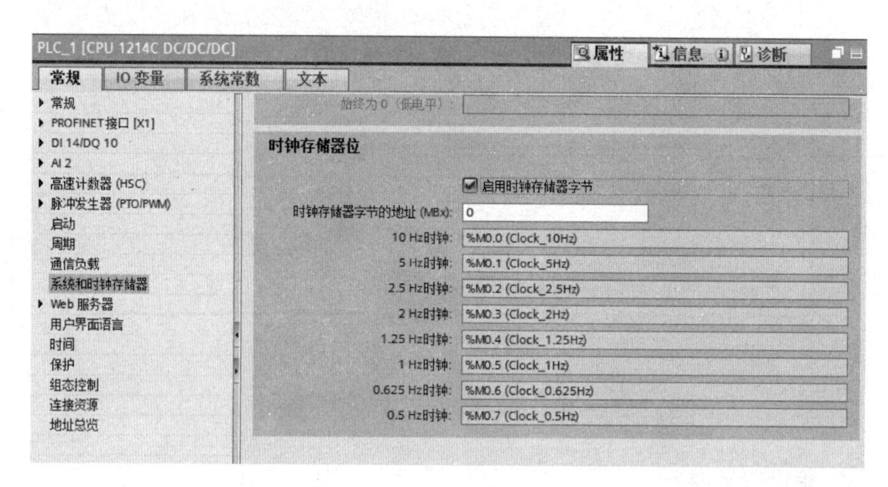

图 4-13　时钟存储器设置

（2）程序设计

1）双击循环组织块 OB1，进入程序设计窗口。程序设计窗口主要由“工具栏”“程序编辑区”“变量申明区”“指令”等部分组成，如图 4-14 所示。

2）在程序设计窗口，编写任务 1 程序。刀具库电机的点动正转运行和长动正转运行程序、点动反转运行和长动反转运行程序、刀具库运行状态指示程序分别如图 4-15、图 4-16、图 4-17 所示。

4.2.3　程序设计基础三

• 知识点学习

S7-1200 有接通延时定时器（TON）、断开延时定时器（TOF）、保持型接通延时定时器（TONR）、脉冲定时器（TP）4 种定时器，其中 IN 为定时器的使能输入端，PT

菜单栏
工具栏
Totally Integrated Automation PORTAL
项目树
变量申明区
程序编辑区
指令

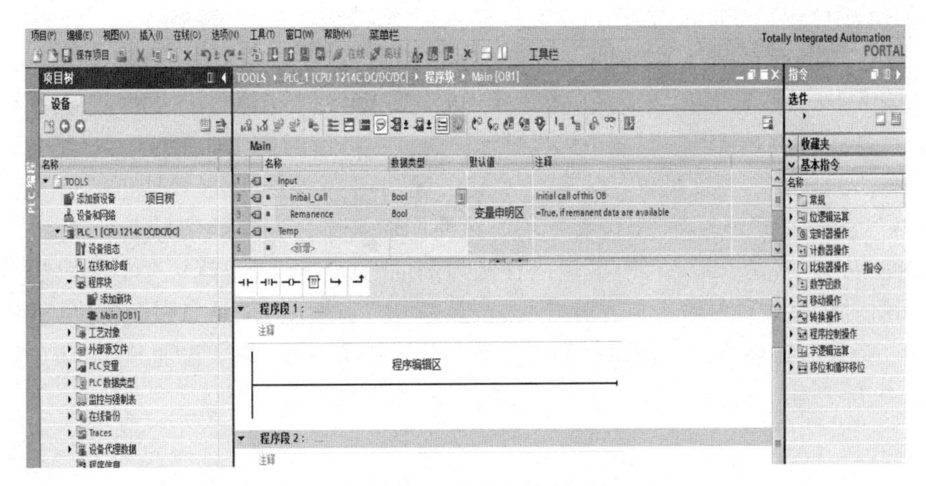

图 4-14　程序设计窗口

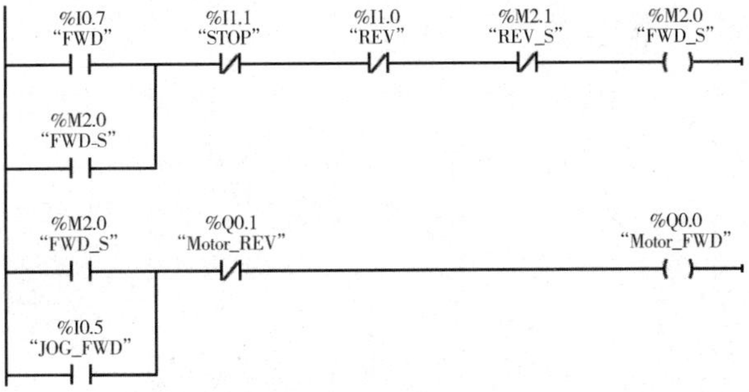

%I0.7
"FWD"
%I1.1
"STOP"
%I1.0
"REV"
%M2.1
"REV_S"
%M2.0
"FWD_S"
%M2.0
"FWD-S"
%M2.0
"FWD_S"
%Q0.1
"Motor_REV"
%Q0.0
"Motor_FWD"
%I0.5
"JOG_FWD"

图 4-15　点动正转运行和长动正转运行程序

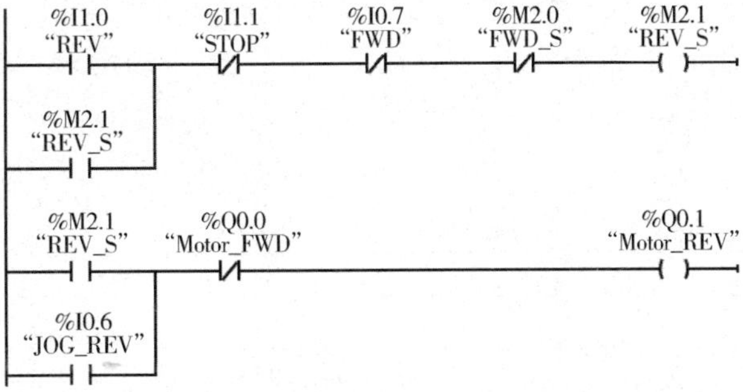

%I1.0
"REV"
%I1.1
"STOP"
%I0.7
"FWD"
%M2.0
"FWD_S"
%M2.1
"REV_S"
%M2.1
"REV_S"
%M2.1
"REV_S"
%Q0.0
"Motor_FWD"
%Q0.1
"Motor_REV"
%I0.6
"JOG_REV"

图 4-16　点动反转运行和长动反转运行程序

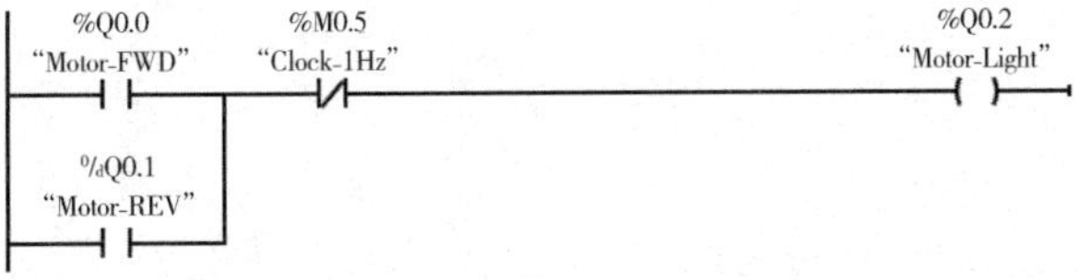

%Q0.0
"Motor-FWD"
%M0.5
"Clock-1Hz"
%Q0.2
"Motor-Light"
%Q0.1
"Motor-REV"

图 4-17　刀具库运行状态指示程序

为时间预设值，ET 为时间当前值，PT 和 ET 的数据类型为 32 位的 Time。

（1）接通延时定时器（TON）

当输入 IN 的逻辑运算结果（RLO）从“0”变为“1”（信号上升沿）时，启动该指令，指令启动时，预设的时间 PT 即开始计时，当持续时间 PT 计时结束后，输出 Q 的信号状态为“1”，只要使能输入仍为“1”，输出 Q 就保持置位，使能输入的信号状态从“1”变为“0”时，将复位输出 Q，在使能输入检测到新的信号上升沿时，该定时器功能将再次启动。可以在 ET 输出查询当前的时间值，时间值从 T#0s 开始，达到 PT 时间值时结束，只要输入 IN 的信号状态变为“0”，输出 ET 就复位。每次调用“接通延时”指令，必须将其分配给存储指令数据的背景数据块 DB。接通延时定时器波形图如图 4-18 所示。

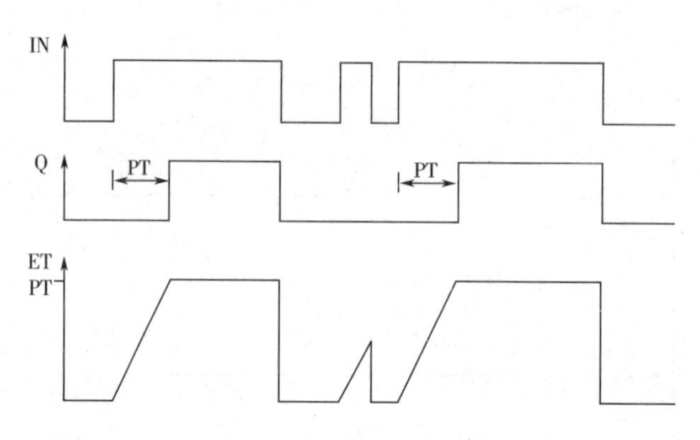

图 4-18　接通延时定时器波形图

案例 7：

程序如图 4-19 所示，I0. 4 由 0 状态变为 1 状态时，定时器开始计时，定时时间大于或等于 5S 时，输出 Q 变为 1 状态，Q0. 5 变为 1 状态，MD100 时间当前值保持不变。

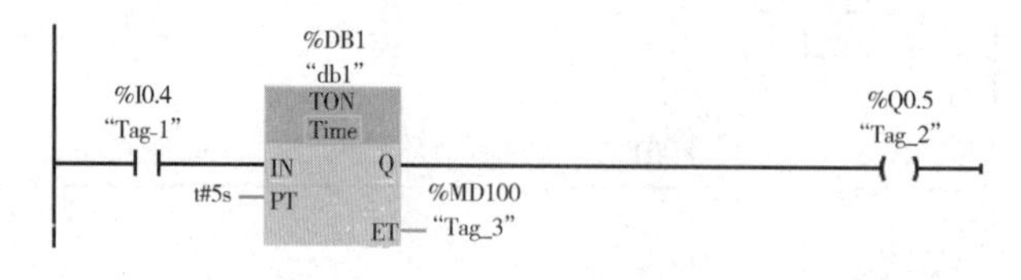

图 4-19　接通延时定时器

I0. 4 由 1 状态变为 0 状态时，定时器被复位，输出 Q 变为 0 状态，Q0. 5 变为 0 状态，MD100 时间当前值被清零。

（2）断开延时定时器（TOF）

当输入 IN 的逻辑运算结果（RLO）从“0”变为“1”（信号上升沿）时，将置位 Q 输出，当输入 IN 处的信号状态变回“0”时，预设的时间 PT 开始计时，只要持续时间 PT 仍在计时，则输出 Q 就保持置位，当持续时间 PT 计时结束后，将复位输出 Q，如果输入 IN 的信号状态在持续时间 PT 计时结束之前变为“1”，则复位定时器，输出

Q 的信号状态仍将为“1”。可以在 ET 输出查询当前的时间值。时间值从 T#0s 开始，达到 PT 时间值时结束。当持续时间 PT 计时结束后，在输入 IN 变回“1”之前 ，ET 输出仍保持置位为当前值。在持续时间 PT 计时结束之前，如果输入 IN 的信号状态切换为“1”，则将 ET 输出复位为值 T#0s。每次调用“断开延时”指令，必须将其分配给存储指令数据的背景数据块 DB。断开延时定时器波形图如图 4-20 所示。

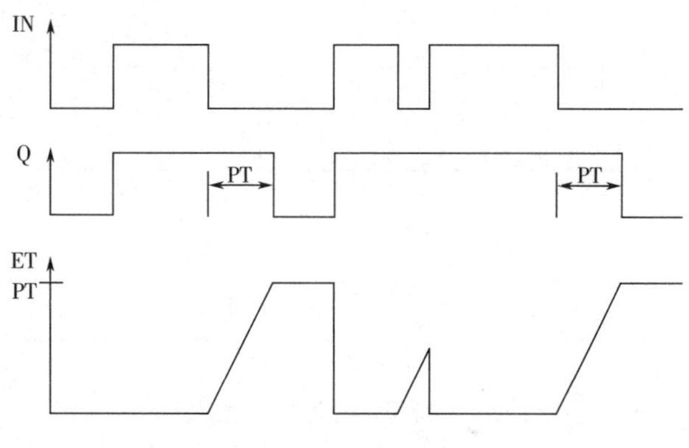

图 4-20　断开延时定时器波形图

案例 8：

程序如图 4-21 所示，I1.2 为 0 状态，I1.1 由 0 状态变为 1 状态时，输出 Q 变为 1 状态，Q0.7 变为 1 状态；I1.1 由 1 状态变为 0 状态时，定时器开始计时，定时时间大于或等于 8s 时，输出 Q 变为 0 状态，Q0.7 变为 0 状态，MD50 时间当前值保持不变，直到 I1.2 由 0 状态变为 1 状态。

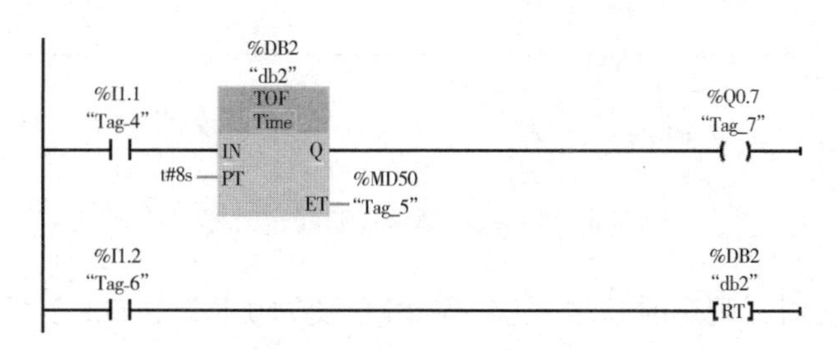

图 4-21　断开延时定时器

I1.2 为 1 状态时，定时器复位线圈 RT 通电。如果 I1.1 为 0 状态，则定时器被复位，输出 Q 变为 0 状态，Q0.7 变为 0 状态，MD50 时间当前值被清零；如果 I1.1 为 1 状态，则复位信号 I1.2 不起作用。

（3）保持型接通延时定时器（TONR）

输入 IN 的信号状态从“0”变为“1”时（信号上升沿），将执行该指令，同时持续时间 PT 开始计时，在 PT 计时过程中，累加 IN 输入的信号状态为“1”时所记录的时间值，累加的时间将写入到输出 ET 中，并可以在此进行查询，持续时间 PT 计时结束后，输出 Q 的信号状态为“1”，即使 IN 参数的信号状态从“1”变为“0”（信号下降沿），Q 参数仍将保持置位为“1”。无论启动输入的信号状态如何，输入 R 都将复位输出 ET 和 Q。每次调用“保持型接通延时”指令，必须将其分配给存储指令数据的背景数据块 DB。保持型接通延时定时器波形图如图 4-22 所示。

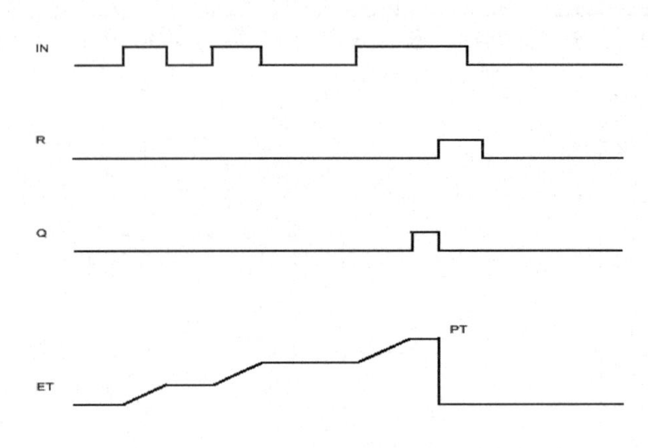

图 4-22　保持型接通延时定时器波形图

案例 9：

程序如图 4-23 所示，I2.1 为 0 状态，I2.0 由 0 状态变为 1 状态时，定时器开始计时，I2.0 由 1 状态变为 0 状态时，MD60 时间当前值保持不变，累计时间大于或等于 10s 时，输出 Q 变为 1 状态，M2.2 变为 1 状态。

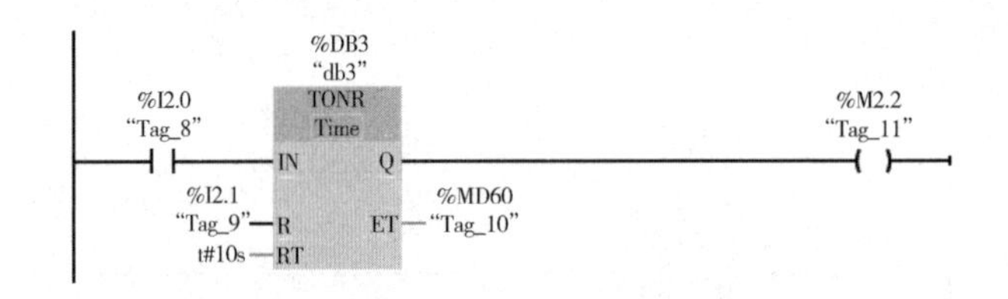

图 4-23　保持型接通延时定时器

I2.1 为 1 状态时，则定时器被复位，输出 Q 变为 0 状态，M2.2 变为 0 状态，MD60 时间当前值被清零。

（4）脉冲定时器（TP）

当输入 IN 的逻辑运算结果（RLO）从“0”变为“1”（信号上升沿）时，启动该指令，指令启动时，预设的时间 PT 即开始计时，无论后续输入信号的状态如何变化，都将输出 Q 置位由 PT 指定的一段时间，PT 持续时间正在计时时，即使检测到新的信号上升沿，输出 Q 的信号状态也不会受到影响。可以扫描 ET 输出处的当前时间值，时间值从 T#0s 开始，达到 PT 时间值时结束，如果 PT 持续时间计时结束且输入 IN 的信号状态为“0”，则复位 ET 输出。每次调用“生成脉冲”指令，都会为其分配一个背景数据块 DB 用于存储指令数据。脉冲定时器波形图如图 4-24 所示。

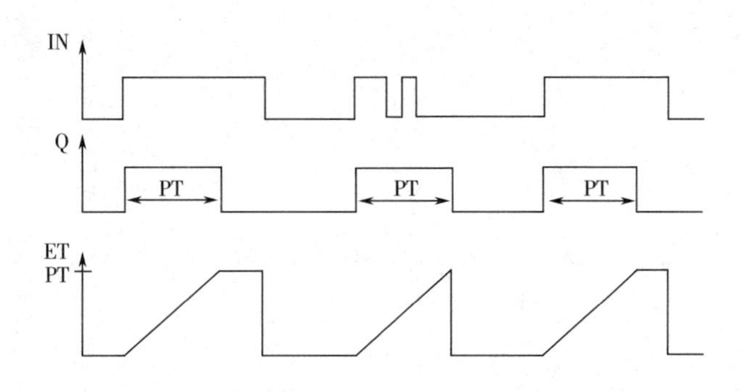

图 4-24　脉冲定时器波形图

案例 10：

程序如图 4-25 所示，I0.7 为 0 状态，I0.6 由 0 状态变为 1 状态时，定时器开始计时，输出 Q 变为 1 状态，Q1.3 变为 1 状态，定时时间等于 15s 时，输出 Q 变为 0 状态，Q1.3 变为 0 状态。在脉冲输出期间，即使 I0.6 又出现 0 到 1 的状态变化，也不影响脉冲输出；定时时间等于 15s 时，如果 I0.6 为 1 状态，MD56 时间当前值保持不变，如果 I0.6 为 0 状态，MD56 时间当前值被清零。

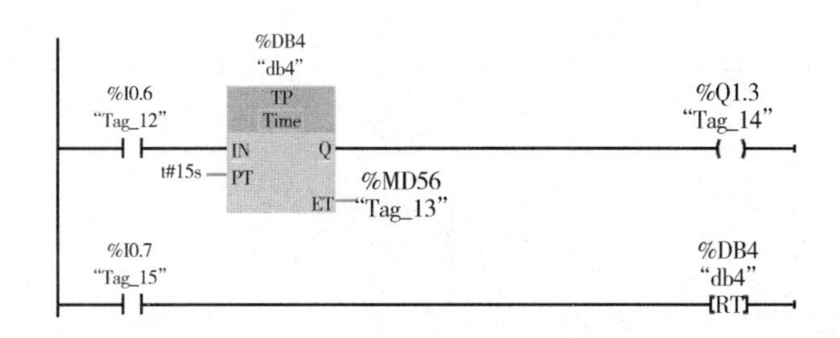

图 4-25　脉冲定时器

I0.7 为 1 状态时，定时器复位线圈 RT 通电，定时器被复位。如果此时定时时间未到 15s，且 I0.6 为 0 状态，输出 Q 变为 0 状态，Q1.3 变为 0 状态，MD56 时间当前值被清零；如果此时定时时间未到 15s，且 I0.6 为 1 状态，输出 Q 为 1 状态，Q1.3 为 1 状态，MD56 时间当前值被清零。

4.2.4　程序设计基础四

（1）创建变量表

在“PLC 变量（PLC tags）”项，创建如图 4-26 所示 PLC 变量表。

（2）程序设计

在 OB1 程序设计窗口，编写任务 2 程序。刀具库复位程序如图 4-27 所示，换刀指示灯程序如图 4-28 所示，记录 1 号刀程序如图 4-29 所示。

	Name	Tag table	Data type	Address	Retain	Visibl...	Acces...	Comment
1	Reset	tools module	Bool	%I0.0	☐	☑	☑	
2	Motor_FWD	OUT	Bool	%Q0.0	☐	☑	☑	
3	JOG_FWD	tools module	Bool	%I0.5	☐	☑	☑	
4	JOG_REV	tools module	Bool	%I0.6	☐	☑	☑	
5	FWD	tools module	Bool	%I0.7	☐	☑	☑	
6	REV	tools module	Bool	%I1.0	☐	☑	☑	
7	STOP	tools module	Bool	%I1.1	☐	☑	☑	
8	Motor_REV	OUT	Bool	%Q0.1	☐	☑	☑	
9	Motor_Light	OUT	Bool	%Q0.2	☐	☑	☑	
10	SQ1	tools module	Bool	%I2.0	☐	☑	☑	
11	Change Tool_Light	OUT	Bool	%Q0.4	☐	☑	☑	
12	FWD_S	默认变量表	Bool	%M2.0	☐	☑	☑	
13	REV_S	默认变量表	Bool	%M2.1	☐	☑	☑	
14	Clock_Byte	默认变量表	Byte	%MB0	☐	☑	☑	
15	Clock_10Hz	默认变量表	Bool	%M0.0	☐	☑	☑	
16	Clock_5Hz	默认变量表	Bool	%M0.1	☐	☑	☑	
17	Clock_2.5Hz	默认变量表	Bool	%M0.2	☐	☑	☑	
18	Clock_2Hz	默认变量表	Bool	%M0.3	☐	☑	☑	
19	Clock_1.25Hz	默认变量表	Bool	%M0.4	☐	☑	☑	
20	Clock_1Hz	默认变量表	Bool	%M0.5	☐	☑	☑	
21	Clock_0.625Hz	默认变量表	Bool	%M0.6	☐	☑	☑	
22	Clock_0.5Hz	默认变量表	Bool	%M0.7	☐	☑	☑	
23	RESET_Light	默认变量表	Bool	%M2.3	☐	☑	☑	
24	Present_N	默认变量表	Int	%MW20	☐	☑	☑	

图 4-26　任务 2PLC 变量表

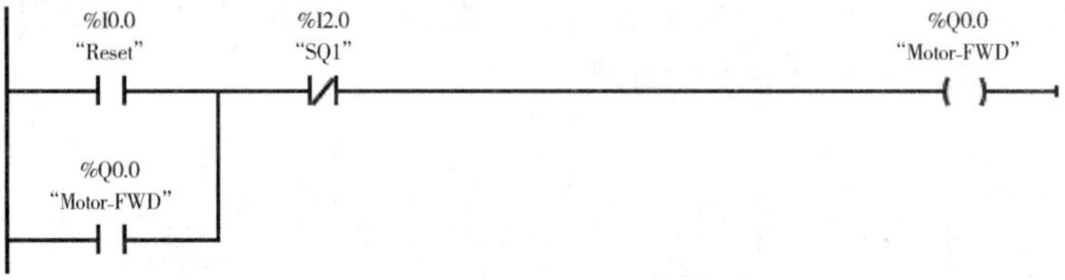

图 4-27　刀具库复位程序

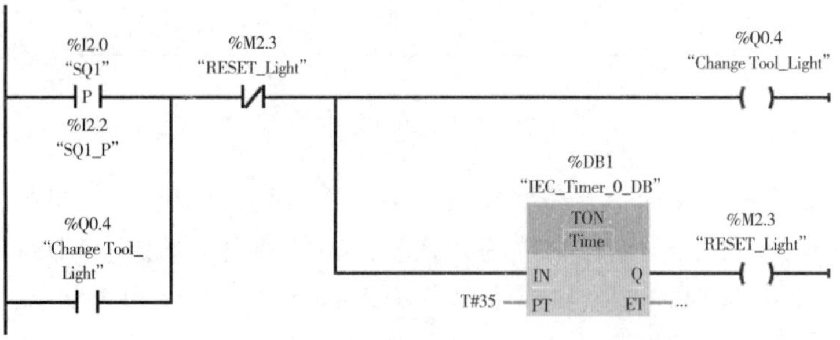

图 4-28　换刀指示灯程序

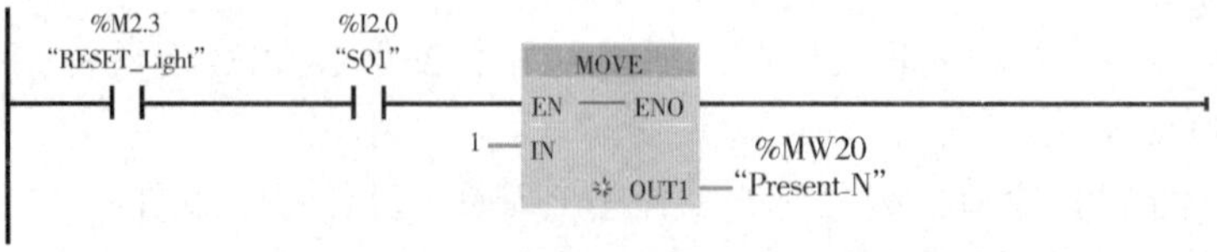

图 4-29　记录 1 号刀程序

4.3　程序块编译与下载

4.3.1　程序块编译

单击工具栏的 编译（Compile）图标，完成程序的编译，如图 4-30 所示。

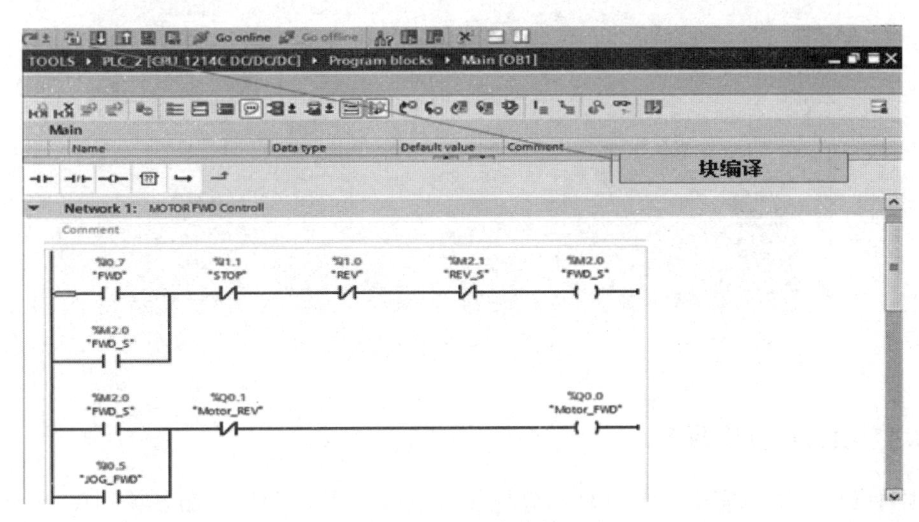

图 4-30　程序编译

4.3.2　程序块下载

单击工具栏的 "下载（Download）" 图标，在弹出的 Download（下载）设置窗口中设置通信接口，选择目标 PLC，单击 "下载（Load）" 完成程序的下载，如图 4-31、图 4-32 所示。

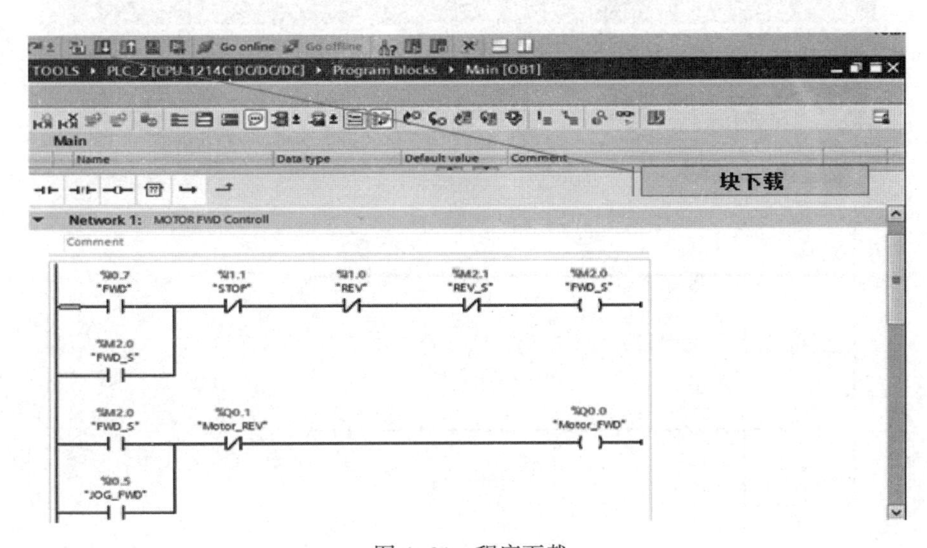

图 4-31　程序下载

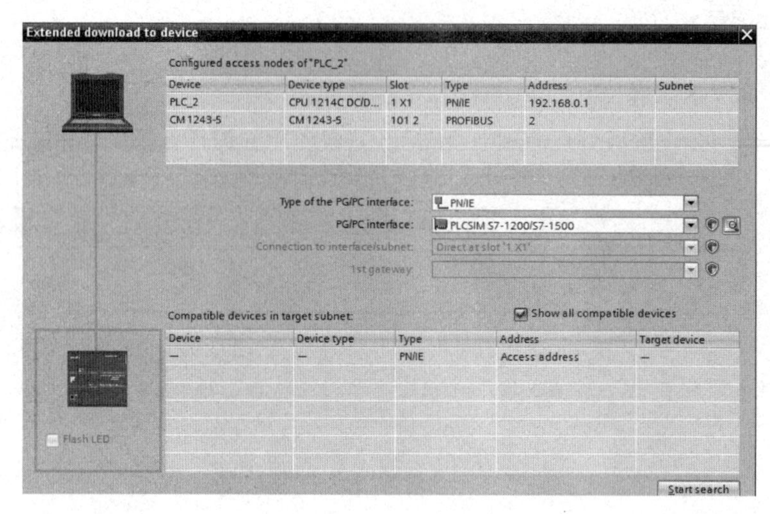

图 4-32　通信接口设置

4.4　项目运行及调试

项目设计、下载完毕后，对每部分程序应该进行单独调试，在各项程序调试完毕后，再综合进行调试，程序可借助于 S7-PLCSIM 仿真软件进行仿真调试。

4.4.1　项目运行

单击工具栏的“启动 CPU（Start CPU）”图标，启动 PLC 运行，如图 4-33 所示。

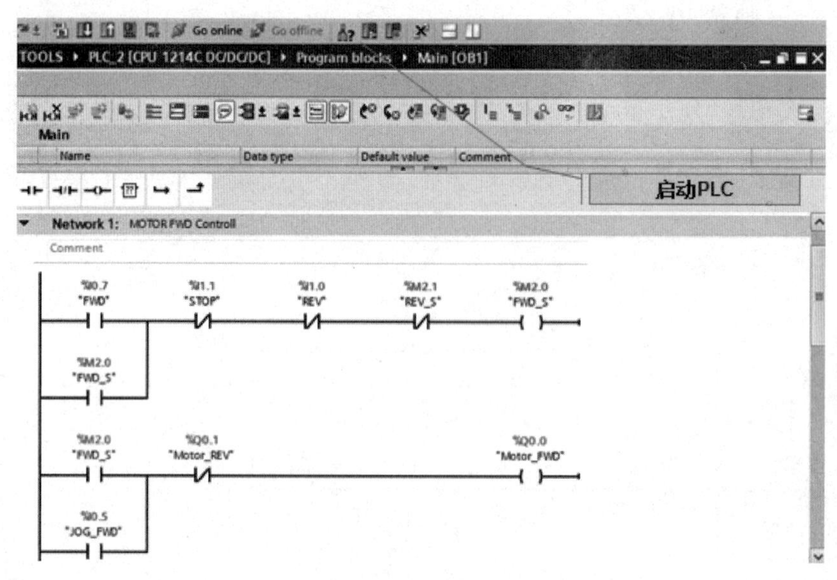

图 4-33　PLC 运行

4.4.2　项目监控与调试

单击工具栏的“监控（Monitoring）”图标，对项目进行监控和调试，如图 4-34 所示。

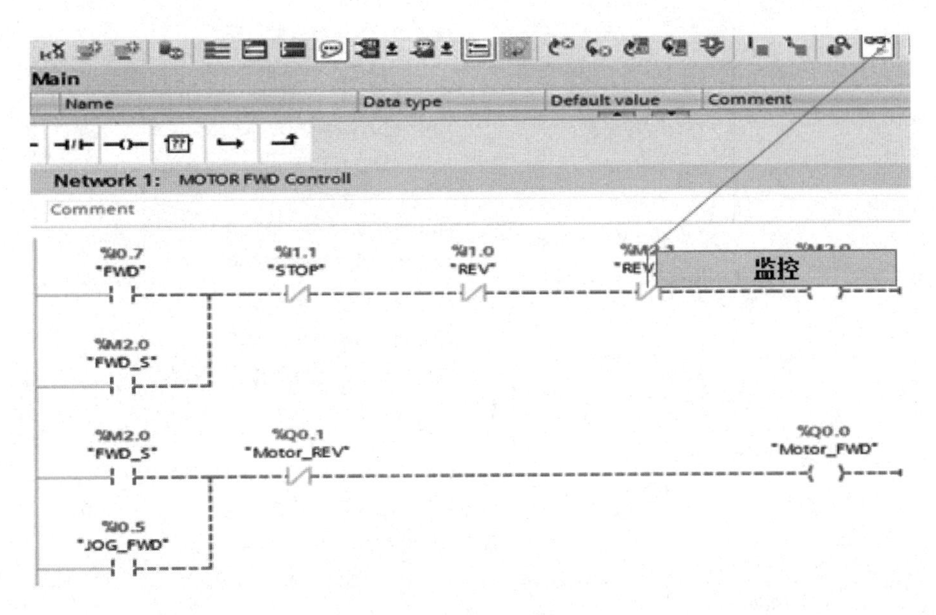

图 4-34　项目监控与调试

项目检查与评估

根据项目完成情况，按照表 4-2 进行评价。

表 4-2　　项目评价表

序号	考核项目	评价内容	要求	权重/%	评价
1	硬件设计	系统电气线路设计	1. 能根据控制要求选取 PLC 型号 2. 能根据控制要求选取外部设备 3. 电路图设计满足要求，有保护措施，系统可靠稳定	10	
		系统接线	1. 操作符合安全规范 2. 元器件布置合理 3. 连线整齐，工艺美观	15	

续表

序号	考核项目	评价内容	要求	权重/%	评价
2	软件设计	系统组态	1. 能正确创建项目 2. 能正确硬件组态 3. 能正确设置设备参数	20	
		程序编写	1. 能正确创建循环组织块 2. 能正确编写梯形图程序 3. 能正确修改程序	20	
		系统组态及程序下载	1. 能正确建立与 PLC 通信 2. 能正确下载系统组态和程序	10	
3	系统调试	运行调试	1. 能正确运行和监控系统 2. 能发现系统运行中的故障 3. 能分析系统运行故障，并排除故障	15	
4	职业素质	职业素质	具备良好的职业素养，具有良好的团结协作、语言表达及自学能力，具备安全操作意识、环保意识等	10	
5	评价结果				

项目总结

循环组织块是操作系统周期性调用的组织块，一般编写控制逻辑较简单的程序或调用其他用户程序块，一个项目至少需调用一个循环组织块。

经验设计法一般用于设计控制逻辑较简单的程序，因为用经验设计法设计梯形图时，没有一套固定的方法和步骤可以遵循，具有很大的试探性和随意性，在设计复杂系统的梯形图时，需用大量的中间元件完成记忆、联锁和自锁等功能，由于要考虑的因素有很多，用经验设计法设计出的梯形图往往很难阅读，给系统的维修和改进带来了很大的困难。

练习与训练

一、知识训练

（一）填空题

1. 常见的 PLC 程序结构包括：线性化程序、________及________。

2. 在 S7-1200 中支持以下类型的代码块：________、________、__________和________。

（二）选择题

1. 请分析以下的程序示意图是哪种编程方法（　　）。

A. 线性化编程　　B. 模块化编程　　C. 结构化编程

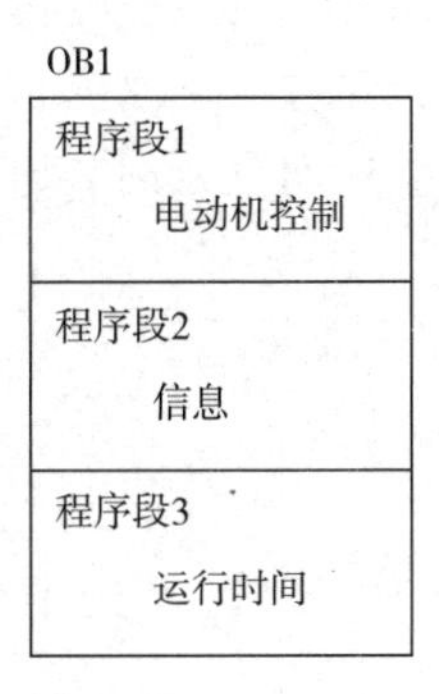

2. 请分析以下的程序示意图是哪种编程方法（　　）。

A. 线性化编程　　B. 模块化编程　　C. 结构化编程

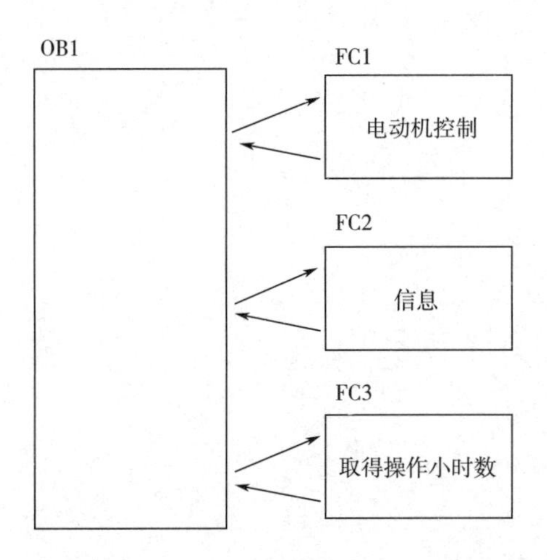

3. 请分析以下描述是哪种块的特点：是操作系统和用户程序之间的接口；可以通过对其编程来创建 PLC 在特定的时间执行的程序以及相应特定事件的程序。(　　)

A. 组织块　　B. 功能　　C. 功能块　　D. 数据块

（三）判断题

1. SR 指令是置位优先锁存器指令。(　　)

2. %M2.0 "Tag_34" —| P |— %M2.1 "Tag_35" 指令的作用是检测 M2.1 信号的上升沿。(　　)

3. P_TRIG CLK Q %M0.5 "Tag_13" 指令中，当检测输入能流的上升沿，Q 端输出脉冲宽度为一个扫描周期的能流。(　　)

4. RESET_ BF 指令的作用是将指定地址位开始的连续多个位置置为 1。(　　)

二、项目训练

在循环组织块中编写 PLC 程序，实现以下控制任务。

（1）电动机 M1 启动后，M2 才能启动，且 M2 能实现点动。

（2）设计一个占空比为 50%，周期为 2s 的脉冲发生器电路。

（3）按下启动按钮，电动机 M1 启动，经过 5s 时间延时，电动机 M2 自动启动；按下停止按钮，电动机 M2 停止，经过 3s 时间延时，电动机 M1 自动停机。

项目5 FC程序块的创建及应用

任务描述

任务一：建立手动操作程序（FC1）。

在手动模式下，按下点动正转按钮，刀具库实现正转功能；按下点动反转按钮，刀具库实现反转功能。按下长动正转按钮，刀具库连续正转；按下长动反转按钮，刀具库连续反转；按下停止按钮，刀具库停止运行。正转和反转不能同时进行，任何时刻只能运行一种状态。在刀具库运行状态下，电动机运行指示灯按1Hz的频率闪烁。

任务二：建立复位操作程序（FC10）。

按下复位按钮“RESET”后，如果1号刀具不在“换刀”位置，刀具库实现正转，1号刀具转到“换刀”位置。完成后换刀指示灯亮3s后熄灭，记录当前刀号。

任务三：建立手动换刀程序（FC20）。

按下刀具选择按钮，刀具盘按照离请求刀具号最近的方向转动，到位符合后，显示“符合”指示。过1s后，机械手开始换刀，显示“换刀”指示灯闪烁，5s后结束。记录当前刀号，等待下一次请求。换刀过程中，其他刀号请求均视为无效。

任务能力目标

1）了解S7-1200 PLC的程序块FC的特点。

2）能新建FC程序块，并设置程序块属性。

3）了解FC接口参数的类型及特点，并能合理进行参数设置。

4）熟练使用逻辑位指令、定时器指令、传送指令等。

5）熟悉刀具库换刀的工艺流程。

6）掌握逻辑顺序控制设计过程。

7）掌握顺序功能图绘制过程。

8）掌握顺序功能图转换为梯形图方法及规律。

9）能正确对FC程序块实现调用。

10）能对FC程序块进行编译和下载。

11）能顺利地进行新知识的学习，能与相关人员进行沟通、协调等。

 完成任务的计划决策

在系统控制过程中，有不同的工作模式，在任意时刻只能执行一种工作模式。如果将不同的工作方式分成一个小系统，在其工作的时候才执行，这样可以将复杂的系统分解为简单的系统，执行的时候也不用把所有的条件进行判断，利于用户程序的设计，执行时也能提高运行速度。循环组织块是每一个扫描周期都要执行的程序块，按照从上到下、从左到右的顺序依次执行。如果系统的所有程序都编写在循环组织块中，这种线性化程序结构对于复杂控制系统程序设计比较困难，所以需要用另外的程序块来完成细化后的各控制要求。该程序块在调用的时候执行，不调用的时候不执行，程序编写与循环组织块类似，方便学习者的使用。

刀具库换刀控制是加工中心都会用到的一个工艺流程，使用传统的经验设计法进行控制程序设计，花费的时间长、效率低，容易出现程序前后矛盾，错误排查困难，给系统的设计和调试工作带来极大的麻烦，也给系统的后续维护工作带来诸多的不便。因此本项目的设计需要采用新的设计方法。

刀具库换刀控制是一种典型的按照预定动作顺序，一步一步进行的自动控制系统。对于这类系统一般采用顺序控制系统设计法实现对系统的控制。因此本项目主要采用顺序控制系统设计法完成相关的设计。

 实施过程

5.1 创建 FC 程序块

S7-1200 PLC 中，程序块除了循环组织块之外，还有其他几种程序块，这里主要阐述功能这个程序块的应用。Function 简写为 FC，中文一般称功能。FC 是不含存储区的代码块。通过 FC 可以在用户程序中传送参数。因此，FC 特别适合取代频繁出现的复杂结构。由于 FC 没有可以存储块参数值的数据存储器。因此，调用 FC 时，必须给所有形参分配实参。FC 可以使用全局变量永久性存储数据。FC 包含一个程序，在其他程序块调用该 FC 时将执行此程序，不调用时就不执行。可以在程序中的不同位置多次调用同一个 FC 程序块，因此 FC 可以简化对重复发生的事件编程。

在博途软件中，要创建 FC 程序块有两种途径：一种是在博途视图界面进行新建；另一种是在项目视图中进行新建。在打开的项目中，切换到博途视图界面，任务入口处选择“PLC 编程”。在任务操作中选择需要创建 FC 的“设备”，点击“添加新块”。在弹出的操作窗口中选择“FC”，可以输入块的名称，选择编程语言，设置块的编号等操作。最后点击“添加”，系统自动完成 FC 程序块的新建，并将视图自动切换到项目视图。操作过程画面，如图 5-1 所示。

在项目视图中的 PLC 站点下，选中“程序块”，右键弹出的窗口中选择“添加新块”，选择 FC。或者在“程序块”下的节点里双击“添加新块”，选择 FC。弹出窗口与博途视图界面设置一致。输入块的名称，选择编程语言，设置块的编号等操作。最后

图 5-1　博途视图界面新建 FC 块

点击“确定”，系统自动完成 FC 程序块的新建。项目视图的工作区窗口显示刚新建的 FC 程序块的编辑界面。在项目视图下也完成了 FC 程序块的新建，如图 5-2 所示。

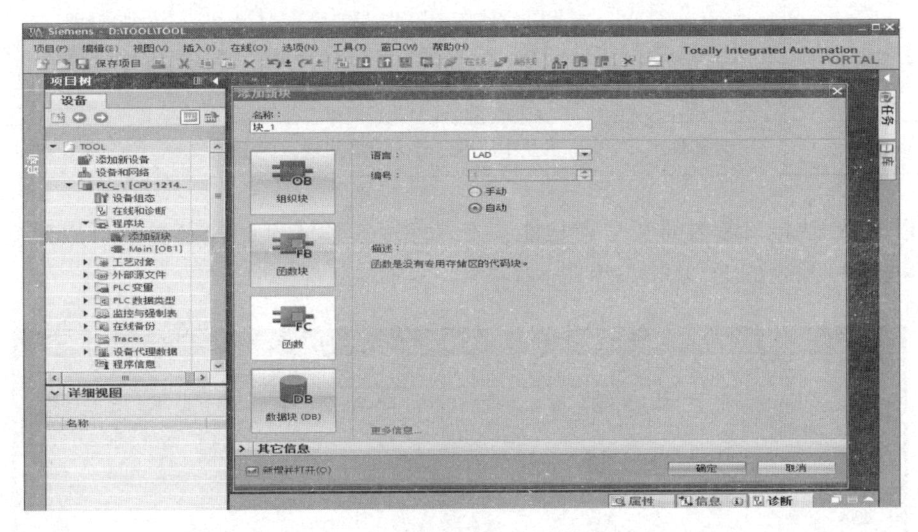

图 5-2　项目视图界面新建 FC 块

5.2　FC 接口参数说明

在 FC 程序块工作窗口上方有一个“块接口”，包含了六种类型的参数。在程序设计过程中根据用户的需求选择不同类型的参数，进行定义。参数的类型分别是：输入参数（Input）、输出参数（Output）、输入输出参数（InOut）、临时变量（Temp）、常数

（Constant）、返回值（Return），其中 Input、Output、InOut 和 Return 为块参数变量类型，存储在程序中，该块被调用时与调用块之间互相传递的参数数据。在被调用块中定义的块参数称为形参（形式参数），调用块时传递给该块的参数称为实参（实际参数）。表 5-1 显示了块参数的变量类型及功能。

表 5-1　　　　块参数类型及功能

类型	中文名称	功能
Input	输入参数	其值由调用块赋值，在本程序块中只进行读取的操作，不能修改
Output	输出参数	其值只能在本程序块中写入，传递给调用块
InOut	输入/输出参数	该参数在本程序块中既能读取又能写入
Return	返回值	程序执行完后，返回到调用块的值

Temp 和 Constant 属于本地数据类型，用于存储中间结果，其中 Temp 属于变量类型，Constant 属于常量类型。表 5-2 显示了本地数据的变量类型及功能。

表 5-2　　　　本地数据的变量类型及功能

类型	中文名称	功能
Temp	临时变量	用于存储临时中间结果的变量。只保留一个周期的临时本地数据，如果使用临时本地数据，则必须确保在要读取这些值的周期内写入这些值；否则，这些值将为随机数
Constant	局部常量	在块中使用且带有声明符号名的常量

根据 FC 块接口参数的类型和功能，刀具库手动模式下的控制要求可以建立如图 5-3、图 5-4 所示的 FC 块接口申明。

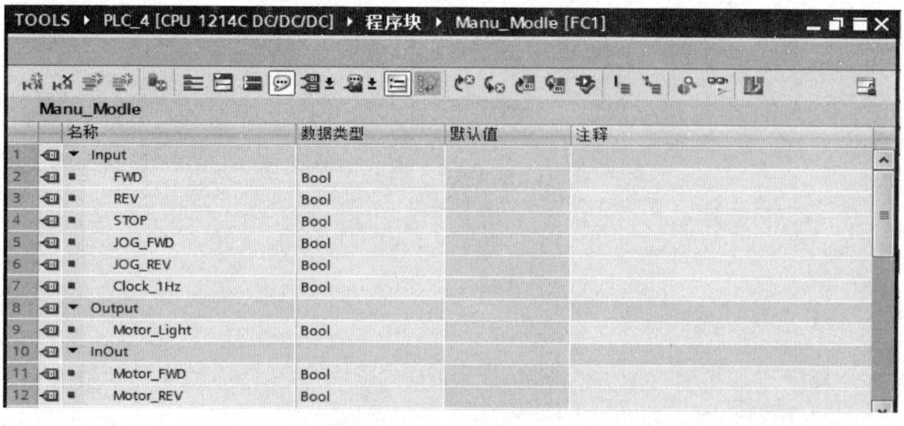

TOOLS ▸ PLC_4 [CPU 1214C DC/DC/DC] ▸ 程序块 ▸ Manu_Modle [FC1]

Manu_Modle

	名称	数据类型	默认值	注释
1	▼ Input			
2	FWD	Bool		
3	REV	Bool		
4	STOP	Bool		
5	JOG_FWD	Bool		
6	JOG_REV	Bool		
7	Clock_1Hz	Bool		
8	▼ Output			
9	Motor_Light	Bool		
10	▼ InOut			
11	Motor_FWD	Bool		
12	Motor_REV	Bool		

图 5-3　Manu_ Modle 块接口声明

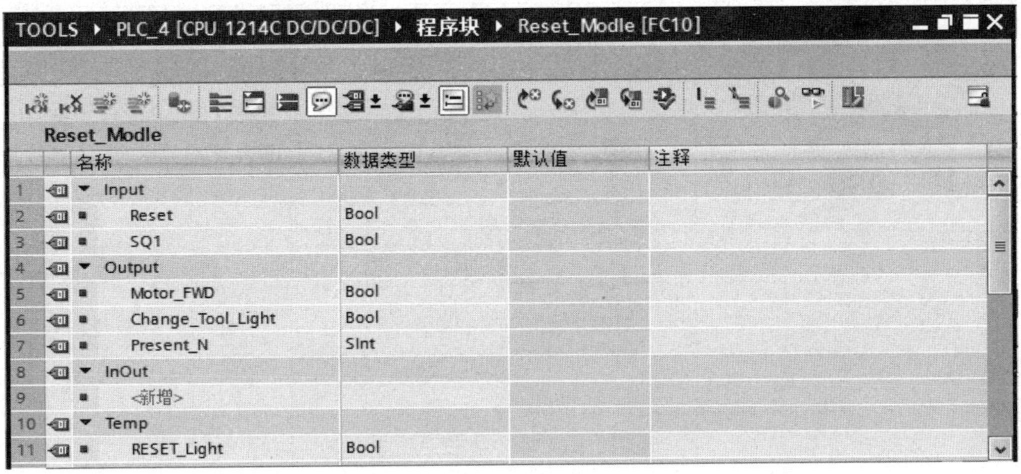

TOOLS ▸ PLC_4 [CPU 1214C DC/DC/DC] ▸ 程序块 ▸ Reset_Modle [FC10]

Reset_Modle

	名称	数据类型	默认值	注释
1	▼ Input			
2	Reset	Bool		
3	SQ1	Bool		
4	▼ Output			
5	Motor_FWD	Bool		
6	Change_Tool_Light	Bool		
7	Present_N	SInt		
8	▼ InOut			
9	<新增>			
10	▼ Temp			
11	RESET_Light	Bool		

图 5-4 Reset_ Modle 块接口申明

5.3 FC 程序块的应用

FC 程序块的建立与 OB1 程序建立过程大致相同。如果对 FC 程序块的块接口申明不进行任何定义，程序与 OB1 编写过程完全一致，这种方式编写出的程序为不带参数的 FC 块。如果对 FC 程序块的接口参数进行定义并实现程序设计，这种方式编写的程序为带参数的 FC 块。根据控制系统的特点，可以选择不带参数的 FC 块和带参数的 FC 块。

案例 1：

设压力变送器量程的下限为 P_0 MPa，上限为 P_H MPa，经 A/D 转换后得到 0~27648 的整数。压力 P 和数字 N 之间的计算公式：

$$P = (P_H \times N)/27648$$

• 知识点学习 1

(1) 转换操作指令

转换操作指令见表 5-3。

表 5-3 **转换操作指令**

LAD 指令		数据类型	功能
 CONV ??? to ??? EN ENO <???> IN OUT <???>	转换值	位字符串、整数、浮点数、CHAR、WCHAR、BCD16、BCD32	“转换值”指令将读取参数 IN 的内容，并根据指令框中选择的数据类型对其进行转换。转换值存储在输出 OUT 中

续表

LAD 指令	数据类型	功能
 ROUND Real to ??? EN — ENO <???> — IN OUT — <???>	取整	IN：浮点数 OUT：整数、浮点数	可以使用“取整”指令将输入 IN 的值四舍五入取整为最接近的整数
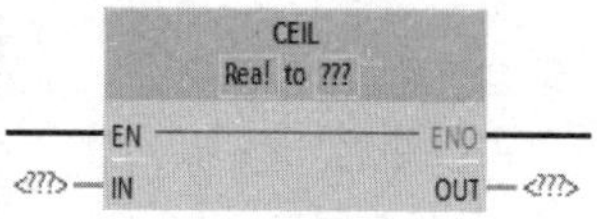 CEIL Real to ??? EN — ENO <???> — IN OUT — <???>	浮点数向上取整	IN：浮点数 OUT：整数、浮点数	将输入 IN 的值向上取整为相邻整数
 FLOOR Real to ??? EN — ENO <???> — IN OUT — <???>	浮点数向下取整	IN：浮点数 OUT：整数、浮点数	将输入 IN 的值解释为浮点数，并将其向下转换为相邻的较小整数
 TRUNC Real to ??? EN — ENO <???> — IN OUT — <???>	截尾取整	IN：浮点数 OUT：整数、浮点数	输入 IN 的值被视为浮点数。该指令仅选择浮点数的整数部分，并将其发送到输出 OUT 中，不带小数位
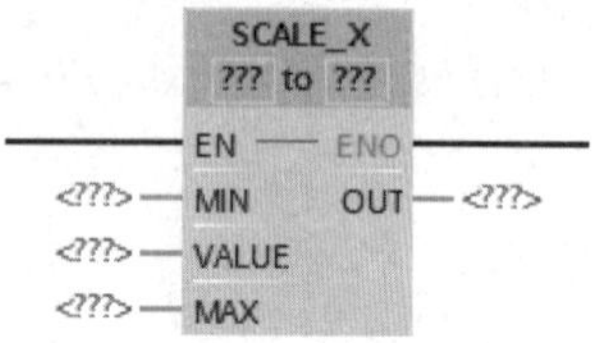 SCALE_X ??? to ??? EN — ENO <???> — MIN OUT — <???> <???> — VALUE <???> — MAX	缩放	VALUE：浮点数 OUT：整数、浮点数	输入 VALUE 的浮点值会缩放到由参数 MIN 和 MAX 定义的值范围。输入 VALUE 的浮点值范围为 0.0 到 1.0，缩放结果为整数，存储在 OUT 输出中
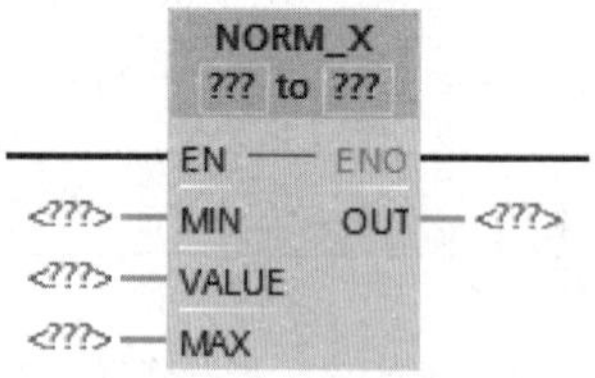 NORM_X ??? to ??? EN — ENO <???> — MIN OUT — <???> <???> — VALUE <???> — MAX	标准化	VALUE：整数、浮点数 OUT：浮点数	通过将输入 VALUE 中变量的值映射到 MIN 和 MAX 定义值范围对其进行标准化。根据要标准化的值在其取值范围内的位置，计算出输出 OUT 的结果并将其另存为一个浮点数。OUT 的范围为 0.0 到 1.0

（2）数学函数指令

S7-1200 PLC 有强大的数学运算功能，其详细内容，如表 5-4 所示。

表 5-4　　数学函数指令

LAD 指令	名称	数据类型	功能
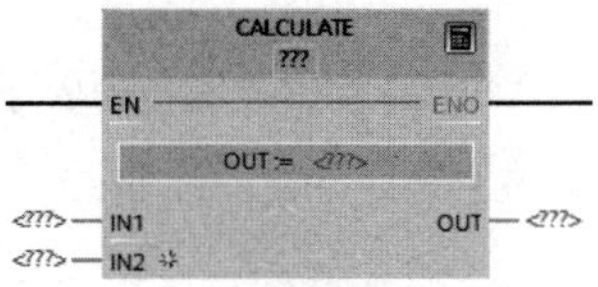 CALCULATE ???	计算	位字符串，整数，浮点数	使用“计算”指令定义并执行表达式，根据所选数据类型计算数学运算或复杂逻辑运算
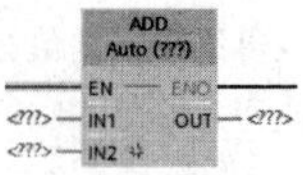 ADD Auto (???)	加	整数、浮点数	将输入 IN1 的值与输入 IN2 的值相加，并再输出 OUT（OUT：= IN1+IN2）
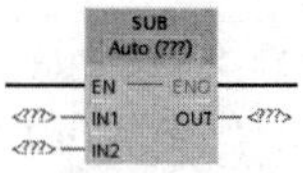 SUB Auto (???)	减	整数、浮点数	将输入 IN2 的值从输入 IN1 的值中减去，并再输出 OUT（OUT：= IN1-IN2）
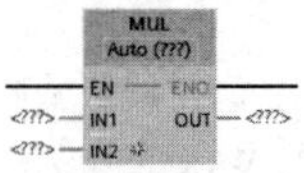 MUL Auto (???)	乘	整数、浮点数	将输入 IN1 的值与输入 IN2 的值相乘，并再输出 OUT（OUT：= IN1×IN2）
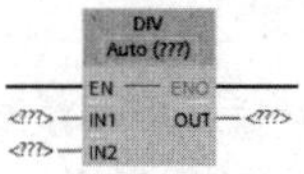 DIV Auto (???)	除	整数、浮点数	将输入 IN1 的值除以输入 IN2 的值，并再输出 OUT（OUT：= IN1/IN2）
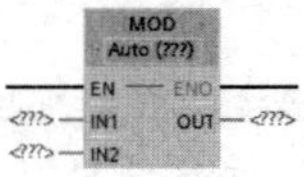 MOD Auto (???)	返回除法的余数	整数	将输入 IN1 的值除以输入 IN2 的值，并通过输出 OUT 查询余数
 NEG ???	取反	SINT、INT、DINT、浮点数	更改输入 IN 中值的符号，并在输出 OUT 中查询结果
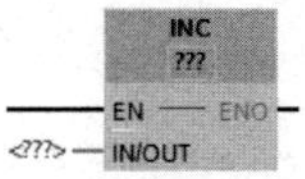 INC ???	递增	整数	将参数 IN/OUT 中操作数的值更改为下一个更大的值，并查询结果
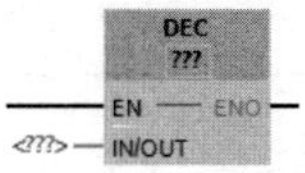 DEC ???	递减	整数	将参数 IN/OUT 中操作数的值更改为下一个更小的值，并查询结果

续表

LAD 指令	名称	数据类型	功能
ABS ??? EN ENO IN OUT	计算绝对值	SINT、INT、DINT、浮点数	计算输入 IN 处指定的值的绝对值
MIN ??? EN ENO IN1 OUT IN2	获取最小值	整数、浮点数	比较可用输入的值，并将最小的值写入输出 OUT 中
MAX ??? EN ENO IN1 OUT IN2	获取最大值	整数、浮点数	比较可用输入的值，并将最大的值写入输出 OUT 中
LIMIT ??? EN ENO MN OUT IN MX	设置限值	整数、浮点数、TIME、TOD、DATE、	将输入 IN 的值限制在输入 MIN 与 MAX 的值范围之间
SQR ??? EN ENO IN OUT	计算平方	浮点数	计算输入 IN 的浮点值的平方，并将结果写入输出 OUT 中
SQRT ??? EN ENO IN OUT	计算平方根	浮点数	计算输入 IN 的浮点值的平方根，并将结果写入输出 OUT 中
LN ??? EN ENO IN OUT	计算自然对数	浮点数	计算输入 IN 处值以（e = 2.718282）为底的自然对数
EXP ??? EN ENO IN OUT	计算指数值	浮点数	以 e（e = 2.718282）为底计算输入 IN 的值的指数，并将结果存储在输出 OUT 中

编程方式一：不带参数的 FC 程序块，程序如图 5-5 所示。

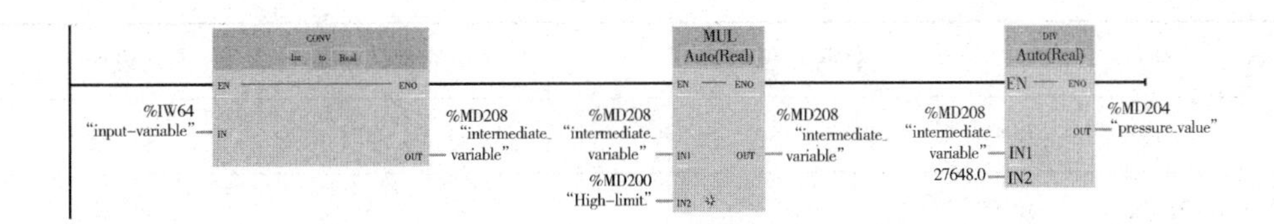

图 5-5　不带参数的 FC 块

编程方式二：带参数的 FC 程序块，在程序工作窗口中先建立块接口参数，如图 5-6 所示，程序如图 5-7 所示。

界面

	名称	数据类型	注释
1	▾ Input		
2	输入数据	Int	
3	量程上限	Real	
4	▾ Output		
5	压力值	Real	
6	▾ InOut		
7			
8	▾ Temp		
9	中间变量	Real	
10	▾ Return		
11	Ret_Val	Void	

图 5-6　块接口声明

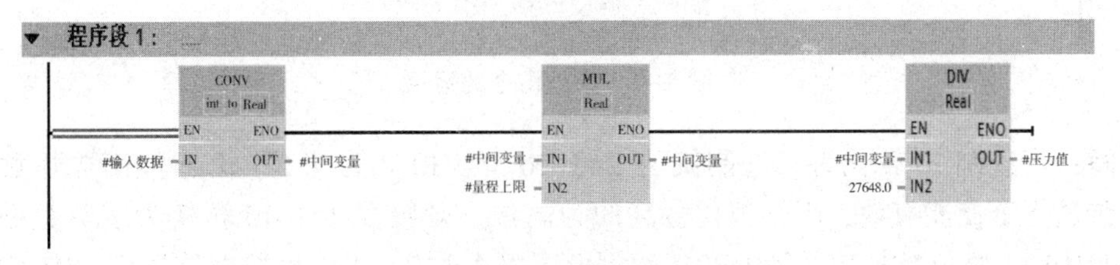

图 5-7　带参数 FC 程序块

● **知识点学习 2**

（1）移动值指令

使用“移动值”指令将 IN 输入操作数中的内容传送给 OUT1 输出的操作数中。始终沿地址升序方向进行传送。指令如图 5-8 所示，指令端口的详细说明，见表 5-5。

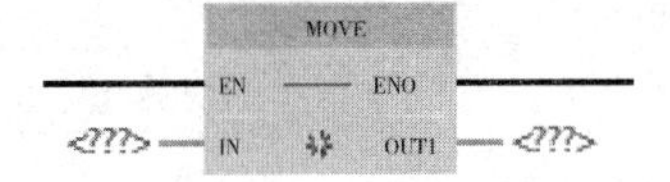

图 5-8　MOVE 指令

表 5-5　　MOVE 指令参数

参数	声明	数据类型	存储区	说明
EN	Input	BOOL	I、Q、M、D、L	使能输入
ENO	Output	BOOL	I、Q、M、D、L	使能输出
IN	Input	位字符串、整数、浮点数、定时器、日期时间、CHAR、WCHAR、STRUCT、ARRAY、IEC 数据类型、PLC 数据类型（UDT）	I、Q、M、D、L 或常数	源值
OUT1	Output	位字符串、整数、浮点数、定时器、日期时间、CHAR、WCHAR、STRUCT、ARRAY、IEC 数据类型、PLC 数据类型（UDT）	I、Q、M、D、L	传送源值中的操作数

案例 2：

分析图 5-9 梯形图的控制功能。

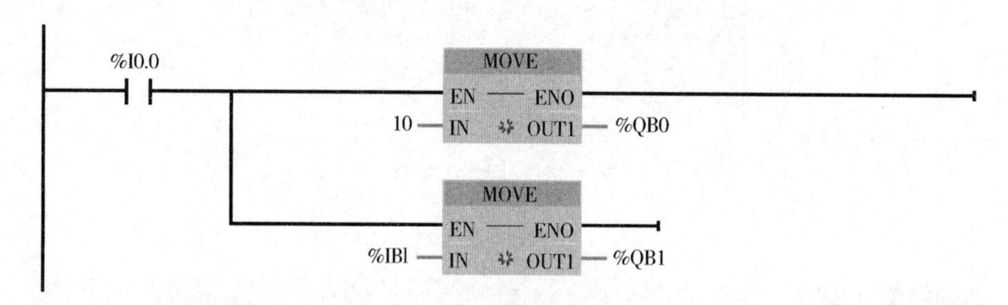

图 5-9　传送指令的运用

解：十进制 10 转化为二进制则为 2#1010。当 I0.0 为“1”状态，其常开触点接通，传送指令使能有效，因字节位号高的为高位，则数据 2#1010 转换为字节数据则为 2#00001010，将该数据传送到 QB0，数据值不发生改变。IB1 里数据传送到 QB1 中。当 I0.0 为“0”状态，其常开触点断开，传送指令使能无效，不进行传送指令，QB0、QB1 保持之前的数据值，其示意图见图 5-10。

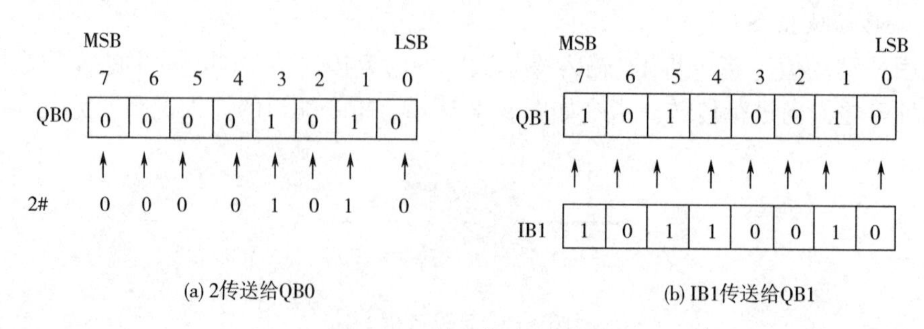

(a) 2传送给QB0　　(b) IB1传送给QB1

图 5-10　传送指令示意图

根据任务要求可以建立不带参数的 FC1 程序和 FC10 程序，程序与项目四中的程序一致，带参数的 FC1 程序和 FC10 程序如图 5-11、图 5-12 所示。

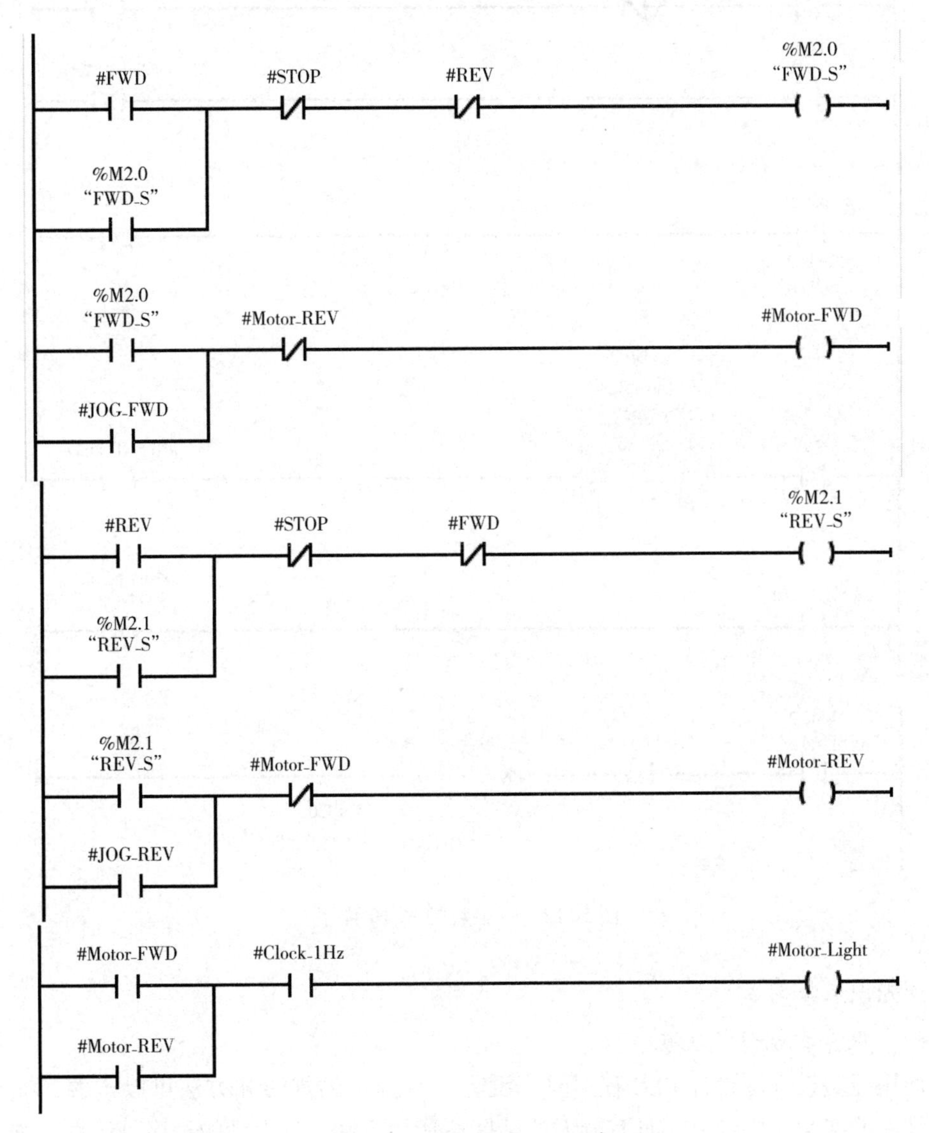

图 5-11 带参数的 FC1 程序

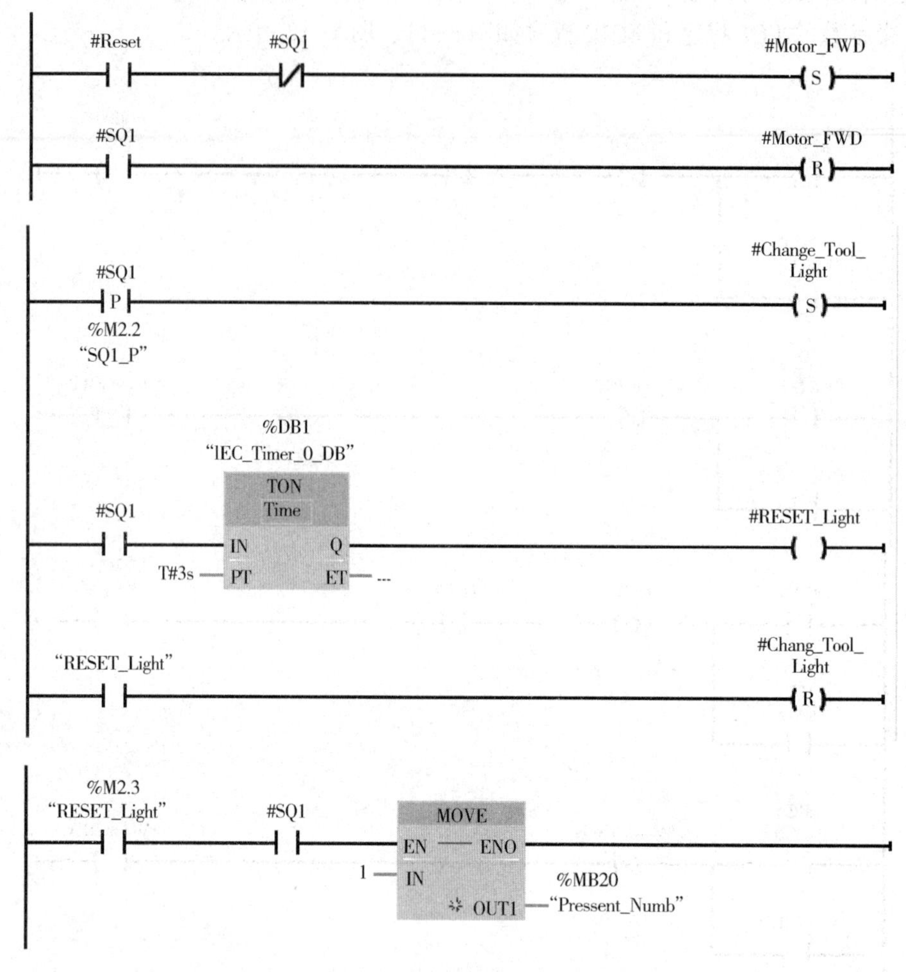

图 5-12 带参数的 FC10 程序

• **知识点学习 3**

（1）顺序控制设计法概念

使用经验设计法设计 PLC 程序时，没有一套固定的规律和方法可以掌握，完全根据设计者的实际工作经验，具有较大的试探性和随意性，且设计的程序可读性不强，不同设计者设计的同一系统的程序因为设计者的经验和思路不同，程序差异很大，别人很不容易掌握设计者的程序，给系统的维护、维修及升级改造带来很大的困难。

所谓顺序控制，就是按照生产工艺预先规定的顺序，在各个输入信号的作用下，按照内部状态和时间的顺序，在生产过程中各执行机构自动且有秩序地进行操作。

（2）顺序控制设计法的步骤

通过五个步骤可以完成顺序控制系统的设计，这五个步骤归纳为：

第一步：将控制系统划分为步；

第二步：确定步与步之间的转换条件；

第三步：确定每步的动作；

第四步：画出系统的功能图；

第五步：将功能图转换为程序。

通过下面具体的案例来学习顺序控制设计法的设计过程。

案例 3：

锅炉的引风机和鼓风机控制系统，要求按下启动按钮 I0.0 后，先开启引风机，延时 5s 后再开启鼓风机。按下停止按钮 I0.1 后，应先停鼓风机，5s 后再停引风机，其工作过程的波形图见图 5-13。

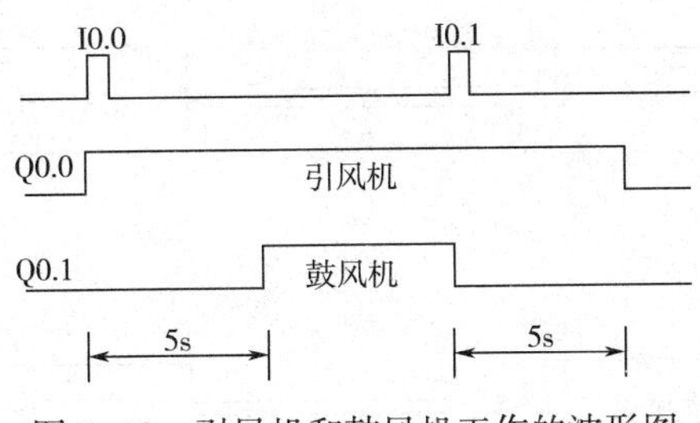

图 5-13　引风机和鼓风机工作的波形图

按照顺序控制系统的五个步骤完成如下：

第一步：将锅炉的引风机和鼓风机控制系统划分为“步”。

顺序设计法中将系统的一个工作周期划分为若干个顺序相连的阶段，这些阶段就称为步。系统划分步的原则：凡是系统状态发生变化（不管是内在的还是外在的），就可以确定为一个步。按照锅炉的引风机和鼓风机控制系统的波形图，该系统分为静止状态、引风机启动工作、鼓风机启动工作（引风机也同时在工作）、鼓风机停止（引风机在工作）四个工作状态。系统等待命令的状态称为初始状态，初始状态对应的步就称为初始步。一个顺序控制系统至少有一个初始步。实际划分中，初学者很容易将引风机和鼓风机最后都停止工作也划为一步，但是该步的状态与系统初始状态完全一致，所以可以不用再划分为一步，即系统的初始步，见图 5-14。

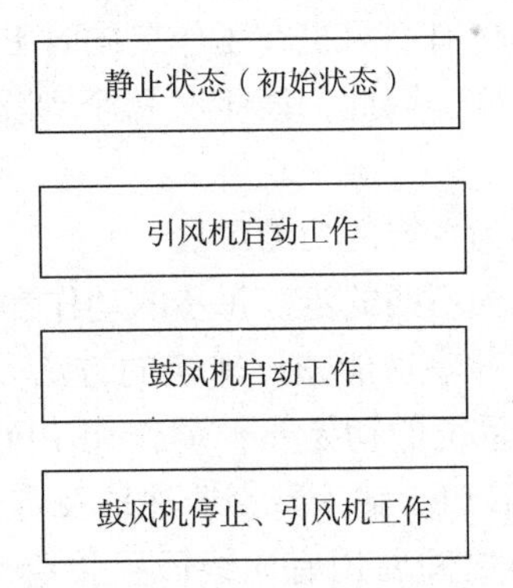

图 5-14　引风机和鼓风机系统划分的步

第二步：确定步与步之间的转换条件。

系统由当前步进入下一步的信号称为转换条件，转换条件可以是外部的输入信号，如按钮、指令开关、限位开关的动作等，也可以是PLC内部产生的信号，如定时器、计数器的触点动作等，转换条件可以是若干个信号的“与、或、非”逻辑组合。转换条件为逻辑“非”时，一般是条件上加“¯”，例如，表示转换条件是从“1”状态到“0”状态时步发生转换。

系统的步确定好后，再确定步与步之间的转换条件，通过分析可以很容易得出系统的转换条件，见图5-15。

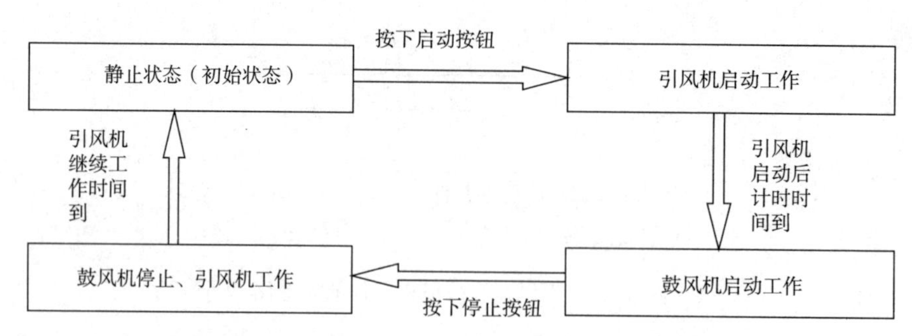

图5-15　引风机和鼓风机系统步与步间的转换条件

第三步：确定每步的动作。

将系统发出的命令或者动作统一称为动作，系统的每一步可能有一个或者几个动作。

锅炉的引风机和鼓风机控制系统的四步中，每一步都有不同的动作。第一步系统处于静止状态，系统无任何的动作；第二步引风机已经启动，所以对应的动作就是引风机的动作，同时，由于经过一定时间后，鼓风机将启动，所以这步的动作还应该有PLC内部的定时器计时引风机工作的时间，该步有两个动作，即引风机动作和定时器动作；第三步鼓风机启动工作，因此该步的动作有鼓风机动作，同时引风机也在此步继续工作。该步也有两个动作，即引风机和鼓风机都动作；第四步是系统已经按下停止按钮后，系统的鼓风机已经停止，仅有引风机在工作，同时PLC内部定时器给引风机计时，时间完毕时引风机也会停止工作，因此，该步有两个动作即引风机动作和定时器动作，具体见图5-16。

第四步：将以上三步转换为系统的功能图。

经过分解，系统已经被拆为不同的步，每步的动作和步与步之间的转换条件也已经确定，接下来就是将其转换为顺序功能图。转换的方法是：系统的步由PLC的位存储器地址来表示，如M2.0表示系统的初始步；动作用PLC的输出寄存器地址表示，如Q0.0、Q0.1等；转换条件利用PLC输入寄存器地址及定时器或计数器表示状态的文字表示，如I0.0、3s等；步与步之间要用有向线段连接起来，表示步运行的方向；一般的线段的方向是从上到下，从左到右，凡表示的方向与此相反，需用箭头标出方向。按照图5-16的模式，转换后的功能图，见图5-17。

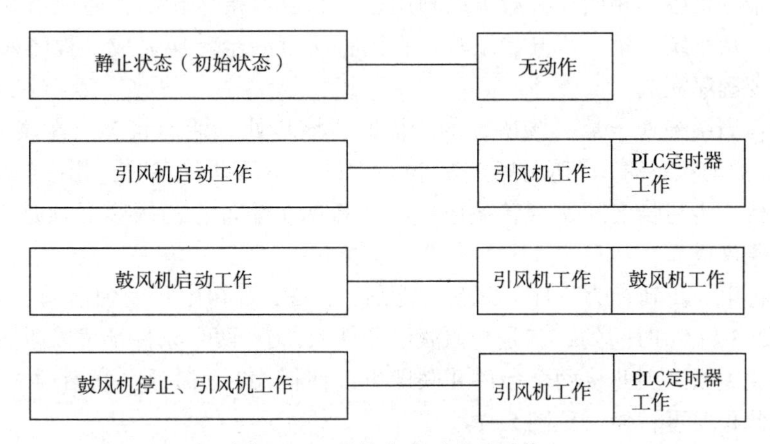

图5-16 系统各步对应的动作

图5-17中，系统的初始状态要使用双线框表示，称为初始步。转换条件用“-”表示，系统在开始运行时无法进入初始状态，是一个无入口的封闭系统，因此还需要为系统设计入口，使得系统刚开始运行就进入初始状态，使用PLC特殊的系统存储位“First Scan”，其具体存储地址用户可以自己定义。这里系统存储字节定义为MB1，所以首次扫描脉冲“First Scan”就为M1.0，可以在控制系统得电运行的瞬间激活M2.0步。因此将“Firsr Scan”称为初始激活条件。完善后的系统功能图，见图5-18。

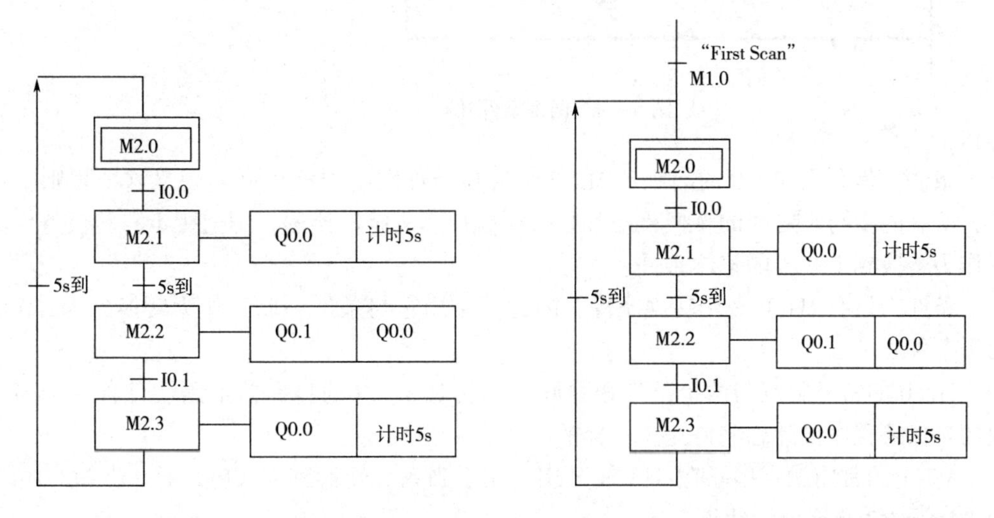

图5-17 引风机和鼓风机系统的转换后的功能图　　图5-18 引风机和鼓风机系统的完整功能图

第五步：将功能图转换为程序。

系统的功能图设计完成后，主要设计工作就是将系统的功能图转换为程序，输入PLC运行。具体规律和方法如下：

1）将功能图的各步转换为梯形图。将步转换为梯形图一般有两种模式：一种是以步为中心的编程方式；一种是以转换为中心的编写方式。由于各厂家生产的PLC指令

不同，特殊指令也各不相同，一般可以利用置位和复位指令转换，通用指令编写程序。具体规律是，从系统的第一步开始编写，直到将所有的步转换完成，程序采用启、保、停的基本指令程序完成。

活动步：当系统处于某一步所在的阶段时，该步处于活动状态，称该步为“活动步”。步处于活动状态时，相应的动作被执行；处于不活动状态时，相应的非存储器动作被停止执行。步与步之间实现转换应同时具备两个条件：前级步必须是“活动步”，对应的转换条件成立。

首先，将第一步转换为程序，观察功能图，让 M2.0 初始步变为活动步的条件有两个：一是 M2.3 与 5s 时间到；二是初始激活条件 M1.0。两个条件都可以激活 M2.0，两个条件是并联关系。因此将两个条件并联即可以使得 M2.0 激活，激活后 M2.0 还必须自保持。因此程序可转换，见图 5-19。

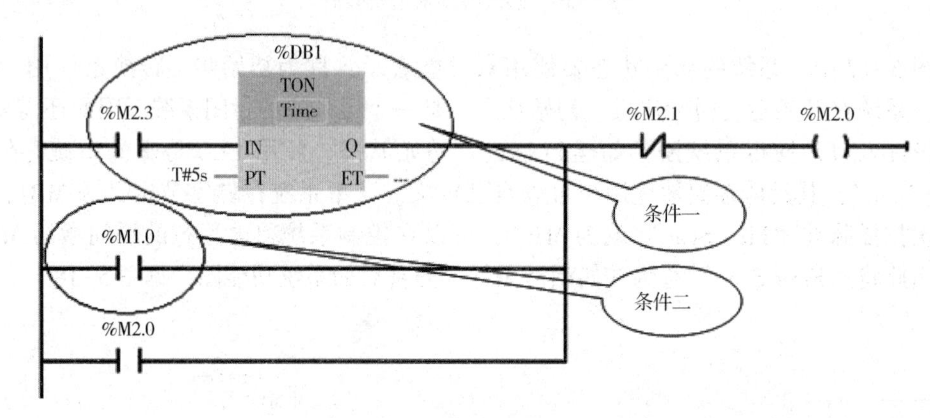

图 5-19　两个条件并联激活 M0.0

条件一是利用 M2.0 的前级步 M2.3 与转换条件定时器相串联实现。这个规则很重要，所有的步与步之间的转换程序都是按照此规律实施转换的，即前级步与转换条件串联作为转换到下一步的整体条件。

条件二只有 M1.0 一个转换条件，因此直接用它与条件并联，作为转换到 M2.0 的两个条件之一。

M2.0 的常开触点与两个条件相并联，作为对 M2.0 的自保持电路设计，这个与一般的自保持程序设计思路是完全一样的。

M2.1 的常闭触点串联在“干线”中，用于当系统转换到 M2.0 的下一步 M2.1 时，用来断开 M2.0 这个活动步。

具体注释如图 5-20 所示。

按照该规律，可以完成对系统的所有步的转换工作，步转换好了的梯形图程序，见图 5-21。

2）将功能图的各步的动作转换为梯形图。步的程序按上述规律转换完成后，下面就应该转换每步的动作，规律如下：功能图中的动作可先完成输出寄存器 Q 地址的程序，再依次完成定时器、计数器等输出程序。在功能图中，Q0.0 动作在 M2.1、M2.2

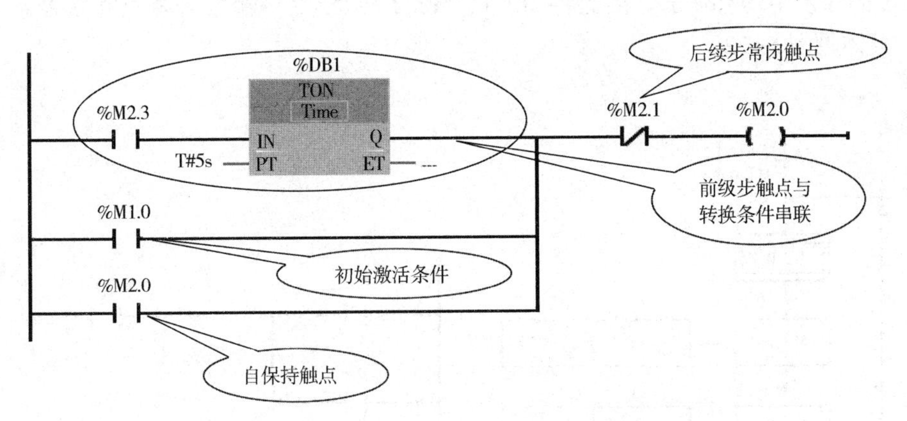

图 5-20　M2.0 步的各触点功能

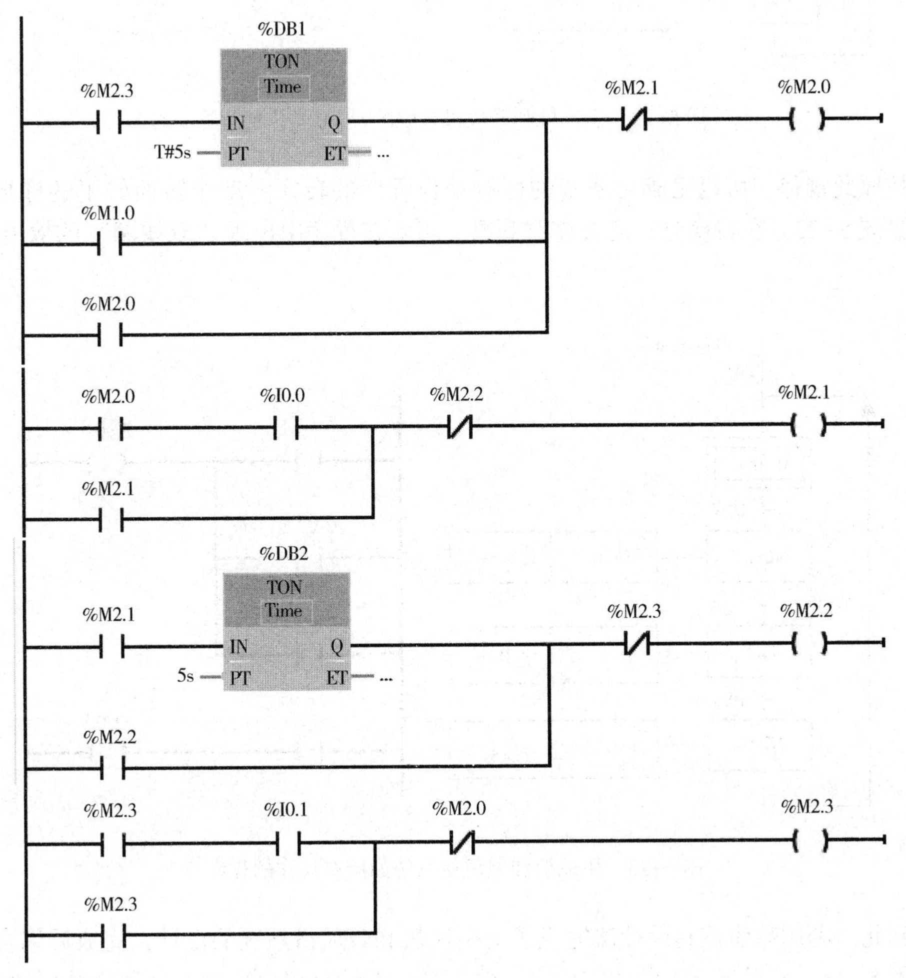

图 5-21　引风机和鼓风机系统的步的程序

和 M2.3 的 3 步中均有输出，因此将 M2.1、M2.2 及 M2.3 三个常开触点并联控制 Q0.0 输出，具体见图 5-22。

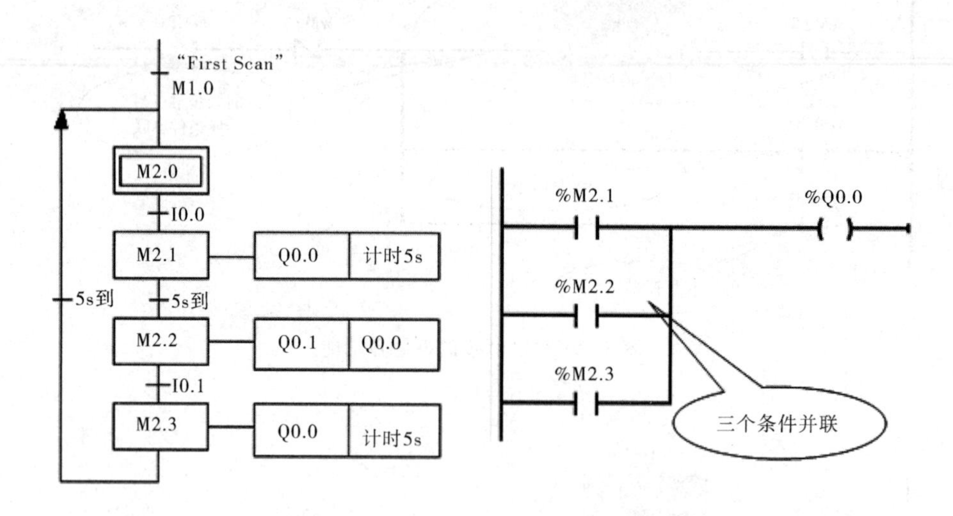

图 5-22　引风机和鼓风机系统的 Q0.0 动作的程序

按照此规律，可以完成对系统的所有动作程序的转换，动作转换好了的梯形图程序，见图 5-23。在转换时一定要注意观察，不要在程序中出现“双线圈”的输出。

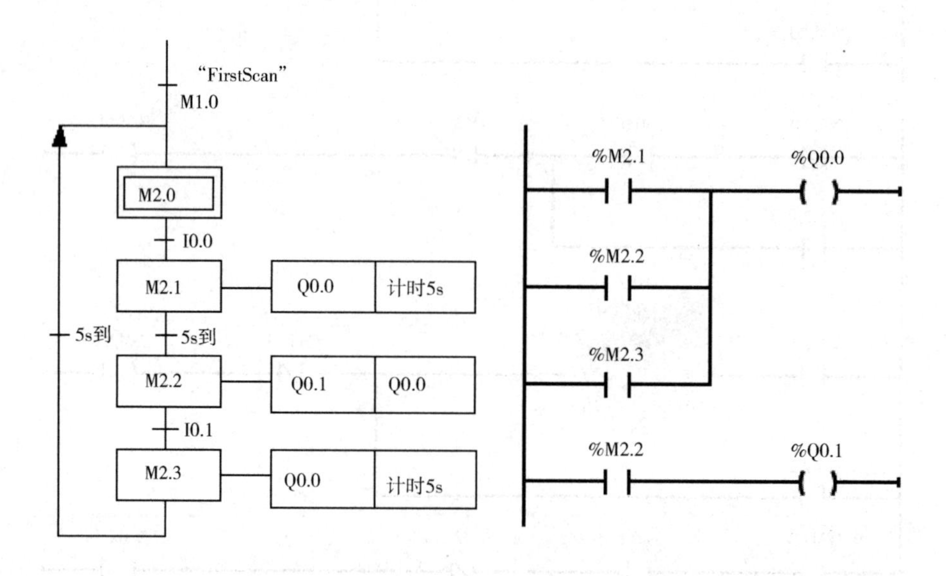

图 5-23　引风机和鼓风机系统的所有动作的程序

到此，利用顺序控制设计法完成了对引风机和鼓风机系统的设计，完成后综合的程序见图 5-24。采用该方法设计的程序，效率高、设计有规律可循，且程序的可读性强，便于初学者掌握。

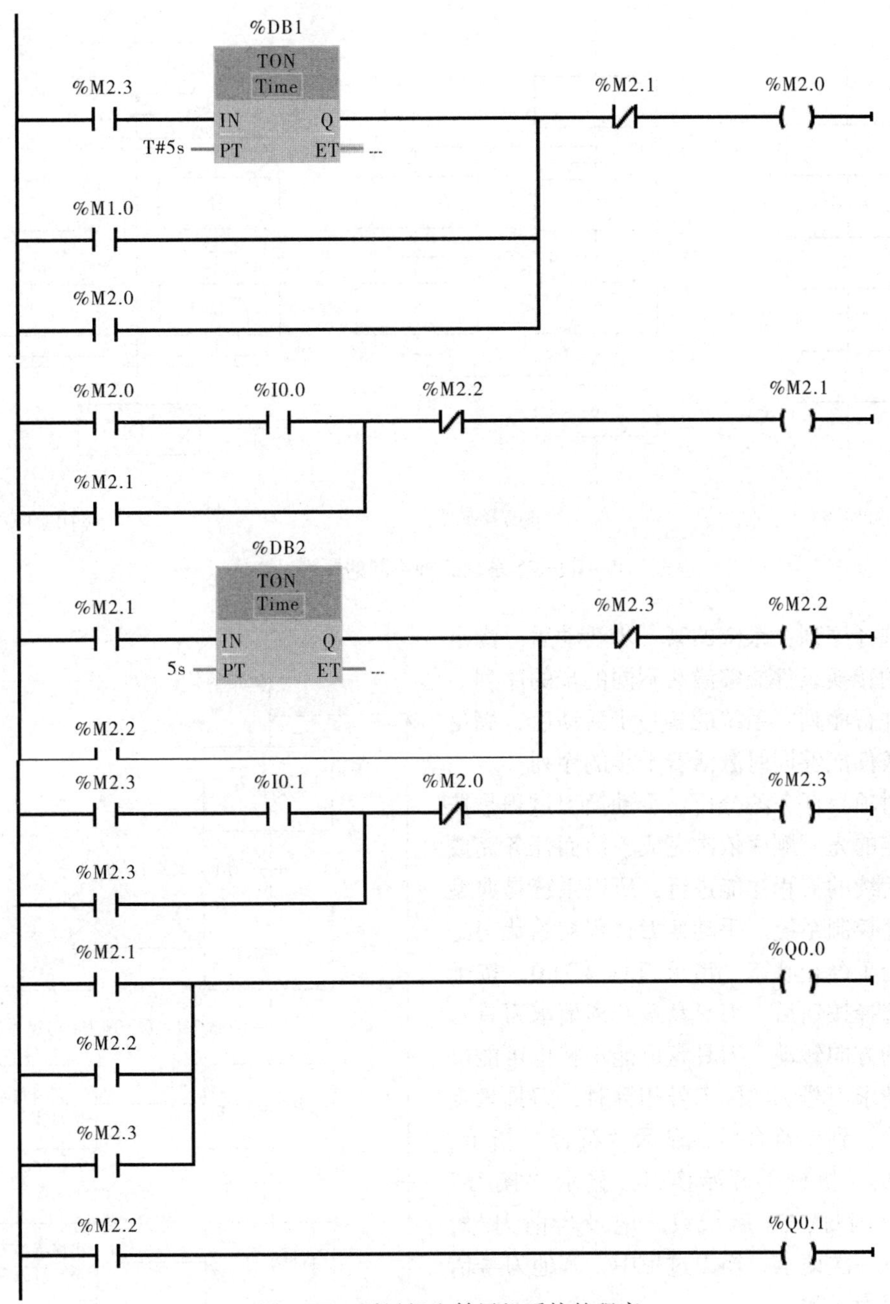

图 5-24　引风机和鼓风机系统的程序

复杂系统工艺烦琐，顺序功能图较复杂。顺序功能图的基本结构有单序列结构、选择序列结构、并行序列结构，如图 5-25 所示。

单序列系统：由一系列相继激活的步组成，每一步后仅有一个转换，每一个转换后也只有一个步，整个系统只有一个活动步。

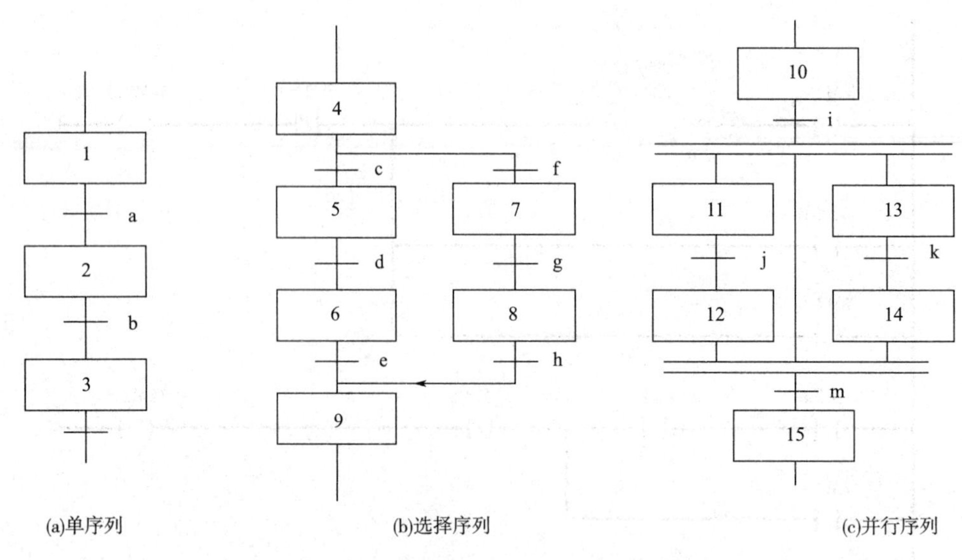

图 5-25 系统三种不同的序列

选择序列：系统的某一步活动后，满足不同的转换条件能够激活不同的步的序列。

并行序列：系统的某一步活动后，满足转换条件能够同时激活若干步的序列。

对项目任务的分析，手动换刀过程是按照规定的先后顺序依次完成，前面任务完成后，后续的流程才能进行，所以系统是典型的顺序控制系统。手动换刀过程初始状态是系统处于静止状态，请求刀具号为 0。按下刀具选择按钮后，刀具盘按照离请求刀具号最近的方向转动，刀具盘可能正转也可能反转。请求刀号和实际刀号相等时，刀具盘旋转到位，到位符合后，显示“符合”指示。过 1s 后，机械手开始换刀，显示“换刀”指示灯闪烁，5s 后结束。记录当前刀号，等待下一次请求。换刀过程中，其他刀号请求均视为无效。

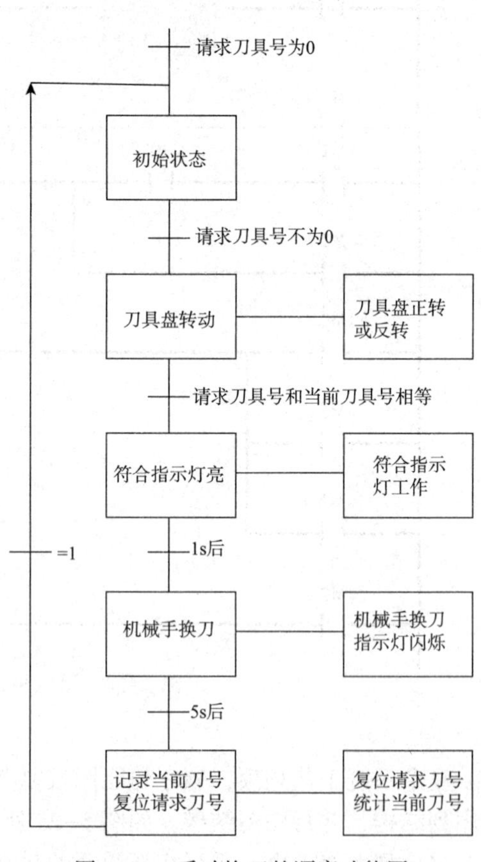

图 5-26　手动换刀的顺序功能图

根据分析可以将系统划分为以下 5 步：初始状态、刀具盘运转、符合指示灯亮、机械手换刀指示灯闪烁、记录当前刀号和复位请求刀号。系统的顺序功能图文字描述如图 5-26 所示。系统的请求刀号存储在MB21，当前刀号存储在MB20，记录换刀刀号MB22，每一步分别用M5.0~M5.4表示，刀具盘正转为Q0.0，反转为Q0.1，符合指示灯用Q0.3表示，换刀指示灯用Q0.4表示，转化为PLC的编程元件的功能图，如图5-27所示。

将顺序功能图转换为梯形图的编程方式之一是以转换为中心的编程方式。编程的原理为当前级步为活动步时且转换条件成立，则将代表后续步的状态位变成活动步，而将代表前级步的状态位复位，变为不活动步。所以将代表前级步状态位的常开触点和对应的转换条件串联作为后续步置位的条件，同时也作为将前级步复位的条件。根据图5-27每一转换对应的梯形图，如图5-28所示。

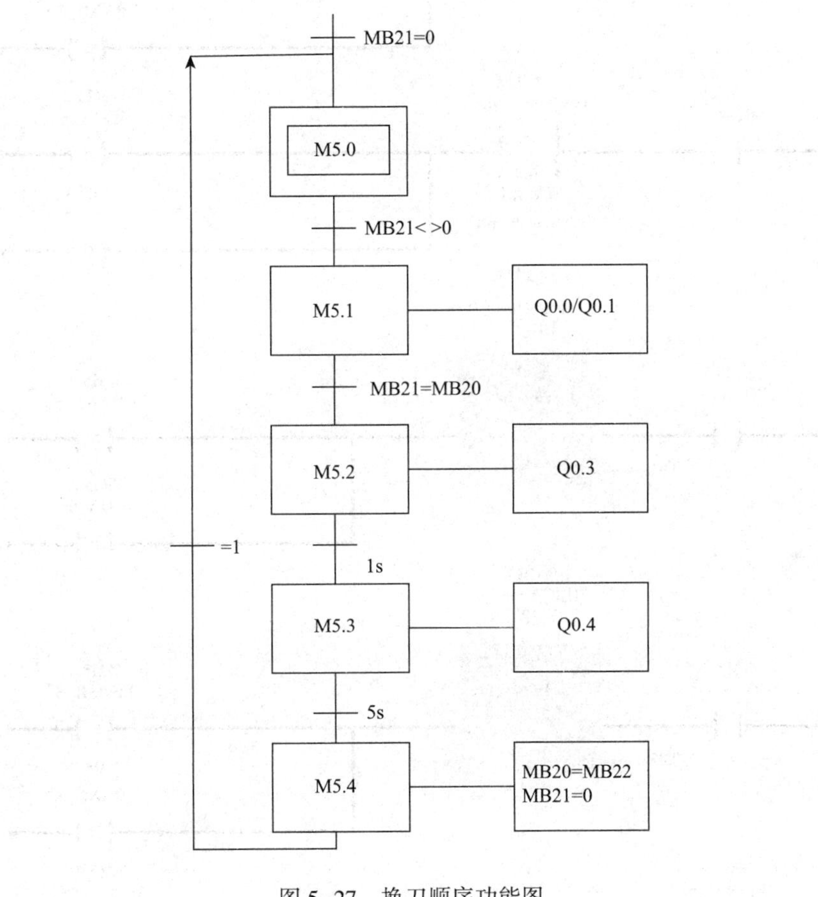

图5-27　换刀顺序功能图

根据任务要求完整的梯形图程序，如图5-29所示。

FC程序块是一个子程序，不能直接执行。操作系统只能直接调用组织块，FC程序块必须被其他程序块调用时才能执行。由于子程序是在被调用时才执行，没有调用时不执行，所以子程序可以反复被调用很多次。不带参数的FC程序块直接调用，而带参数的程序块必须要赋实参才可以。如图5-30为不带参数的FC块调用在OB1里的程序编写。图5-31为带参数的FC块调用在OB1里的程序编写。

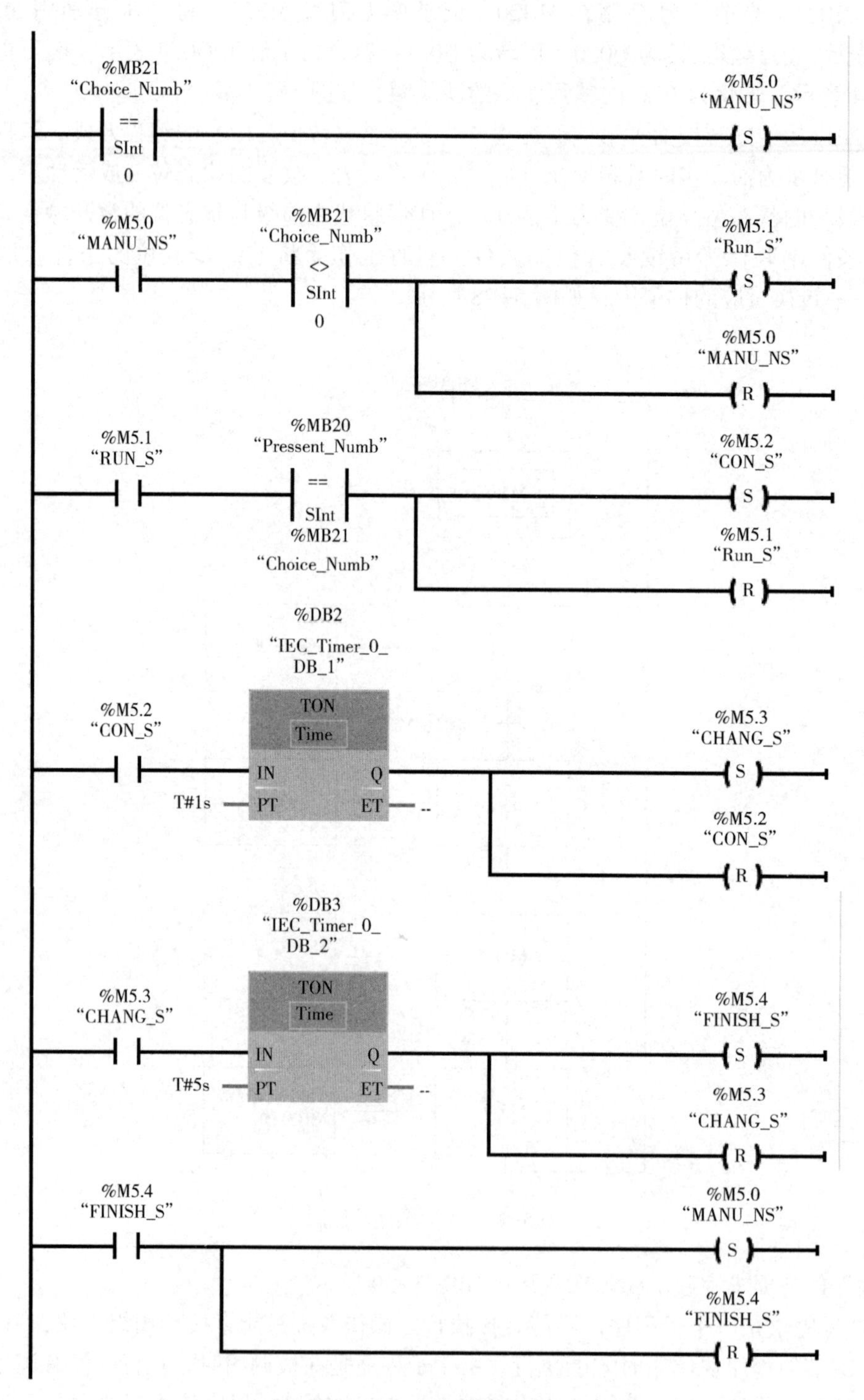

图 5-28　每一转换的梯形图程序

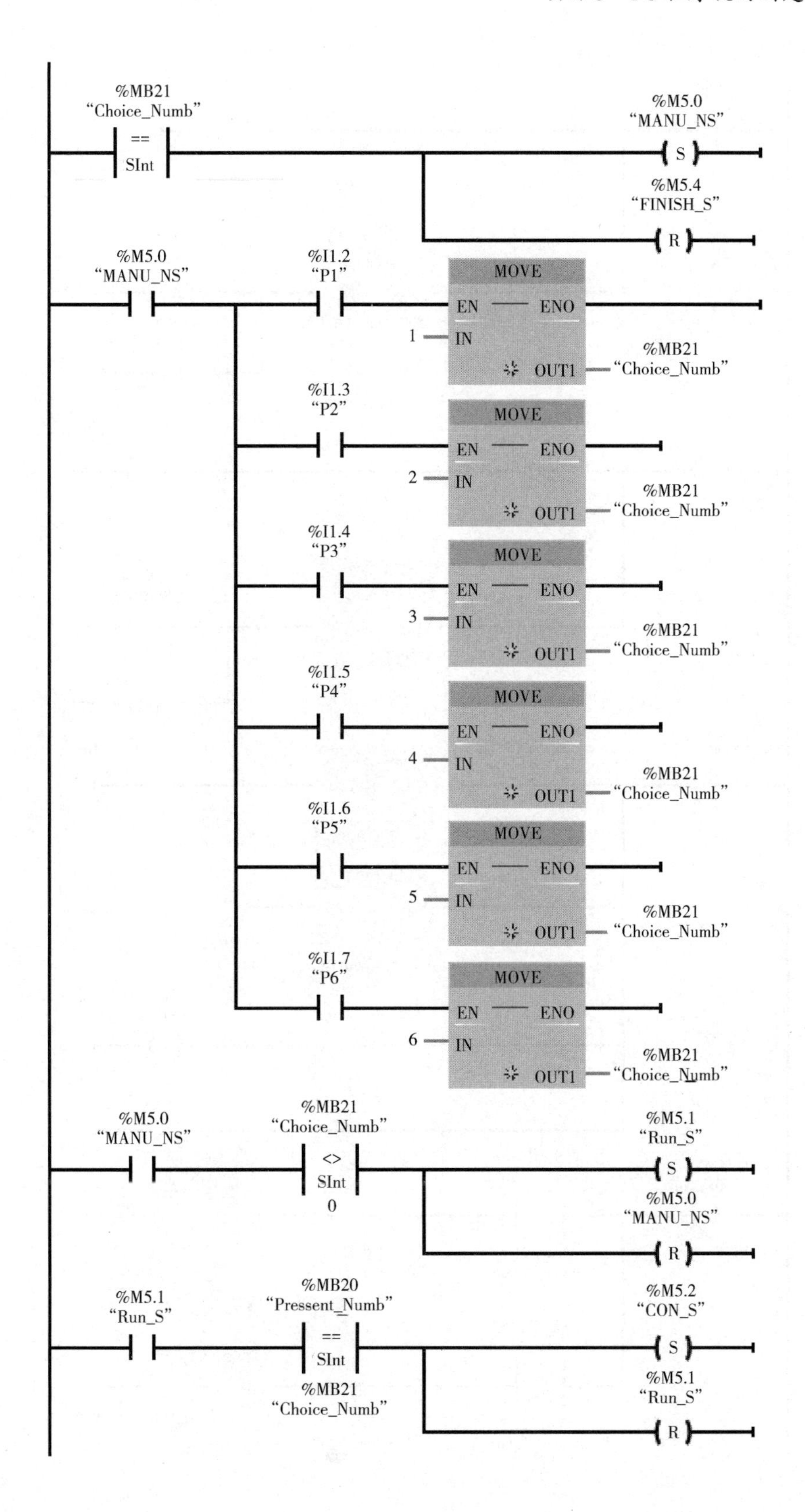
%MB21
"Choice_Numb"
==
SInt
%M5.0
"MANU_NS"
S
%M5.4
"FINISH_S"
R
%M5.0
"MANU_NS"
%I1.2
"P1"
MOVE
EN
ENO
1
IN
OUT1
%MB21
"Choice_Numb"
%I1.3
"P2"
MOVE
EN
ENO
2
IN
OUT1
%MB21
"Choice_Numb"
%I1.4
"P3"
MOVE
EN
ENO
3
IN
OUT1
%MB21
"Choice_Numb"
%I1.5
"P4"
MOVE
EN
ENO
4
IN
OUT1
%MB21
"Choice_Numb"
%I1.6
"P5"
MOVE
EN
ENO
5
IN
OUT1
%MB21
"Choice_Numb"
%I1.7
"P6"
MOVE
EN
ENO
6
IN
OUT1
%MB21
"Choice_Numb"
%M5.0
"MANU_NS"
%MB21
"Choice_Numb"
<>
SInt
0
%M5.1
"Run_S"
S
%M5.0
"MANU_NS"
R
%M5.1
"Run_S"
%MB20
"Pressent_Numb"
==
SInt
%MB21
"Choice_Numb"
%M5.2
"CON_S"
S
%M5.1
"Run_S"
R

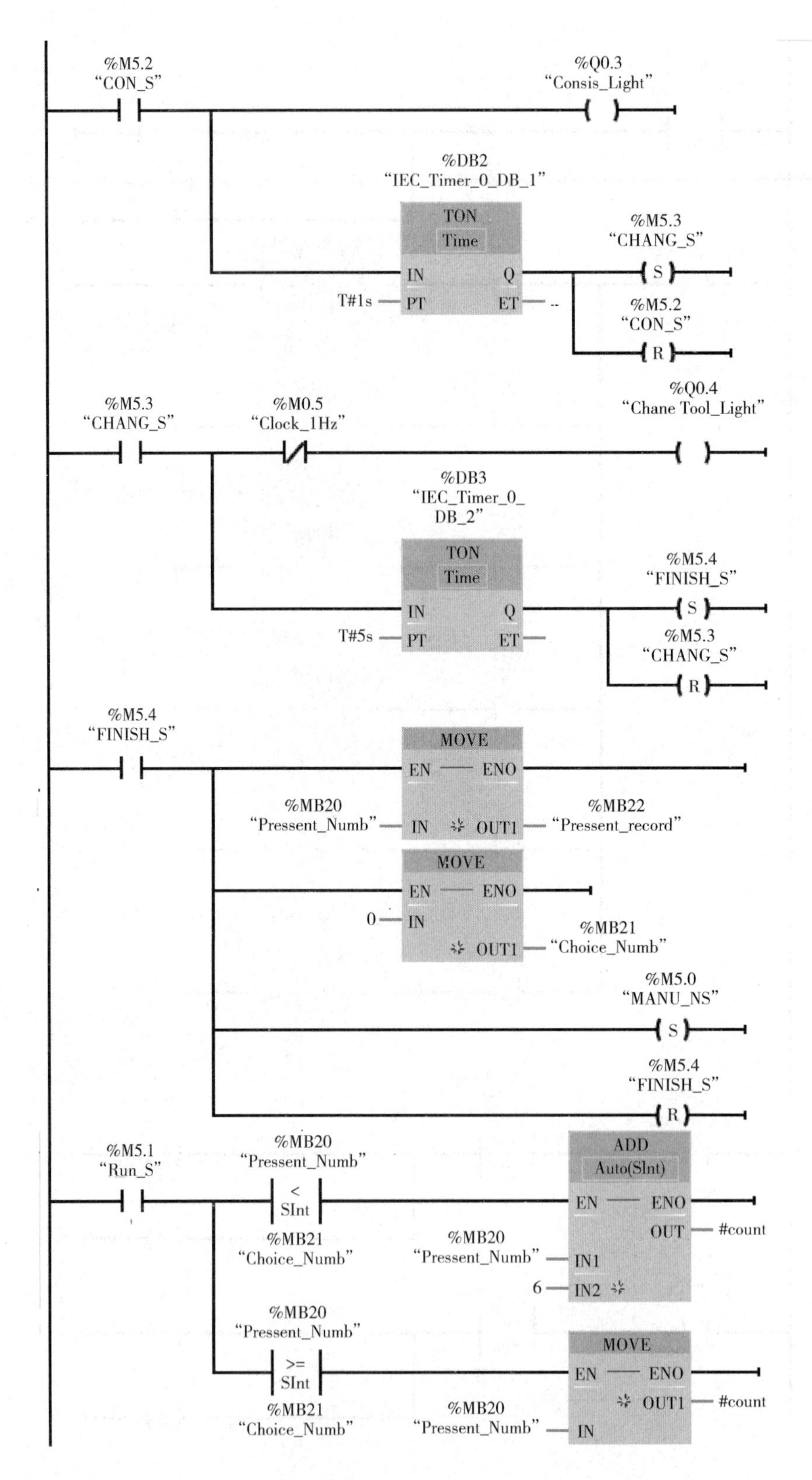
%M5.2
"CON_S"
%Q0.3
"Consis_Light"
%DB2
"IEC_Timer_0_DB_1"
TON
Time
IN
Q
T#1s
PT
ET
%M5.3
"CHANG_S"
S
%M5.2
"CON_S"
R
%M5.3
"CHANG_S"
%M0.5
"Clock_1Hz"
%Q0.4
"Chane Tool_Light"
%DB3
"IEC_Timer_0_DB_2"
TON
Time
IN
Q
T#5s
PT
ET
%M5.4
"FINISH_S"
S
%M5.3
"CHANG_S"
R
%M5.4
"FINISH_S"
MOVE
EN
ENO
%MB20
"Pressent_Numb"
IN
OUT1
%MB22
"Pressent_record"
MOVE
EN
ENO
0
IN
OUT1
%MB21
"Choice_Numb"
%M5.0
"MANU_NS"
S
%M5.4
"FINISH_S"
R
%M5.1
"Run_S"
%MB20
"Pressent_Numb"
<
SInt
%MB21
"Choice_Numb"
ADD
Auto(SInt)
EN
ENO
OUT
#count
%MB20
"Pressent_Numb"
IN1
6
IN2
%MB20
"Pressent_Numb"
>=
SInt
%MB21
"Choice_Numb"
MOVE
EN
ENO
OUT1
#count
%MB20
"Pressent_Numb"
IN

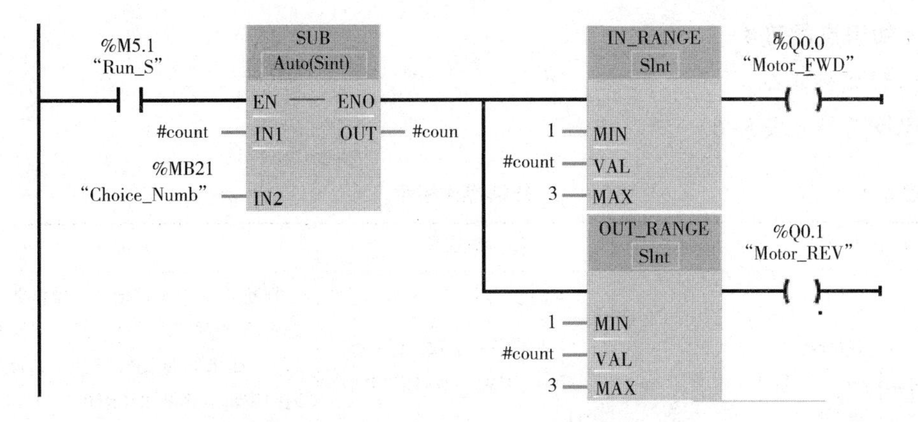

图 5-29　Manu_ Changing_ Tools［FC15］程序

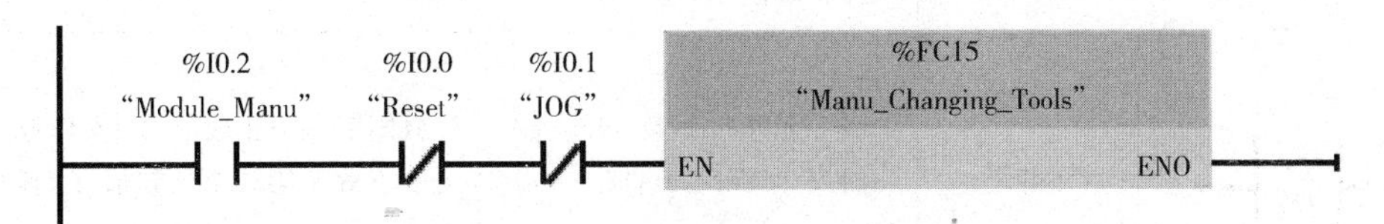

图 5-30　不带参数的 FC15 块调用

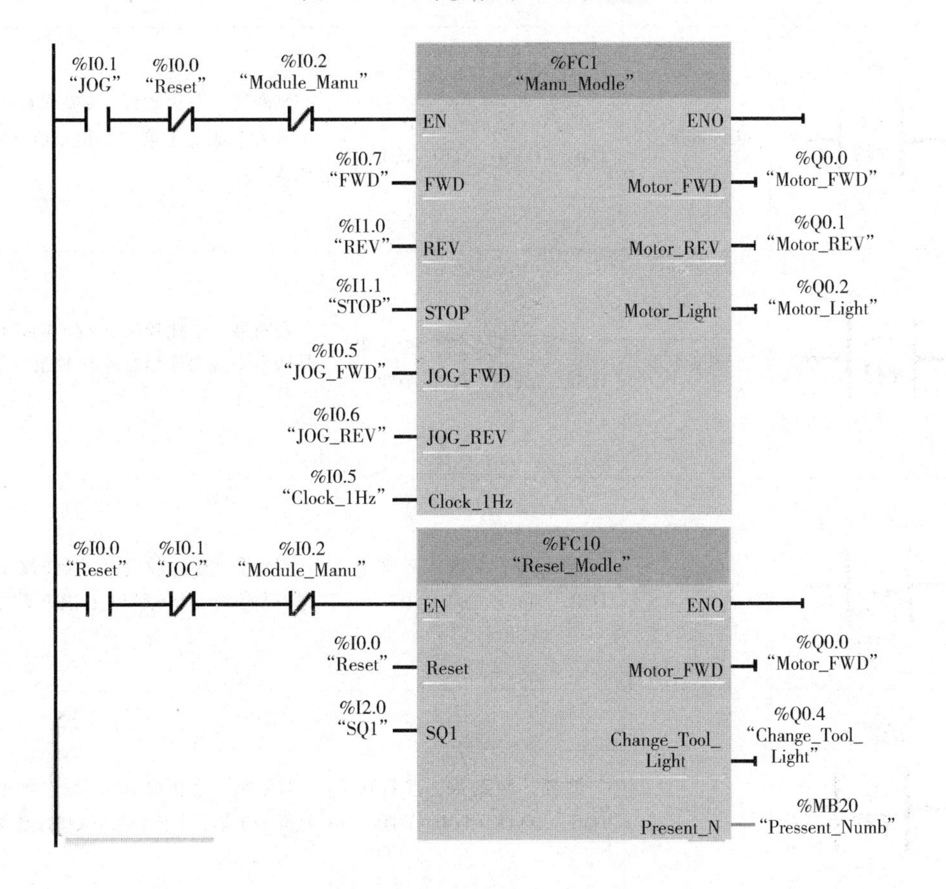

图 5-31　带参数的 FC 块调用

- **知识点学习 4**

（1）比较指令

比较指令见表 5-6。

表 5-6　　　　　　　　　　转换操作指令

LAD 指令	名称	操作数据类型	功能
<???> 操作数1 == ??? <???> 操作数2	等于	位字符串、整数、浮点数、字符串、TIME、DATE、TOD、DTL	判断第一个比较值（<操作数 1>）是否等于第二个比较值（<操作数 2>）。如果满足比较条件，则该指令返回逻辑运算结果（RLO）“1”。如果不满足比较条件，则该指令返回 RLO “0”
<???> <> ??? <???>	不等于	位字符串、整数、浮点数、字符串、TIME、DATE、TOD、DTL	判断第一个比较值（<操作数 1>）是否不等于第二个比较值（<操作数 2>）
<???> >= ??? <???>	大于或等于	整数、浮点数、字符串、TIME、DATE、TOD、DTL	判断第一个比较值（<操作数 1>）是否大于或等于第二个比较值（<操作数 2>）
<???> <= ??? <???>	小于或等于	整数、浮点数、字符串、TIME、DATE、TOD、DTL	判断第一个比较值（<操作数 1>）是否小于或等于第二个比较值（<操作数 2>）
<???> > ??? <???>	大于	整数、浮点数、字符串、TIME、DATE、TOD、DTL	判断第一个比较值（<操作数 1>）是否大于第二个比较值（<操作数 2>）
<???> < ??? <???>	小于	整数、浮点数、字符串、TIME、DATE、TOD、DTL	判断第一个比较值（<操作数 1>）是否小于第二个比较值（<操作数 2>）

续表

LAD 指令	名称	操作数据类型	功能
IN_RANGE ??? <???> MIN <???> VAL <???> MAX	值在范围内	整数、浮点数	判断输入 VAL 的值是否在特定的值范围内
OUT_RANGE ??? <???> MIN <???> VAL <???> MAX	值超出范围	整数、浮点数	判断输入 VAL 的值是否超出特定的值范围

项目检查与评估

根据项目完成情况，按照表 5-7 进行评价。

表 5-7　　项目评价表

序号	考核项目	评价内容	要求	权重/%	评价
1	硬件设计	系统电气线路设计	1. 能根据控制要求选取 PLC 型号 2. 能根据控制要求选取外部设备 3. 电路图设计满足要求，有保护措施，系统可靠稳定	15	
		系统接线	1. 操作符合安全规范 2. 元器件布置合理 3. 连线整齐，工艺美观	20	
2	软件设计	程序编写调试	1. 能正确输入程序 2. 能正确编译程序 3. 能正确修改程序	20	
		程序下载运行	1. 能正确下载程序 2. 能在线监控 PLC 运行	20	
3	系统调试	运行调试	1. 能正确演示系统运行情况 2. 能熟练表达系统运行过程 3. 能准确分析系统工作原理	15	
4	职业素质	职业素质	具备良好的职业素养，具有良好的团结协作、语言表达及自学能力，具备安全操作意识、环保意识等	10	
5	评价结果				

项目总结

本任务主要完成了FC程序块的创建，接口参数、程序的编写和调用以及程序编译下载；转换指令、数学运算指令、传送指令等知识点的学习。通过该项目的学习，学生掌握了子程序的编写和调用，为完成复杂系统设计做好准备。

练习与训练

一、知识训练

（一）判断题

1. FC块中Input参数可以不用赋实参。（　　）

2. FC程序块必须要定义接口申明。（　　）

3. 带参数的FC程序块调用时可以不进行参数连接。（　　）

4. 必须在子程序（被调用程序块）的最后编写RET指令，用于向主调程序块返回计算结果。（　　）

（二）填空题

1. FC称为＿＿＿＿＿＿，编程语言一般有＿＿＿＿＿＿＿＿和＿＿＿＿＿＿＿＿。

2. FC接口申明的参数类型主要有＿＿＿＿＿＿、＿＿＿＿＿＿、＿＿＿＿＿＿和Return。

3. Input参数中文称为＿＿＿＿参数，Output称为＿＿＿＿参数，InOut称为＿＿＿＿参数，Temp称为＿＿＿＿参数。

4. 调用＿＿＿＿时，必须用实际参数代替形式参数。

（三）选择题

1. 请根据以下文字描述判断所指的是哪种形式参数的特点：从子程序块返回的参数，在子程序块中只能写入返回值。（　　）

A. Input　　B. Output　　C. InOut　　D. Temp

2. 请根据以下文字描述判断所指的是哪种形式参数的特点：输入并从子程序块返回的参数，在子程序块中既可以读，也可以写，输入值和返回值使用同一个地址。（　　）

A. Input　　B. Output　　C. InOut　　D. Temp

3. 请根据以下文字描述判断所指的是哪种形式参数的特点：用来在该程序块执行时暂时存储数据，当退出该程序块时，这些数据将丢失。（　　）

A. Input　　B. Output　　C. InOut　　D. Temp

4. 请根据以下文字描述判断所指的是哪种形式参数的特点：输入到子程序块的参数，在子程序块中只能读取输入值。（　　）

A. Input　　B. Output　　C. InOut　　D. Temp

5. 在程序中，以下哪个内容不属于全局变量？(　　)

A. “Tag_ 1”　　B. “Data”. Record

C. #Globle_ Var　　D. “Data”. ST. Var

6. 请分析以下的程序示意图是哪种编程方法（　　）。

A. 线性化编程　　B. 模块化编程　　C. 结构化编程

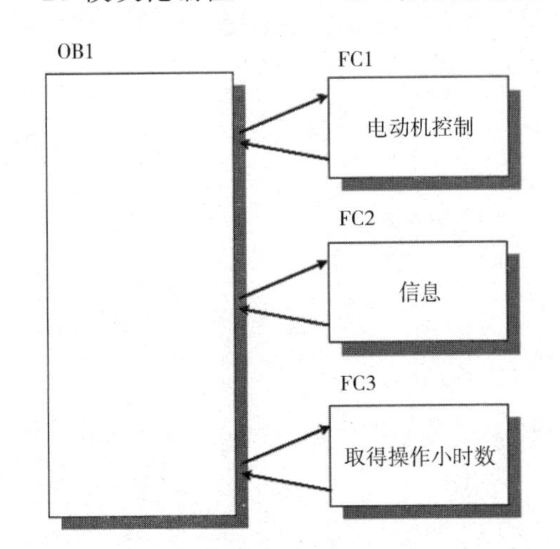

二、项目训练

利用 S7-1200 PLC 实现对多种液体混合控制，多种液体混合装置（图 5-32）的作用是将 A 和 B 两种液体进行混合，当达到设定值，由出料阀放出，系统可实现单周期、连续、手动/自动和单步等方式控制。

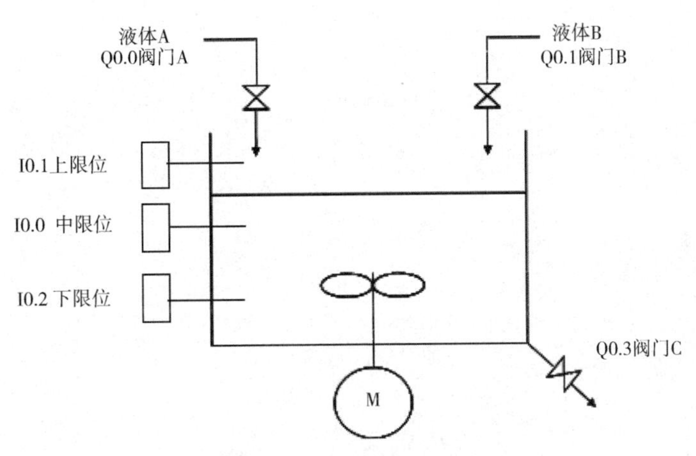

图 5-32　液体混合装置示意图

上限位、下限位和中限位液位传感器被液体淹没时为 1 状态，阀门 A、阀门 B 和阀门 C 为电磁阀，线圈通电时阀门打开，线圈断电时阀门关闭。开始时容器是空的，各阀门均关闭，各传感器均为 0 状态。按下启动按钮后，打开阀门 A，液体 A 流入容器，中限位开关变为 ON 时，关闭阀门 A，打开阀门 B，液体 B 流入容器。液面升到上限位开关时，关闭阀门 B，电机 M 开始运行，搅拌液体。30s 后停止搅拌，打开阀门 C，放出混合液体，当液面下降至下限位开关之后再过 5s 容器放空，关闭阀门 C，打开阀门 A，又开始下一个周期的操作。按下停止按钮，当前工作周期的操作结束后，才停止操作，返回并停留在初始状态。

项目 6 FB程序块的创建及应用

任务描述

任务一： 建立初始状态程序（FB1）。

按下复位按钮“RESET”后，如果1号刀具不在“换刀”位置，根据检测到的当前刀具号，以最快路径自动转到“换刀”位置。完成后换刀指示灯亮3s后熄灭，记录当前刀号。

任务二： 建立手动换刀程序（FB10）。

按下刀具选择按钮，刀具盘按照离请求刀具号最近的方向转动，到位符合后，显示“符合”指示。过1s后，机械手开始换刀，显示“换刀”指示灯闪烁，5s后结束。记录当前刀号，等待下一次请求。换刀过程中，其他刀号请求均视为无效。

任务三： 统计计数功能（FB30）。

在加工过程中，记录每个刀具使用的次数。

任务能力目标

1）熟悉FB接口参数的功能。

2）根据任务要求能正确合理设置接口参数。

3）能熟练运用基本指令。

4）能熟练使用定时器、计数器指令。

5）能熟练使用顺序控制设计方法和思路开展顺序控制系统设计工作。

6）进一步提高根据系统需求选择PLC的型号及相关的输入输出设备型号的能力。

7）进一步掌握系统的接线及调试方法，特别是接近开关与PLC的连接及系统通电调试的程序及方法。

完成任务的计划决策

功能块（function block，FB）是用户程序编写的子程序。调用功能块时，需要制定背景数据块，背景数据块是功能块专用的存储区。CPU执行FB中的程序代码，将块的输入、输出参数和局部静态变量保存在背景数据块中，以便可以从一个扫描周期到下一个扫描周期快速访问它们。FB 的典型应用是执行不能在一个扫描周期结束的操作。

在调用 FB 时，打开了对应的背景数据块，后者的变量可以供其他代码块使用。调用同一个功能块时使用不同的背景数据块，可以控制不同的设备。例如用来控制水泵和阀门的功能使用包含特定的操作参数的不同的背景数据块，可以控制不同的水泵和阀门。

S7-1200 的部分指令（例如 IEC 标准的定时器和计数器指令）实际上是功能块，在调用它们时需要指定配套的背景数据块。

实施过程

6.1 创建 FB 程序块

在博途软件中，要创建 FB 程序块有两种途径：一种是在博途视图界面进行新建；另一种是在项目视图中新建。在打开的项目中，切换到博途视图界面，任务入口处选择“PLC 编程”。在任务操作中选择需要创建 FB 的“设备”，点击“添加新块”。在弹出的操作窗口中选择“FB”，可以输入块的名称，选择编程语言，设置块的编号等操作。最后点击“添加”，系统自动完成 FB 程序块的新建，并将视图自动切换到项目视图。操作过程画面，如图 6-1 所示。

图 6-1　博途视图界面新建 FB 块

在项目视图中的 PLC 站点下，选中“程序块”，右键弹出的窗口中选择“添加新块”，选择 FB。或者在“程序块”下的节点里双击“添加新块”，选择 FB。弹出窗口与博途视图界面设置一致。在项目视图下也可以完成 FB 的新建，如图 6-2 所示。

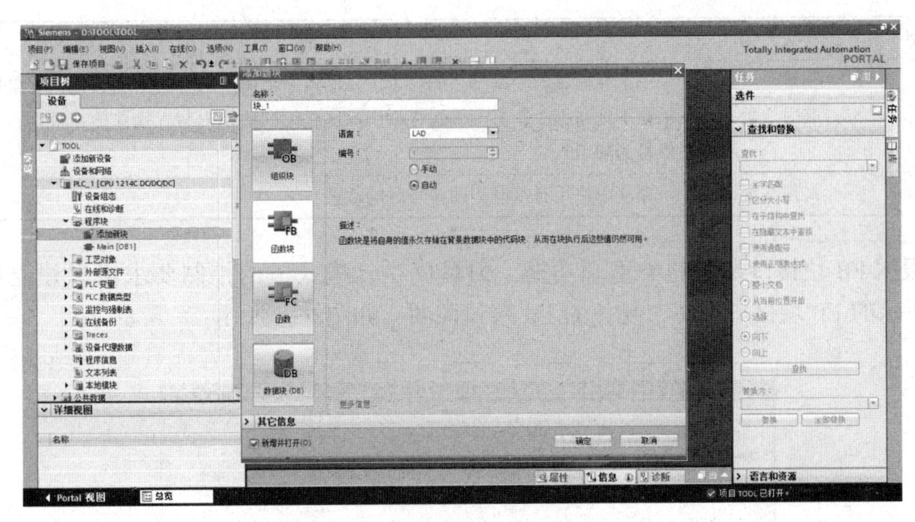

图 6-2　项目视图界面新建 FB 块

6.2　FB 接口参数说明

在 FB 程序块工作窗口上方有一个“块接口”，包含了六种类型的参数。在程序设计过程中根据用户的需求选择不同类型的参数，进行定义。参数的类型分别是：输入参数 Input、输出参数 Output、输入输出参数 InOut、静态变量 Static、临时变量 Temp、常数 Constant，其中 Input、Output 和 InOut 为块参数变量类型，存储在程序中该块被调用时与调用块之间互相传递的参数数据。在被调用块中定义的块参数称为形参（形式参数），调用块时传递给该块的参数称为实参（实际参数）。表 6-1 显示了块参数的变量类型及功能。

表 6-1　　块参数类型及功能

类型	中文名称	功能
Input	输入参数	其值由调用块赋值，在本程序块中只进行读取的操作，不能修改
Output	输出参数	其值只能在本程序块中写入，传递给调用块
InOut	输入/输出参数	该参数在本程序块中既能读取又能写入

Static、Temp 和 Constant 属于本地数据类型，用于存储中间结果，其中 Static、Temp 属于变量类型，Constant 属于常量类型。表 6-2 显示了本地数据的变量类型及功能。

表 6-2　　本地数据的变量类型及功能

类型	中文名称	功能
Static	静态变量	用于在背景数据块中存储静态中间结果的变量。静态数据会一直保留到被覆盖。多重背景调用的块名称，也会存储在静态变量中

续表

类型	中文名称	功能
Temp	临时变量	用于存储临时中间结果的变量。只保留一个周期的临时本地数据，如果使用临时本地数据，则必须确保在要读取这些值的周期内写入这些值；否则，这些值将为随机数
Constant	局部常量	在块中使用且带有声明符号名的常量

根据 FB 块接口参数的类型和功能，刀具库手动模式下的控制要求可以建立如图 6-3 所示的 FB 块接口声明，复位的 FB 接口声明，如图 6-4 所示。

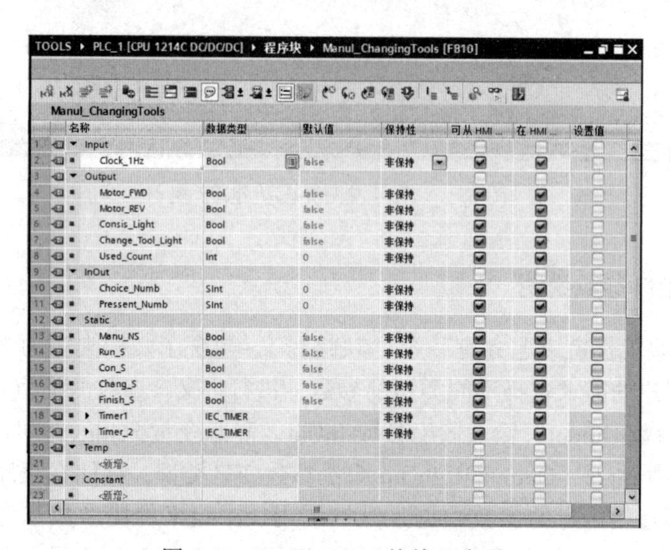

图 6-3　Manu_ Modle 块接口声明

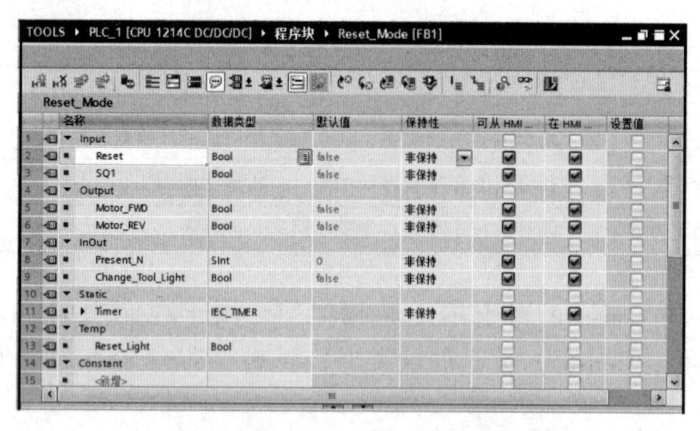

图 6-4　Reset_ Modle 块接口声明

6.3　创建 LAD 程序

FB 程序块程序的建立与 FC 程序建立过程大致相同。FB 程序块一般是带参数的子程序，程序与 FC 编写过程完全一致。程序如图 6-5 至图 6-9 所示，由于 FB 程序块是带有存储空间的，所以在程序编写时可以完全使用符号地址。

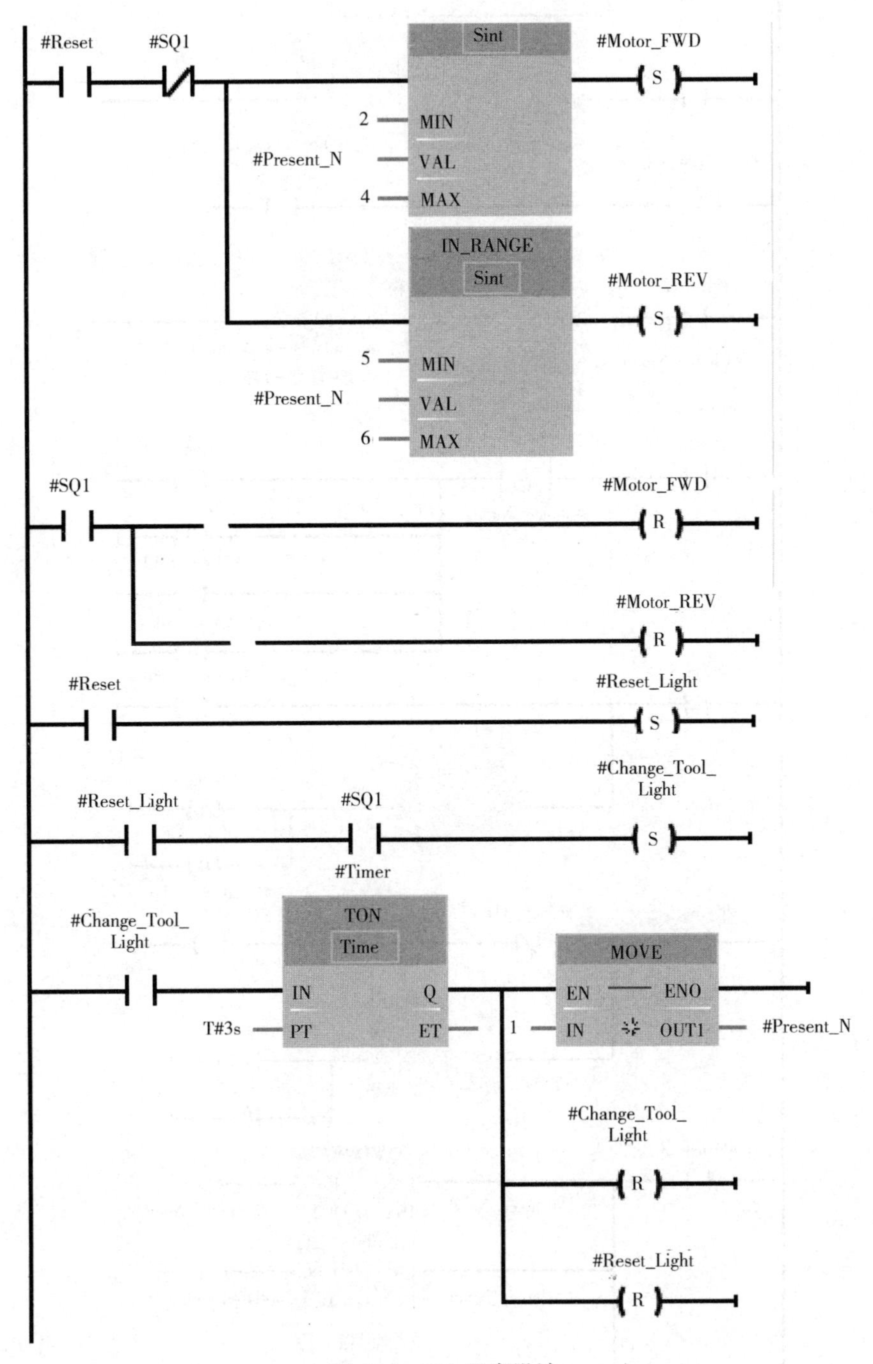

图 6-5　FB1 程序设计

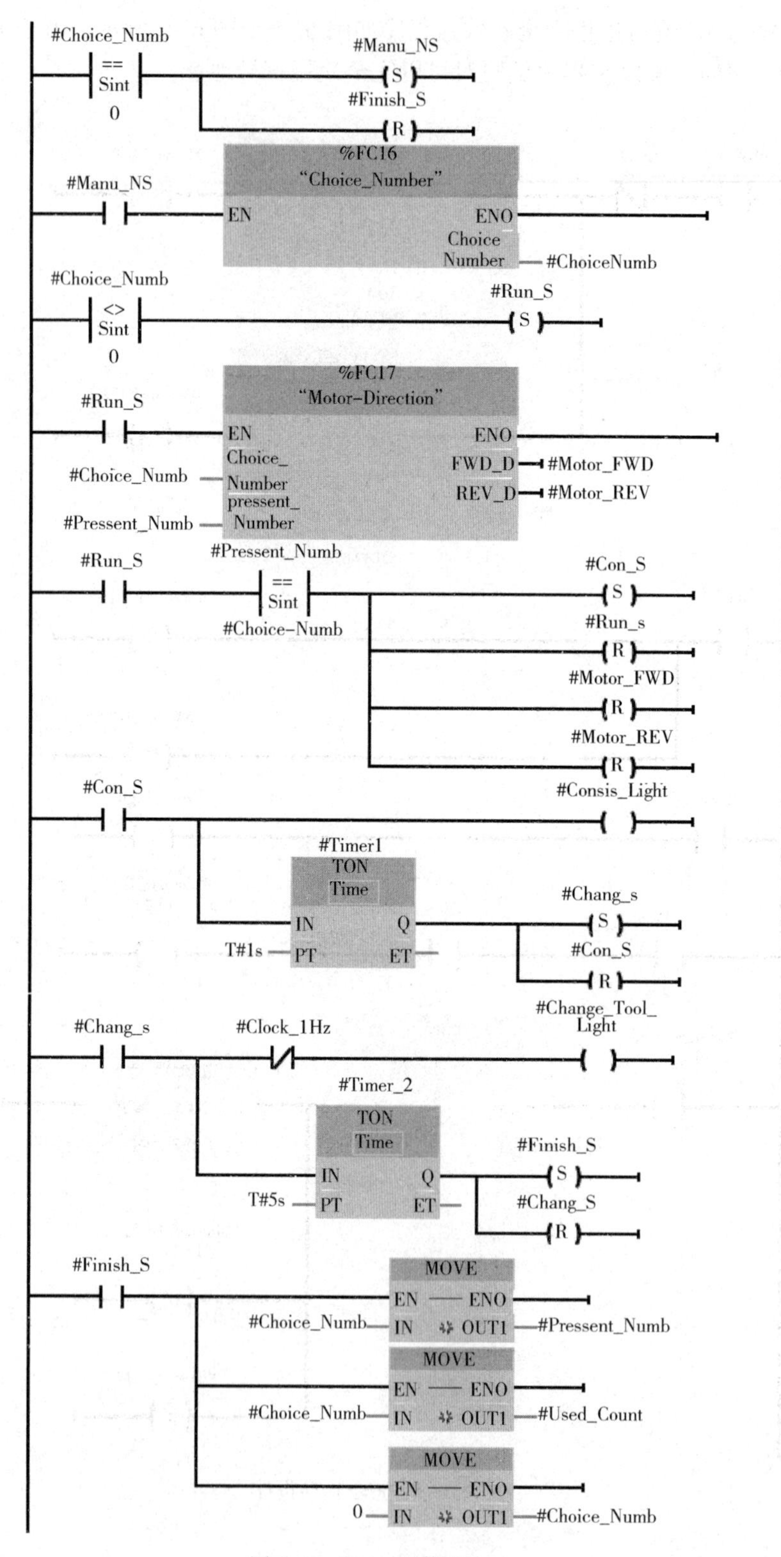

图 6-6　FB10 程序设计

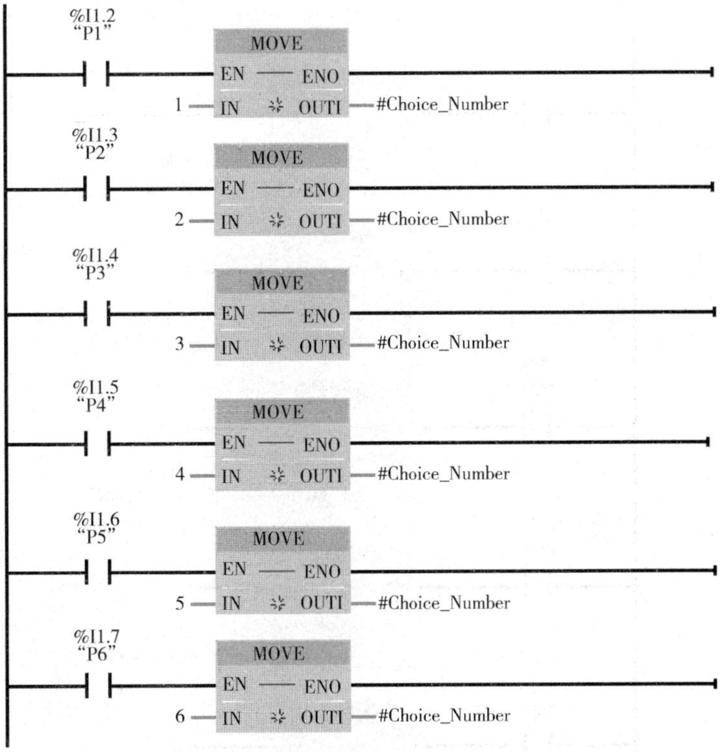

%I1.2
"P1"
MOVE
EN — ENO
1 — IN ✲ OUT1 — #Choice_Number

%I1.3
"P2"
MOVE
EN — ENO
2 — IN ✲ OUT1 — #Choice_Number

%I1.4
"P3"
MOVE
EN — ENO
3 — IN ✲ OUT1 — #Choice_Number

%I1.5
"P4"
MOVE
EN — ENO
4 — IN ✲ OUT1 — #Choice_Number

%I1.6
"P5"
MOVE
EN — ENO
5 — IN ✲ OUT1 — #Choice_Number

%I1.7
"P6"
MOVE
EN — ENO
6 — IN ✲ OUT1 — #Choice_Number

图 6-7　Choice_ Number［FC16］程序

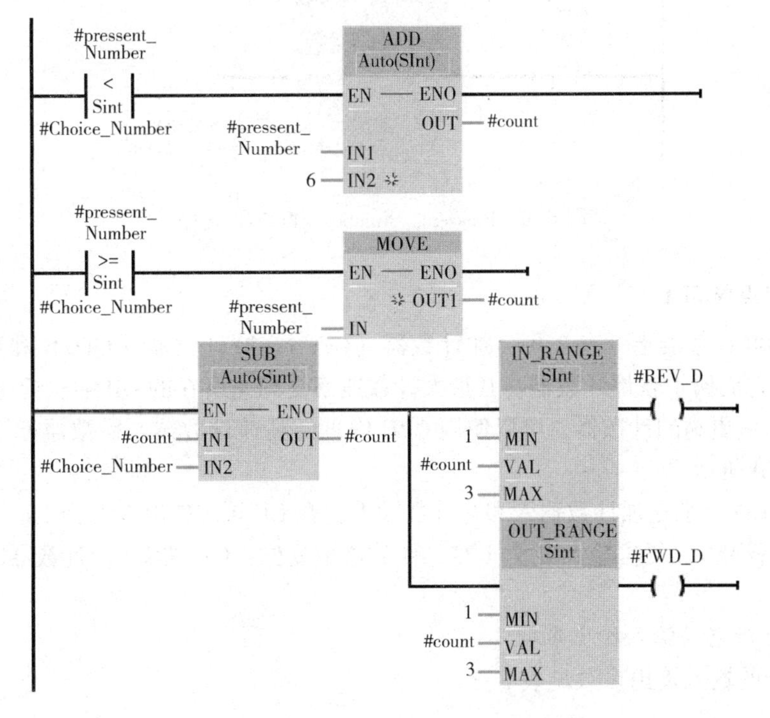

图 6-8　Motor_ Direction［FC17］程序

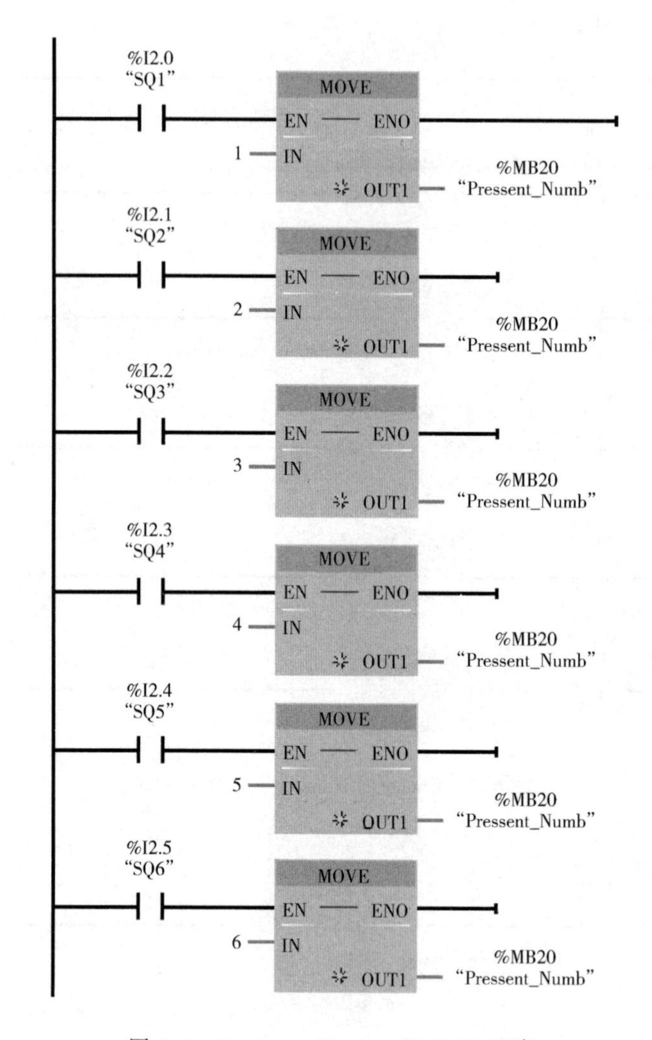

图 6-9 Pressent_ Number［FC26］程序

- **知识点学习 1**

S7-1200 计数器指令有 3 种：加计数器（CTU）、减计数器（CTD）和加减计数器（CTUD）。它们属于软件计数器，其最大计数速率受到它所在的 OB 的执行速率的限制。如果需要速率更高的计数器，可以使用 CPU 内置的高速计数器。计数器指令的 LAD 符号如图 6-10 所示。

CU 和 CD 分别是加计数输入和减计数输入，在 CU 或 CD 由 0 变为 1 时，实际计数值 CV 加 1 或减 1。复位输入 R 为 1 时，计数器被复位，CV 被清 0，计数器的输入 Q 变为 0。

（1）计数器的输入输出参数

计数器的输入输出参数见表 6-3。

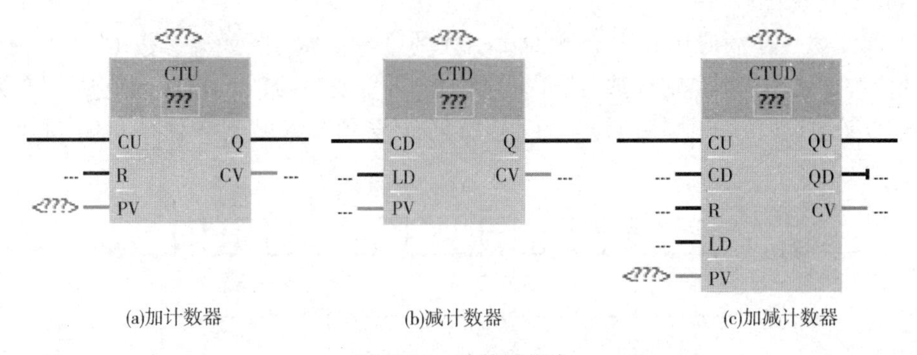

(a)加计数器　(b)减计数器　(c)加减计数器

图6-10　计数器指令

表6-3　计数器输入输出参数

参数	数据类型	说明
CU、CD	BOOL	加计数或减计数，按加或减一计数
R（CTU、CTUD）	BOOL	将计数值重置为零
LOAD（CTD、CTUD）	BOOL	预设值的装载控制
PV	SInt、Int、DInt、USInt、UInt、UDInt	预设计数值
Q、QU	BOOL	CV≥ PV时为真
QD	BOOL	CV ≤ 0时为真
CV	SInt、Int、DInt、USInt、UInt、UDInt	当前计数值

（2）加计数器

CTU：参数CU的值从0变为1时，CTU使计数值加1。如果参数CV（当前计数值）的值大于或等于参数PV（预设计数值）的值，则计数器输出参数Q = 1。如果复位参数R的值从0变为1，则当前计数值复位为0。工作原理，如图6-11所示。

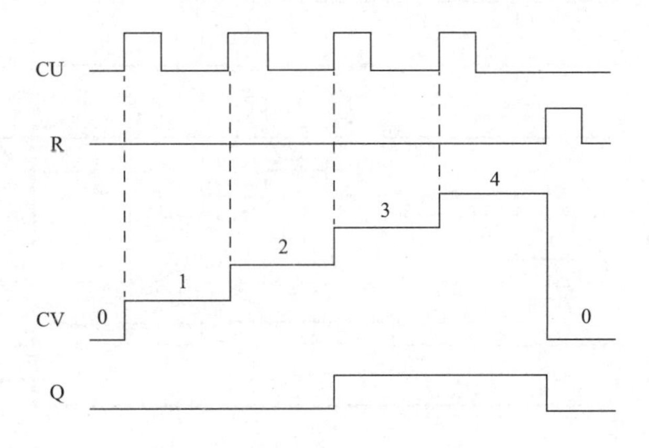

图6-11　加计数器工作原理示意图

（3）减计数器

CTD：参数 CD 的值从 0 变为 1 时，CTD 使计数值减 1。如果参数 CV（当前计数值）的值等于或小于 0，则计数器输出参数 Q = 1。如果参数 LOAD 的值从 0 变为 1，则参数 PV（预设值）的值将作为新的 CV（当前计数值）装载到计数器。工作原理，如图 6-12 所示。

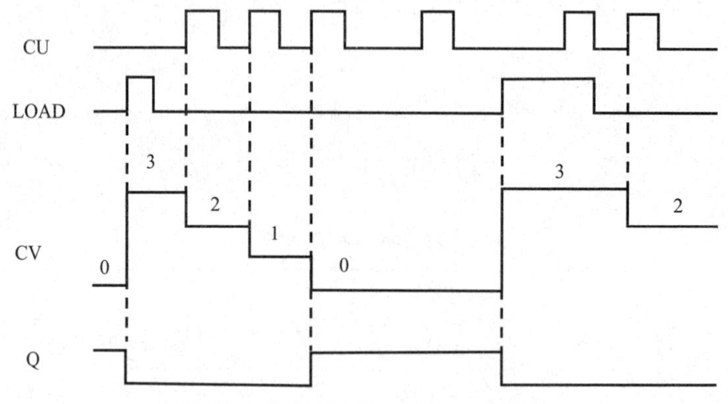

图 6-12　减计数器工作原理示意图

（4）加减计数器

CTUD：加计数（CU，Count Up）或减计数（CD，Count Down）输入的值从 0 跳变为 1 时，CTUD 会使计数值加 1 或减 1。如果参数 CV（当前计数值）的值大于或等于参数 PV（预设值）的值，则计数器输出参数 QU = 1。如果参数 CV 的值小于或等于 0，则计数器输出参数 QD = 1。如果参数 LOAD 的值从 0 变为 1，则参数 PV（预设值）的值将作为新的 CV（当前计数值）装载到计数器。如果复位参数 R 的值从 0 变为 1，则当前计数值复位为 0。工作原理如图 6-13 所示。

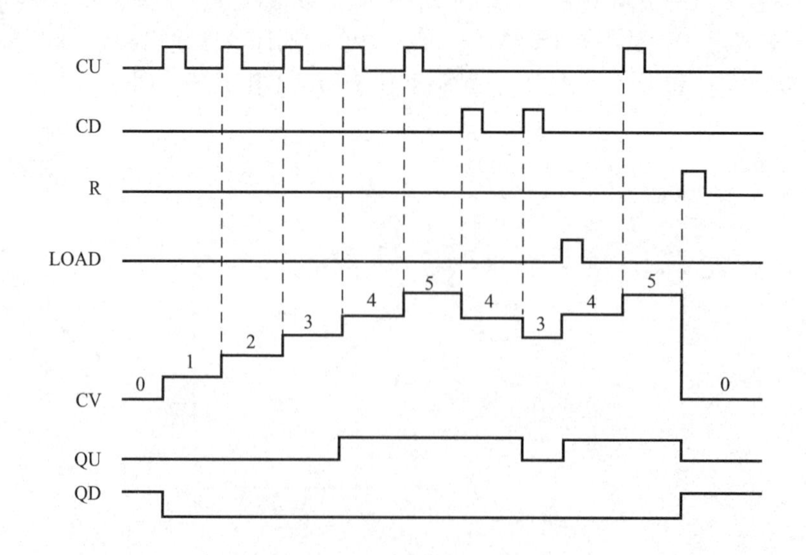

图 6-13　加减计数器工作原理示意图

案例 1：

如图 6-14 所示，当传输带送完 5 个元件，指示灯亮，按下复位按钮，系统复位。请编写出 PLC 梯形图（检测元件的传感器接 I0.0，复位按钮接 I0.1，指示灯接 Q0.0）。

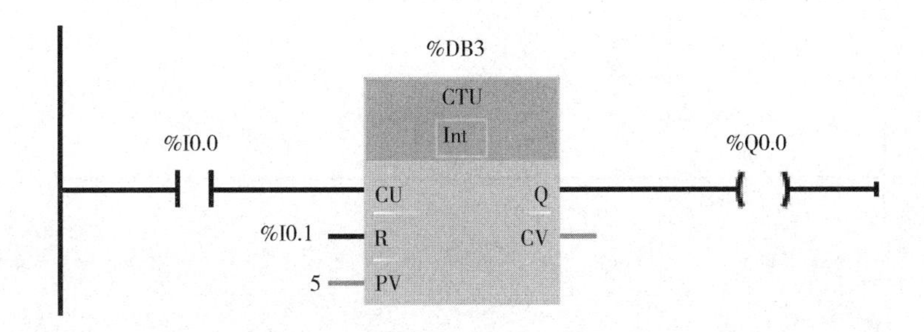

图 6-14　加计数器的应用

案例 2：

用 I0.0 检测传输进某工作台的产品，用 I0.1 检测传输走某工作台的产品。当工作台上产品数量达到 20 个，Q0.0 得电输出报警信号。按下 I0.2，系统复位。程序如图 6-15 所示。

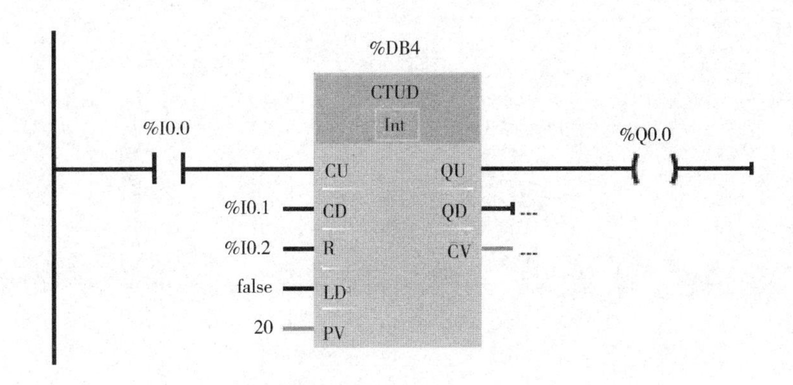

图 6-15　加减计数器的应用

案例 3：

在装满 20 个产品的送料系统，工作人员按下启动开关，传输带开始工作，当全送完 20 个，系统停止工作。启动开关接 I0.0，传送物料用 I0.1 检测，传输带通过 Q0.0 输出驱动，程序如图 6-16 所示。

根据系统的任务要求要统计每个刀具使用的次数，刀具使用一次，对应的使用次数值增加一次，可以使用计数器完成相应的计数功能。在 FB20 程序编写中接口声明如图 6-17 所示，程序如图 6-18 所示。

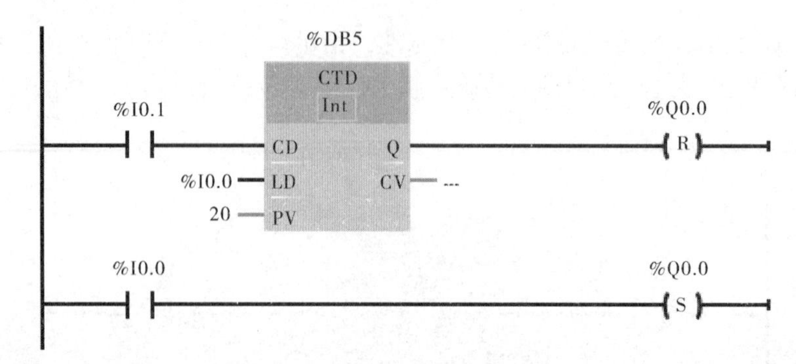

图 6-16　减计数器的应用

TOOLS ▸ PLC_1 [CPU 1214C DC/DC/DC] ▸ 程序块 ▸ Used_Counter [FB20]

Used_Counter

	名称	数据类型	默认值	保持性	可从 HMI ...	在 HMI ...
1	▼ Input				☐	☐
2	Used_Count	Int	0	非保持	☑	☑
3	▼ Output				☐	☐
4	▸ Use_Number	Array[1..6] of Int		保持	☑	☑
5	▼ InOut				☐	☐
6	<新增>				☐	☐
7	▼ Static				☐	☐
8	▸ Counter1	IEC_COUNTER		保持	☑	☑
9	▸ Counter2	IEC_COUNTER		保持	☑	☑
10	▸ Counter3	IEC_COUNTER		保持	☑	☑
11	▸ Counter4	IEC_COUNTER		保持	☑	☑
12	▸ Counter5	IEC_COUNTER		保持	☑	☑
13	▸ Counter6	IEC_COUNTER		保持	☑	☑
14	▼ Temp				☐	☐

图 6-17　FB20 接口声明

6.4　背景数据块及 FB 程序块调用

6.4.1　背景数据块

功能块（FB）将其数据存储在背景数据块中。功能块中声明的变量决定背景数据块的结构，背景数据块存储块参数的值和功能块的静态局部数据。S7-1200 PLC 中的背景数据块的大小因 CPU 的不同而各异。图 6-17 是 FB20 的接口声明，其背景数据块如图 6-19 所示。

背景数据块与功能块相关联，功能块的接口声明决定背景数据块的结构。声明中输入类型变量、输出类型变量、输入输出类型变量和静态变量会全部存储在背景数据块中。定时器指令、计数器指令相当于系统中的功能块，在使用其指令时会产生背景数据块。

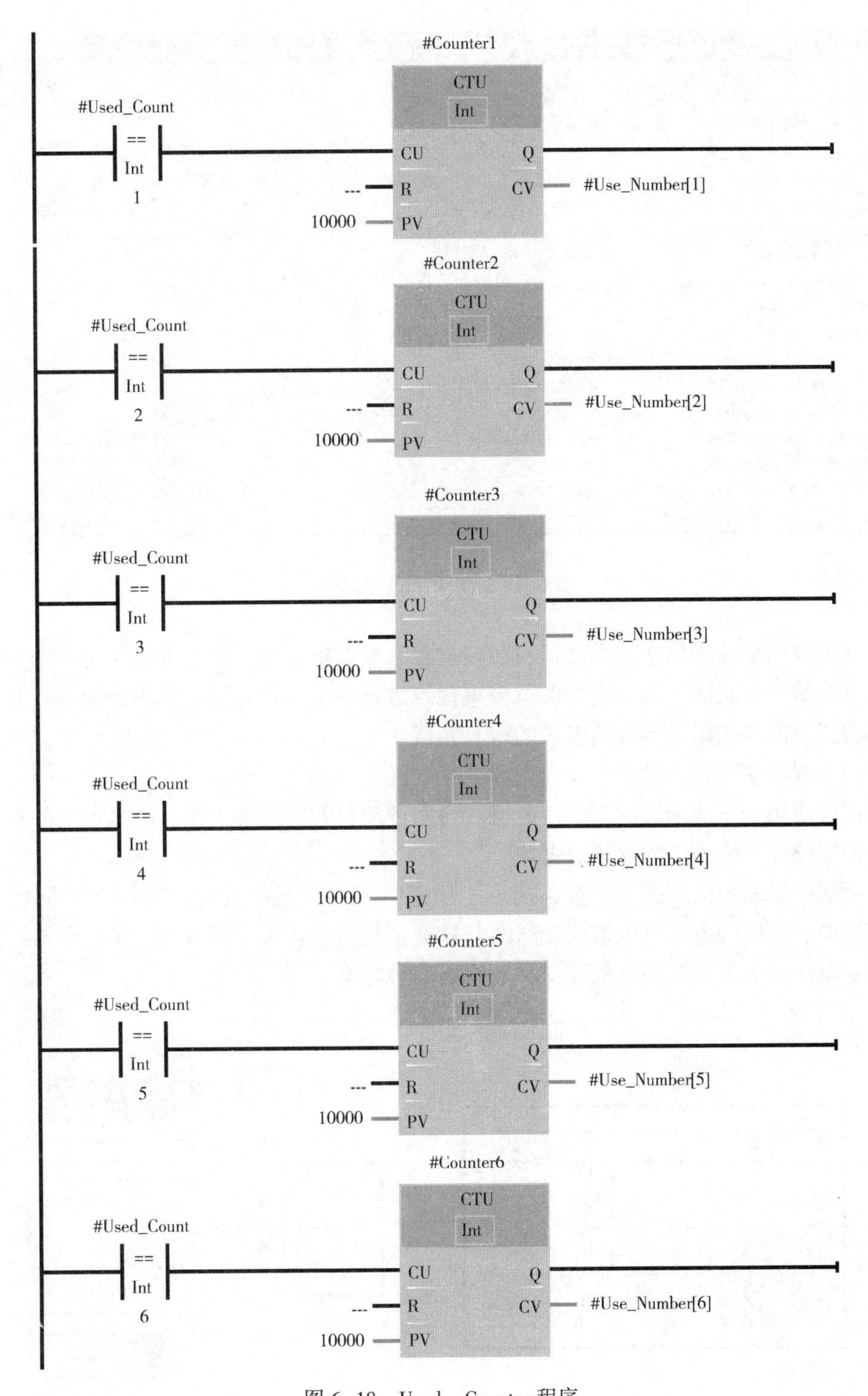

图 6-18　Used_ Counter 程序

TOOLS ▸ PLC_1 [CPU 1214C DC/DC/DC] ▸ 程序块 ▸ Used_Counter_DB [DB8]

Used_Counter_DB

	名称	数据类型	启动值	保持性	可从 HMI ...	在 HMI ...
1	▼ Input			☐	☐	☐
2	Used_Count	Int	0	☐	☑	☑
3	▼ Output			☐	☐	☐
4	▸ Use_Number	Array[1..6] of Int		☑	☑	☑
5	InOut			☐	☐	☐
6	▼ Static			☐	☐	☐
7	▸ Counter1	IEC_COUNTER		☑	☑	☑
8	▸ Counter2	IEC_COUNTER		☑	☑	☑
9	▸ Counter3	IEC_COUNTER		☑	☑	☑
10	▸ Counter4	IEC_COUNTER		☑	☑	☑
11	▸ Counter5	IEC_COUNTER		☑	☑	☑
12	▸ Counter6	IEC_COUNTER		☑	☑	☑

图 6-19　FB20 的背景数据块

背景数据块分为单个背景数据块和多重背景数据块。单个背景数据块是一个背景数据块分配给一个功能块的一个实例。多重背景数据块是一个背景数据块分配给在其中调用的功能块的实例以及所有功能块的所有实例。

（1）单个背景数据块

可以使用一个功能块控制多台电机。为实现此目的，需要为执行电机控制的每个功能块调用分配一个不同的背景数据块。

不同电机的不同数据（例如，速度、加速时间、总运行时间）保存在不同的背景数据块中。不同的电机将根据所分配的背景数据块进行控制。图 6-20 显示了怎样使用一个功能块和三个不同的背景数据块来控制三台电机。

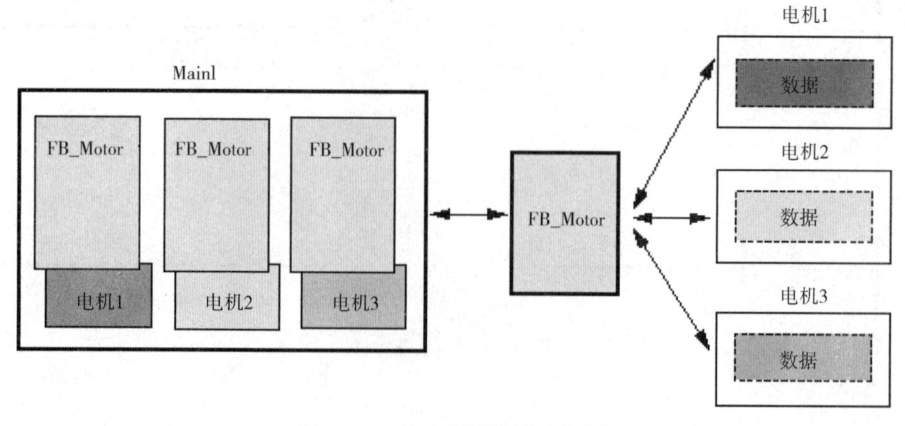

图 6-20　单个背景数据块实例

(2) 多重背景数据块

多重背景允许被调用功能块将其数据存储在调用功能块的背景数据块中。这样便可将实例数据集中放在一个背景数据块中，从而更有效地使用可用的背景数据块。这样可以减少背景数据块的个数，便于数据的集中管理。

图 6-21 显示了多个不同的功能块如何将数据存储在同一个调用块中。FB_ Workpiece 逐个调用以下块：FB_ Grid、FB_ Punch 和 FB_ Conveyor。被调用的块将其数据存储在 DB_ Workpiece 中，它是调用块的背景数据块。

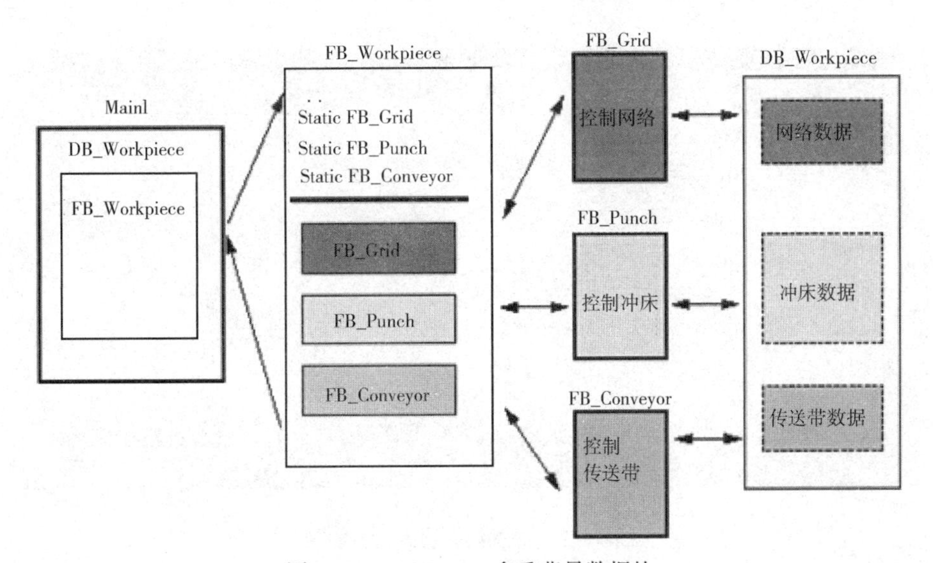

图 6-21 Workpiece 多重背景数据块

声明多重背景的前提是需要调用的功能块存在于项目树中，并且具有多重背景功能。调用功能块的块接口已打开。要将待调用的功能块声明为多重背景，操作步骤为：

1）在“静态”区域的“名称”列中，输入块调用的名称。

2）在“数据类型”列中，输入要调用的功能块的符号名称。

当在程序段中编写块调用时，程序编辑器将自动声明多重背景，然后在“调用选项”话框中指定要将该块作为多重背景调用。

(3) 背景数据块更新

如果更新或删除块接口中使用的 PLC 数据类型或多重背景，则接口会变得不一致。要解决不一致问题，必须更新接口。有两种选择可以更新块接口：

1）显式更新块接口。更新所用的 PLC 数据类型和多重背景。在此过程期间，属于块的背景数据块不会隐式更新。显式更新块接口，请按以下步骤操作：第一步打开块接口；第二步在快捷菜单中，选择“更新”命令。

2）编译期间隐式更新。将更新所有的 PLC 数据类型和多重背景以及相关的背景数据块。在编译期间，按以下步骤操作以隐式更新所有使用的 PLC 数据类型和多重背景以及背景数据块。第一步打开项目树；第二步选择“程序块”文件夹；第三步选择快捷菜单中的“编译 > 软件（重建所有块）”命令。

（4）背景数据块的访问方式

S7-1200 背景数据块的访问提供两种不同的访问选项，如图 6-22 所示，可在调用功能块时分配给功能块：

1）可优化访问的数据块。可优化访问的数据块无固定的定义结构。声明元素仅在声明中包含一个符号名，且块中没有固定地址。

2）可一般访问的数据块。可一般访问的数据块具有固定的结构。声明元素在声明中包含一个符号名，并且在块中有固定地址。

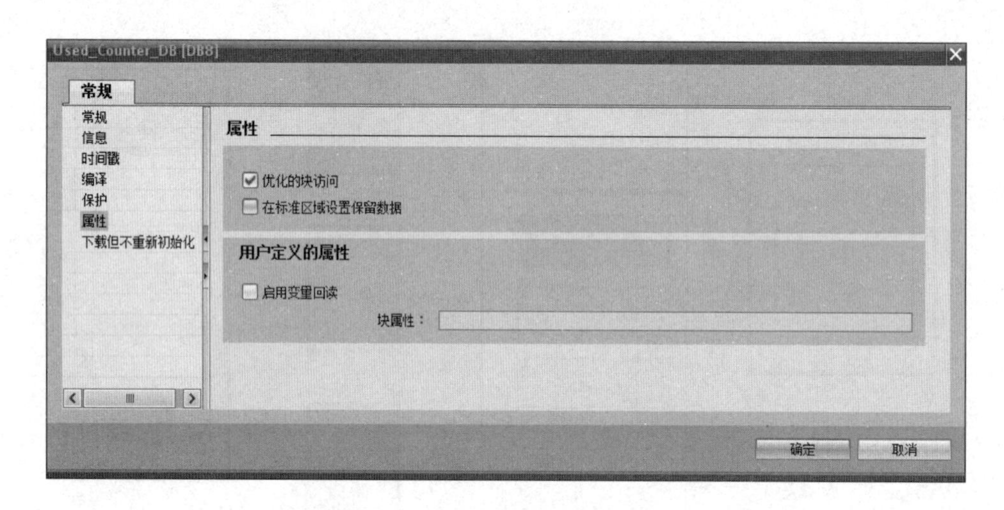

图 6-22　背景数据块的属性设置

6.4.2　FB 程序块调用

FB 是一种使用参数进行调用的程序块，其参数存储在局部数据块（背景数据块）内，FB 退出运行之后，保存在背景数据块内的数据不会丢失。FB 可以多次调用。每次调用都可以分配一个独立的背景数据块，多个独立的背景也可以组合成一个多重背景数据块。调用 FB 程序块时，必须指定背景数据块。块参数的形参可以赋值，也可以不赋值，根据系统控制要求选择。根据项目任务要求，在 OB1 中调用相应函数块，其程序如图 6-23 所示。FB1 指定的背景数据块为 DB6，FB10 指定的背景数据块为 DB7，FB20 指定的背景数据块为 DB8，DB6 为单一背景数据块，DB7、DB8 为多重背景数据块。

• 知识点学习 2

S7-1200 PLC 中可以将需要重复使用的对象存储在库中。每个项目都连接一个项目库。除了项目库，还可以创建任意多数量的全局库在多个项目中使用。由于各库之间相互兼容，因此可以将一个库中的库元素复制和移动到另一个库中。例如，使用库创建块模板时，首先将该块粘贴到项目库中，然后在项目库中进行进一步开发。最后，再将这些块从项目库复制到全局库中。这样，在项目中的其他同事也可以使用该全局库。其他同事继续使用这些块并根据个人需求来修改这些块。库的任务卡布局如图 6-24 所示。

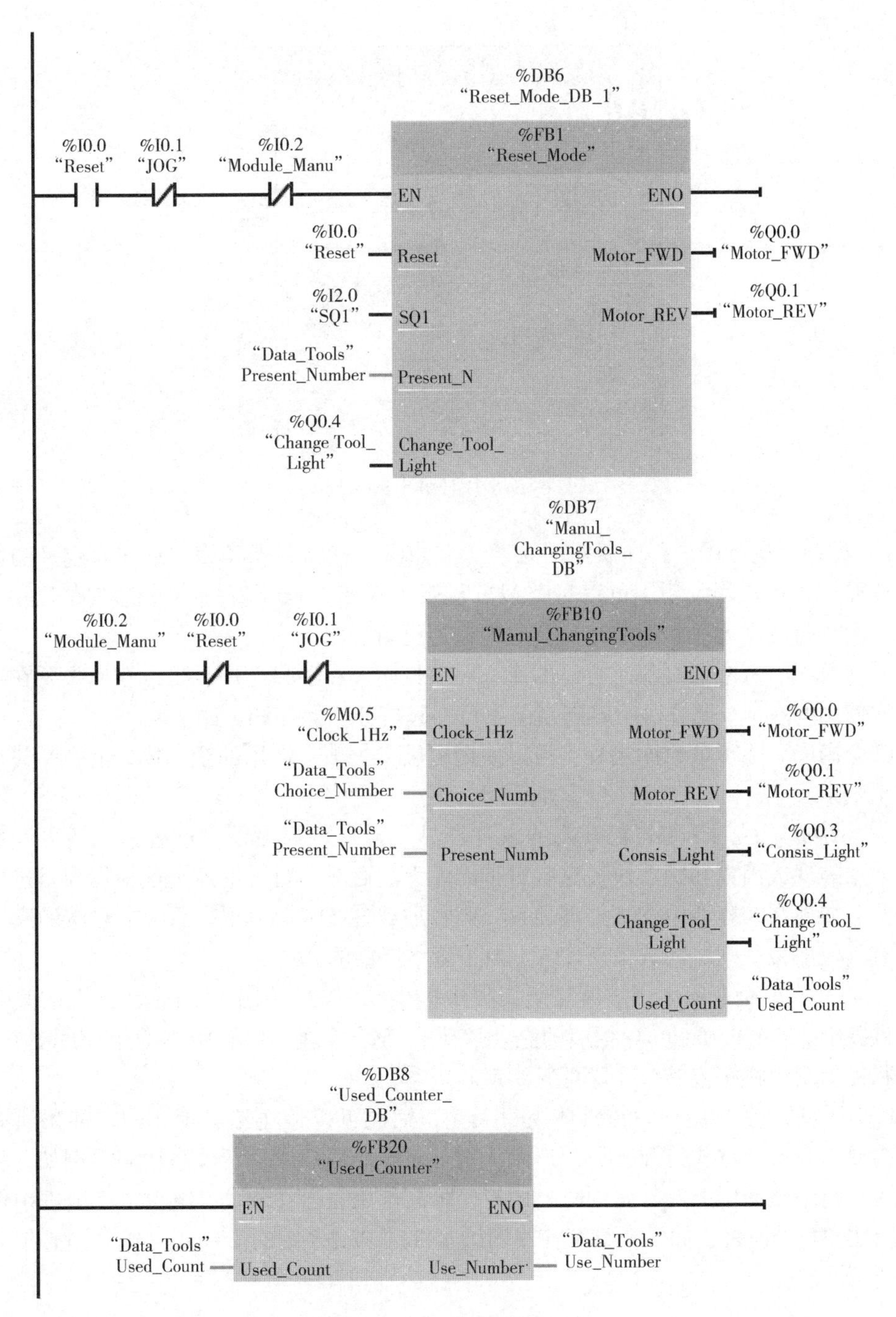

图 6-23　FB 程序块的调用

项目库和全局库中都包含以下两种不同类型的对象：

1）主模板。基本上所有对象都可保存为主模板，并可在后期再次粘贴到项目中。例如，可以保存整个设备及其内容，或者将设备文档的扉页保存为主模板。

图 6-24　库任务卡的布局

2）类型。运行用户程序所需的元素（例如块、PLC 数据类型、用户自定义的数据类型或面板）可作为类型。可以对类型进行版本控制，以便支持专业的二次开发。类型有新版本时使用这些类型的项目会立即进行更新。

①项目库。每个项目都有自己的库，即项目库。在项目库中，可以存储想要在项目中多次使用的对象。项目库始终随当前项目一起打开、保存和关闭。

②全局库。除了项目库之外，可以使用可供多个项目使用的全局库。全局库共有以下三个版本：

a. 系统库。西门子将自己开发的软件产品包含在全局库中。这些库包括可以在项目中使用的现成函数和函数块。这些自带的库无法更改。自带的库无法根据项目进行自动装载。如果在兼容性模式下处理项目，则将加载各 TIA Portal 产品版本对应的库。对于所有其他项目，则将加载最新 TIA Portal 版本提供的库。

b. 企业库。企业库由用户所在组织集中提供，例如，位于网络驱动器上的某个中央文件夹中。TIA Portal 可对相应的企业库进行自动管理。现有版本的企业库更新后，系统将提示用户将相应的企业库更新为最新版本。

c. 用户库。全局用户库与具体项目无关，因此可以传送给其他用户。如果所有用户都需要以写保护方式打开全局用户库，则可对全局用户库进行共享访问。例如，将该库放置在网络驱动器上。与此同时，用户仍可以使用自己在较低 TIA Portal 版本中创建的全局用户库。但是，如果要继续使用旧版本 TIA Portal 中的全局用户库，则必须先将该库进行升级。

项目检查与评估

根据项目完成情况，按照表 6-4 进行评价。

表 6-4　　项目评价表

序号	考核项目	评价内容	要求	权重/%	评价
1	硬件设计	系统电气线路设计	1. 能根据控制要求选取 PLC 型号 2. 能根据控制要求选取外部设备 3. 电路图设计满足要求，有保护措施，系统可靠稳定	15	
		系统接线	1. 操作符合安全规范 2. 元器件布置合理 3. 连线整齐，工艺美观	20	
2	软件设计	程序编写调试	1. 能正确设计功能图 2. 能正确编写梯形图 3. 能正确修改程序	20	
		程序下载运行	1. 能正确建立与 PLC 通信，并下载程序 2. 能在线监控 PLC 运行	20	
3	系统调试	运行调试	1. 能正确演示系统运行过程 2. 能发现系统运行中的故障 3. 能分析系统运行故障，并排除故障	15	
4	职业素质	职业素质	具备良好的职业素养，具有良好的团结协作、语言表达及自学能力，具备安全操作意识、环保意识等	10	
5	评价结果				

项目总结

功能块是程序设计中另一种程序块。具有自己独立的存储空间，具有数据保存功能。功能块对应的存储空间称为背景数据块，其结构由接口声明自动生成。背景数据块又分为单一背景数据块和多重背景数据块。功能块是功能的一种补充。

练习与训练

一、知识训练

1. 简述静态变量的特点。
2. 简述加计数器的工作原理。

二、项目训练

利用 S7-1200 PLC 编写功能块，实现对多种液体混合控制。多种液体混合装置（图 6-25）的作用是将 A 和 B 两种液体进行混合，当达到设定值，由出料阀放出，系统可实现单周期、连续、手动/自动和单步等方式控制。

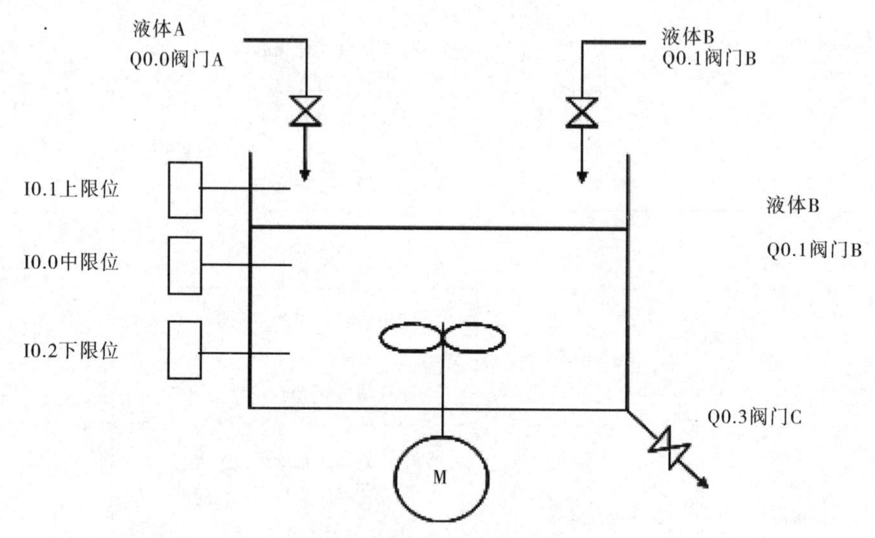

图 6-25　液体混合装置示意图

项目7 中断组织块的组态及应用

任务描述

当刀具盘运行时间超过20s，刀具盘必须马上停止，即不得存在任何延时。当系统按下急停按钮时，刀具盘必须立即停止，不得延时。

任务能力目标

1）理解中断处理的工作原理。

2）理解延时中断、循环中断、硬件中断、诊断中断、时间中断等功能。

3）理解并能使用故障处理组织块。

4）能正确理解组织块的启动信息。

5）了解组织块的优先级。

6）熟悉各组织块的启动事件。

7）能新建相应类型的组织块。

8）能熟练运用各组织块进行程序设计。

完成任务的计划决策

在程序执行的过程中需要定期地进行数据处理，以及某些信号出现时，系统要做出一些特殊的响应；或者出现故障时，要保护系统安全，也要进行一些紧急处理。如何快速实现这些响应，不能延时，需要充分全面地熟悉PLC的性能。S7-1200 PLC中，系统定义了各种类型的组织块，可以根据不同的需要选择不同类型的组织块。各种组织块的灵活运用，为系统程序设计提供正确、合理、高效的解决方案。

实施过程

7.1 中断组织块的类型

用户程序是由启动程序、主程序、各种中断相应程序等不同的程序模块构成的。项目 4 主要学习了循环组织块，项目 5 学习了功能，项目 6 学习了功能块，本项目主要学习启动组织块和中断组织块。中断包括时间中断、硬件中断、诊断中断。

（1）启动组织块

启动组织块的程序在从“STOP”模式切换到“RUN”模式期间执行一次，不能使用时间驱动或中断驱动。输入过程映像中的当前值对于启动程序不可用，也不能设置这些值。启动组织块执行完毕后，将读入输入过程映像并启动循环程序。启动组织块的执行没有时间限制，因此未激活扫描循环监视时间。启动组织块启动程序包括一个或多个启动 OB（OB 编号为 100 或大于等于 123），用户程序中也可以没有。利用启动组织块可以确定 CPU 启动特性的边界条件，例如，“RUN”对应的初始值。

案例 1：

PLC 开机时，将 MW0 赋初始值 100，将通信数据接收块的 DB1 开始的 10 个字节进行复位处理。

第一步：添加启动组织块（图 7-1）。

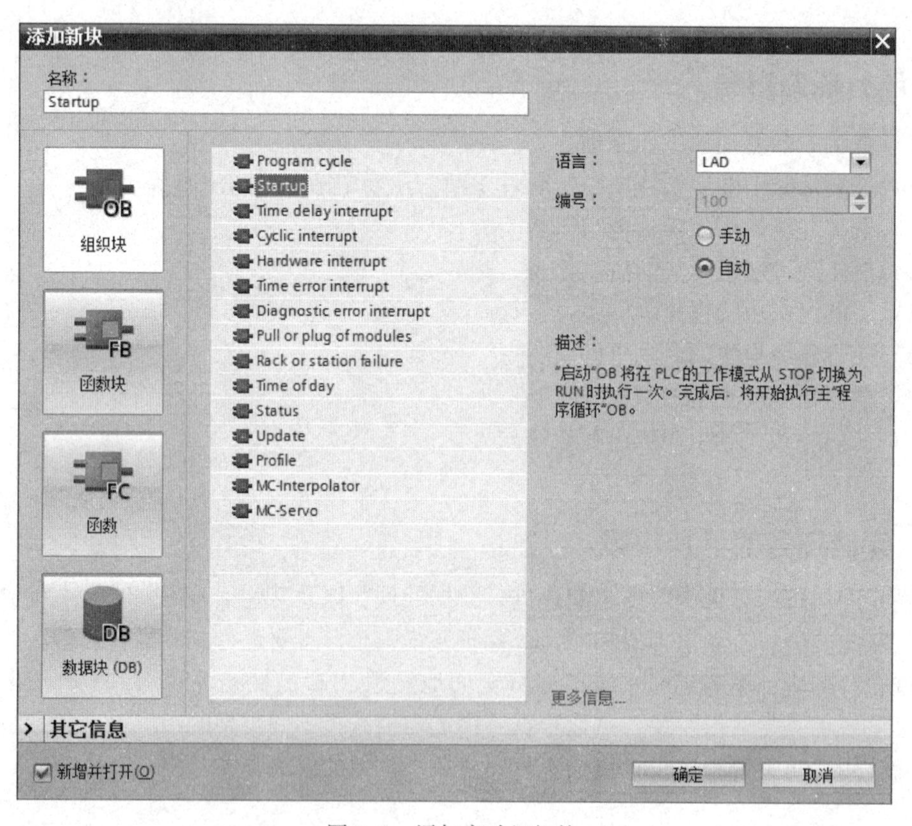

图 7-1　添加启动组织块

在添加启动组织块时，需选中“Startup”组织块图标。然后设置块的名称、编号、语言等信息。最后点击“确定”，启动组织块添加成功。

第二步：启动组织块程序编写。

根据要求启动组织块程序编写，如图 7-2 所示，最后编译下载。

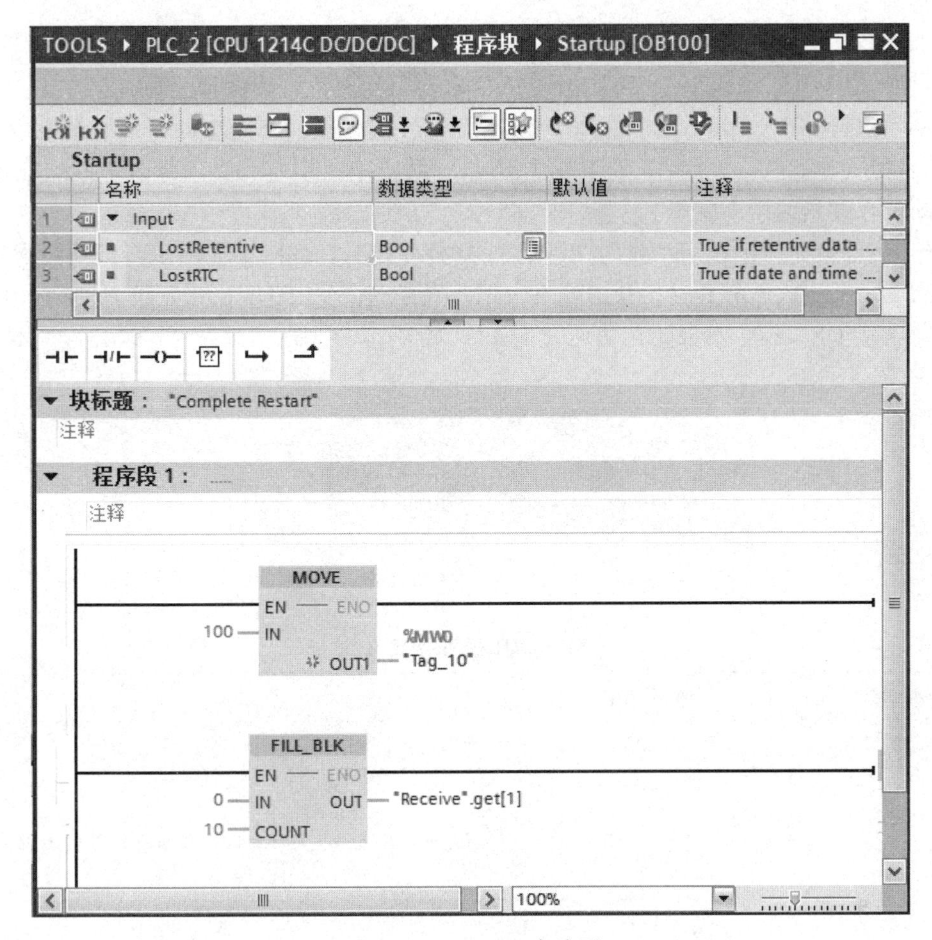

图 7-2　OB100 程序编写

（2）延时中断组织块

延时中断组织块在经过操作系统中一段可组态的延时时间后启动。在调用 SRT_ DINT 指令后开始计延时时间。在用户程序中最多可使用 4 个延时中断 OB（OB20、OB21 或编号大于等于 123）。例如，如果已经使用 2 个循环中断 OB，则在用户程序中最多可以再插入 2 个延时中断 OB。可以使用 CAN_ DINT 指令阻止执行尚未启动的延时中断。

在完成将 OB 编号和标识符传送给 SRT_ DINT 的指令后，操作系统即会在延时时间过后启动相应的 OB。要想使用延时中断 OB，必须执行以下任务：

必须调用指令 SRT_ DINT。

必须将延时中断 OB 作为用户程序的一部分下载到 CPU。

延时时间的测量精度为 1ms。延时时间到达后可立即再次开始计时。只有在 CPU 处于“RUN”模式下时才会执行延时中断 OB。暖启动将清除延时中断 OB 的所有启动事件。如果发生以下事件之一，操作系统将调用延时中断 OB：

如果操作系统试图启动一个尚未装载的 OB，并且用户在调用 SRT_ DINT 指令时指定了其编号。

如果在完全执行延时 OB 之前发生下一个延时中断启动事件。

可以使用 DIS_ AIRT 和 EN_ AIRT 指令来禁用和重新启动延时中断。

如果执行 SRT_ DINT 之后使用 DIS_ AIRT 禁用中断，则该中断只有在使用 EN_ AIRT 启用后才会执行，延时时间相应地延长。延时中断指令有启动延时中断、取消延时中断、查询延时中断状态。

1）启动延时中断。启动延时中断的 LAD 指令符号，如图 7-3 所示，其功能为当使能输入 EN 上生成下降延时，开始延时时间。在超过参数 DTIME 指定的延时时间后调用延时中断 OB。指令参数的含义见表 7-1。

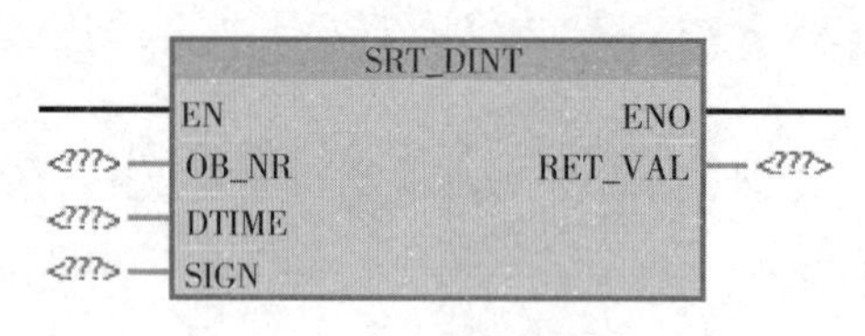

图 7-3　延时中断指令

表 7-1　　SRT_ DINT 参数含义

参数	数据类型	含义
OB_ NR	OB_ DELAY（INT）	延时时间后要执行的 OB 的编号
DTIME	TIME	延时时间（1～60000ms）
SIGN	WORD	调用延时中断 OB 时 OB 的启动事件信息中出现的标识符
RET_ VAL	INT	指令的状态

2）取消延时中断。取消延时中断的 LAD 指令符号，如图 7-4 所示，其作用可以使用该指令取消已启动的延时中断，还可以在超出所组态的延时时间之后取消调用待执行的延时中断 OB。指令参数的含义见表 7-2。

图 7-4　取消延时中断指令

表 7-2　　CAN_ DINT 参数含义

参数	数据类型	含义
OB_ NR	OB_ DELAY（INT）	要取消调用的 OB 的编号
RET_ VAL	INT	指令的状态

3）查询延时中断。查询延时中断状态的 LAD 指令符号，如图 7-5 所示，用于查询

延时中断的状态。指令参数的含义见表 7-3。

图 7-5　查询延时中断状态指令

表 7-3　　QRY_ DINT 参数含义

参数	数据类型	含义
OB_ NR	OB_ DELAY（INT）	要查询其状态的 OB 的编号
RET_ VAL	INT	如果在执行该指令期间发生了错误，则 RET_ VAL 的实参包含一个错误代码，并在 STATUS 参数中显示值“0”
STATUS	WORD	延时中断的状态

案例 2：

当按下按钮 I0.0 时，2s 后 Q0.0 为 1 状态。按下 I0.1 时，3s 后 Q0.0 为 0 状态。要求：不使用定时器或者计数器等编程方式实现时间计时。

第一步：添加延时中断组织块。

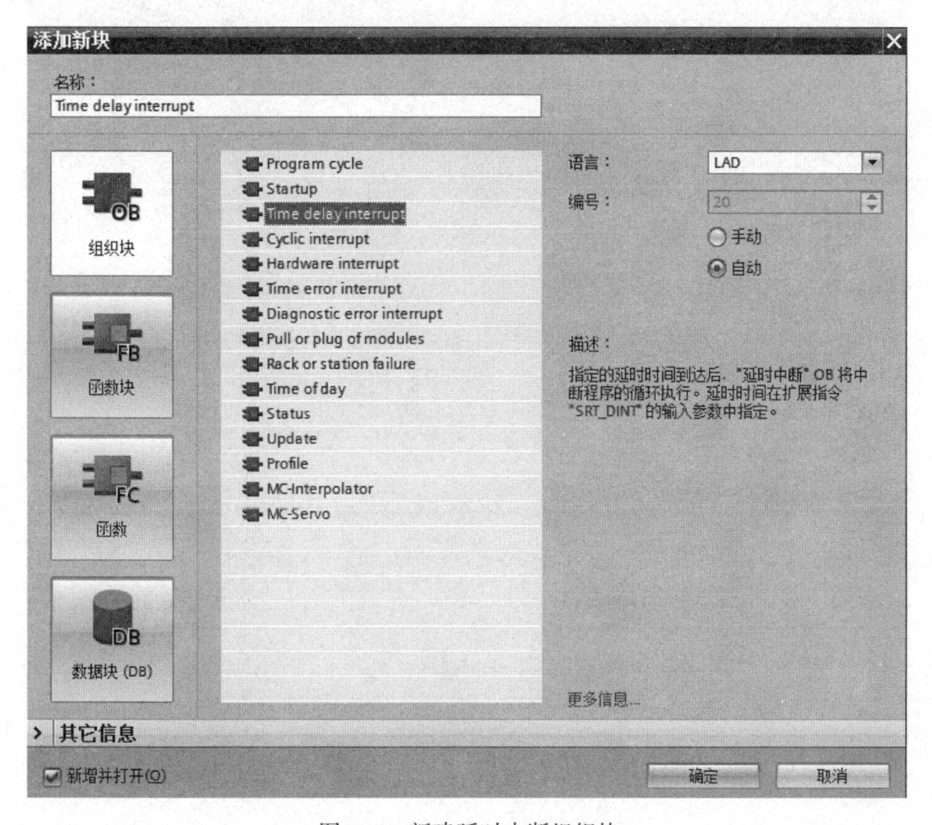

图 7-6　新建延时中断组织块

在添加延时中断组织块时，需选中“Time delay interrupt”组织块图标，如图 7-6 所示。然后设置块的名称、编号、语言等信息。最后点击“确定”，延时中断组织块添加成功。根据案例要求添加了两个延时中断组织块 OB20、OB21。

第二步：进行程序编写。

根据要求分别建立了 OB20、OB21、OB1 中的程序，如图 7-7、图 7-8、图 7-9 所示，最后编译下载。系统运行时是按下按钮 I0.0 时，2s 后 Q0.0 为 1 状态。按下 I0.1 时，3s 后 Q0.0 为 0 状态。通过延时中断实现其功能。

（3）循环中断组织块

循环中断组织块以周期性时间间隔启动程序，而与循环程序执行无关。循环中断 OB 的启动时间通过时间基数和相位偏移量来指定。时间基数定义循环中断 OB 启动的时间间隔，并且它是基本时钟周期 1ms 的整数倍。相位偏移量是与基本时钟周期相比启动时间所偏移的时间。如果使用多个循环中断 OB，当这些循环中断 OB 的时间基数有公倍数时，可以使用该偏移量防止同时启动。可以指定 1ms 和 60000ms 间的时间段作为时间基数。在用户程序中最多可使用 4 个循环中断 OB（OB30 或 OB 编号大于等于 123）或延时 OB。例如，如果已经使用 2 个延时中断 OB，则在用户程序中最多可以再插入 2 个循环中断 OB。

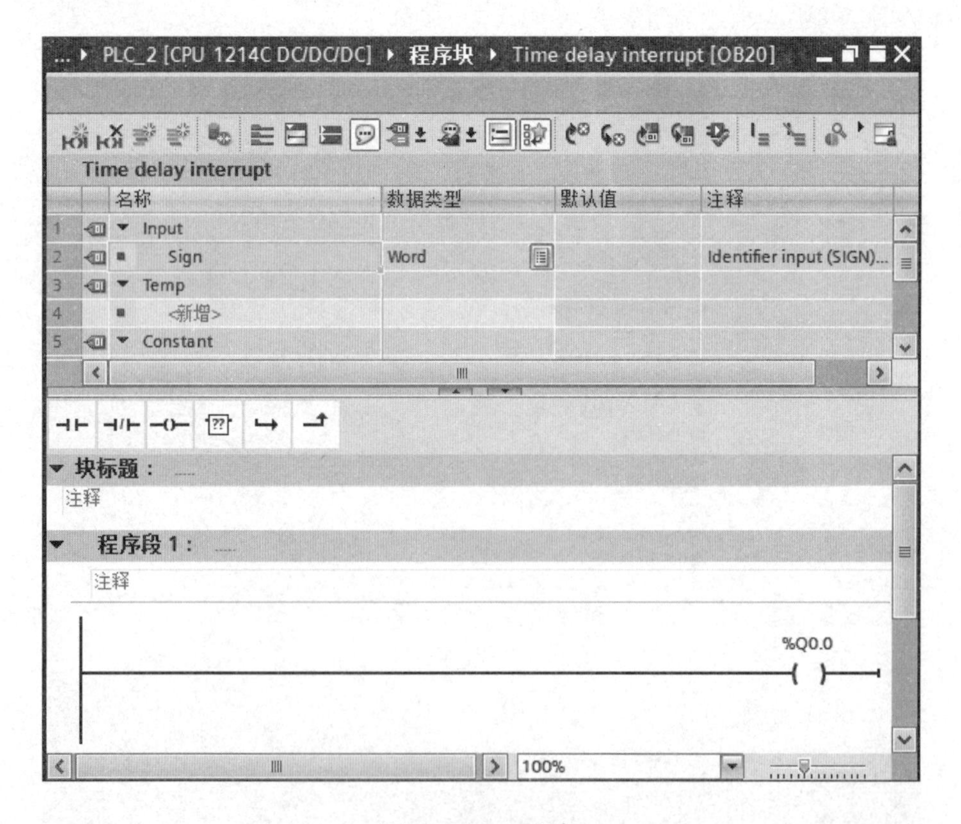

图 7-7　OB20 程序

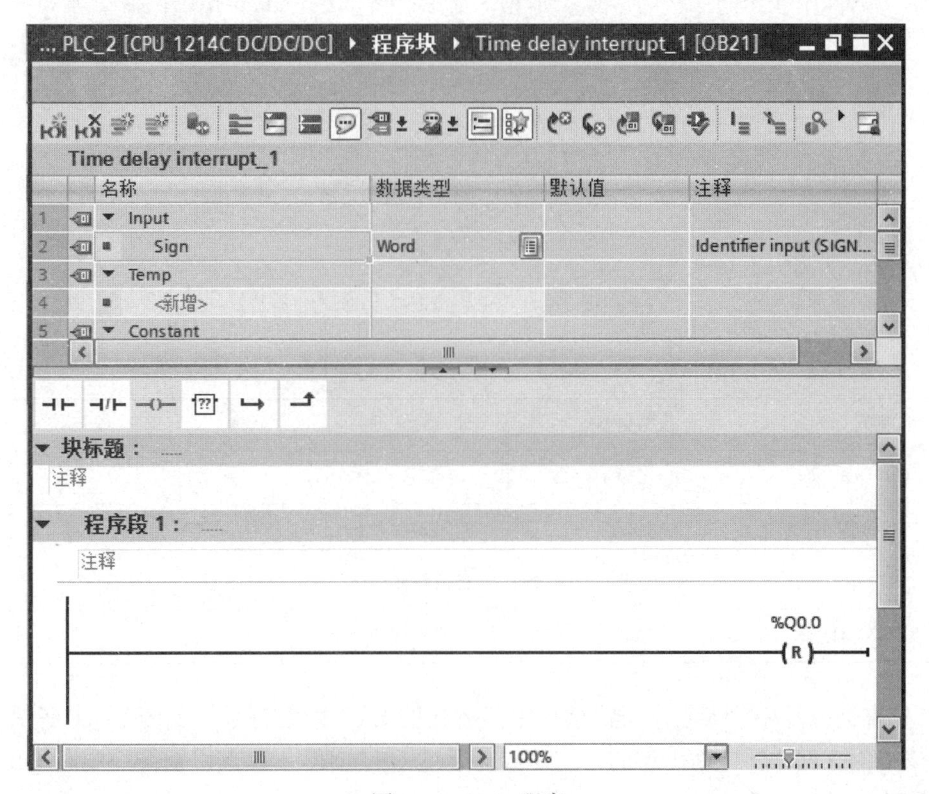

图 7-8　OB21 程序

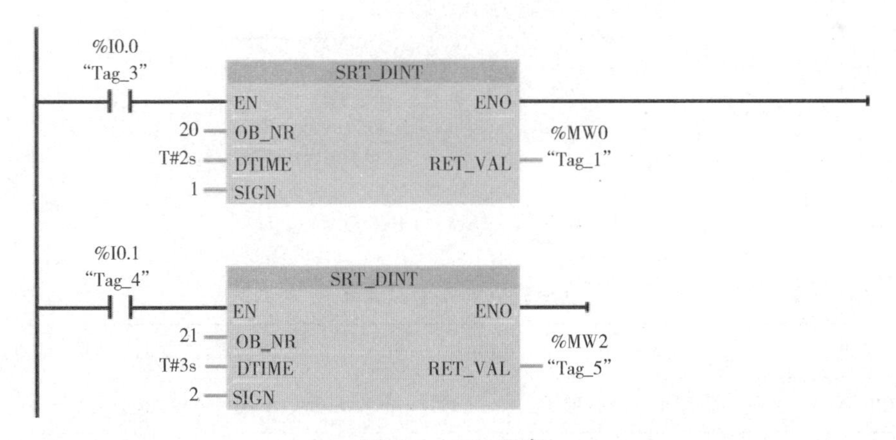

图 7-9　OB1 程序

各循环中断 OB 的执行时间必须明显小于其时间基数。如果尚未执行完循环中断 OB，但由于周期时钟已到而导致执行再次暂停，则将启动时间错误 OB。稍后将执行导致错误的循环中断或将其放弃。

循环中断的指令有两条：设置循环中断参数与查询循环中断参数。

1）设置循环中断参数。设置循环中断参数的 LAD 指令符号，如图 7-10 所示，使用该指令设置循环中断 OB 的参数。根据 OB 的相应时间间隔和相位偏移生成循环中断 OB 的开始时间。指令参数的含义见表 7-4。

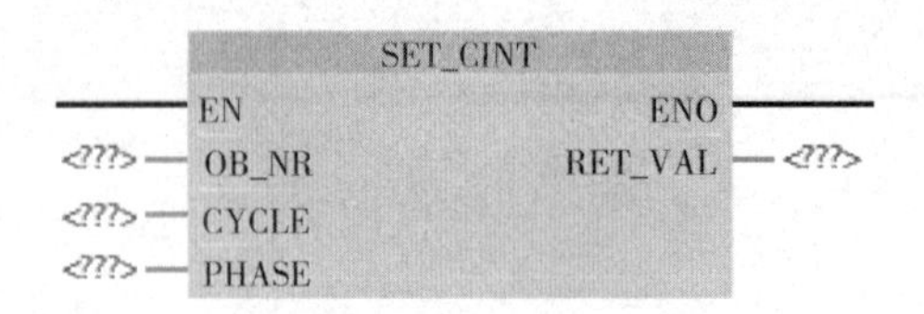

图 7-10　SET_ CINT 指令

表 7-4　SET_ CINT 参数含义

参数	数据类型	含义
OB_ NR	OB_ CYCLIC	OB 编号（<32768）
CYCLE	UDINT	时间间隔（ms）
PHASE	UDINT	相位偏移
RET_ VAL	INT	指令的状态

2）查询循环中断参数。查询循环中断参数的 LAD 指令符号，如图 7-11 所示，可使用该指令查询循环中断 OB 的当前参数。通过 OB_ NR 参数来识别循环中断 OB。指令参数的含义见表 7-5。

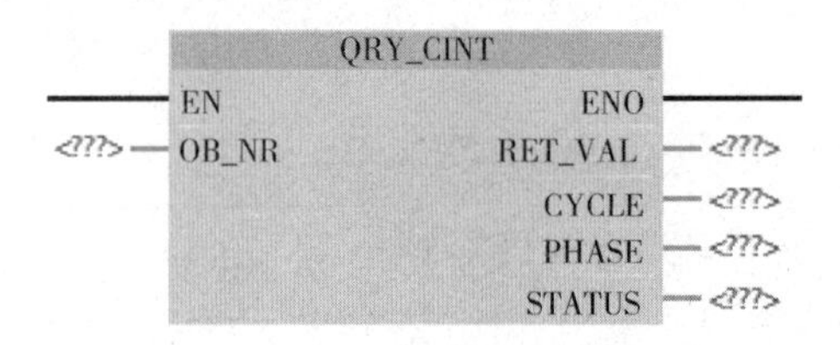

图 7-11　QRY_ CINT 指令

表 7-5　QRY_ CINT 参数含义

参数	数据类型	含义
OB_ NR	OB_ CYCLIC	通过 OB 名寻址的 OB 编号（<32768）或符号
CYCLE	UDINT	时间间隔（ms）
PHASE	UDINT	相位偏移
STATUS	WORD	循环中断的状态
RET_ VAL	INT	指令的状态

案例 3：

设置循环中断的时间间隔为 100ms，每 100ms 读 IW64 的值并将转换为 0.0 到 1.0 的数值范围。

第一步：添加循环中断组织块。

在添加循环中断组织块时，需选中“Cyclic interrupt”组织块图标，如图 7-12 所示。然后设置块的名称、编号、语言、循环时间设定为 100ms。最后点击“确定”，循环中断组织块添加成功。根据案例要求添加了 1 个循环中断组织块 OB30。

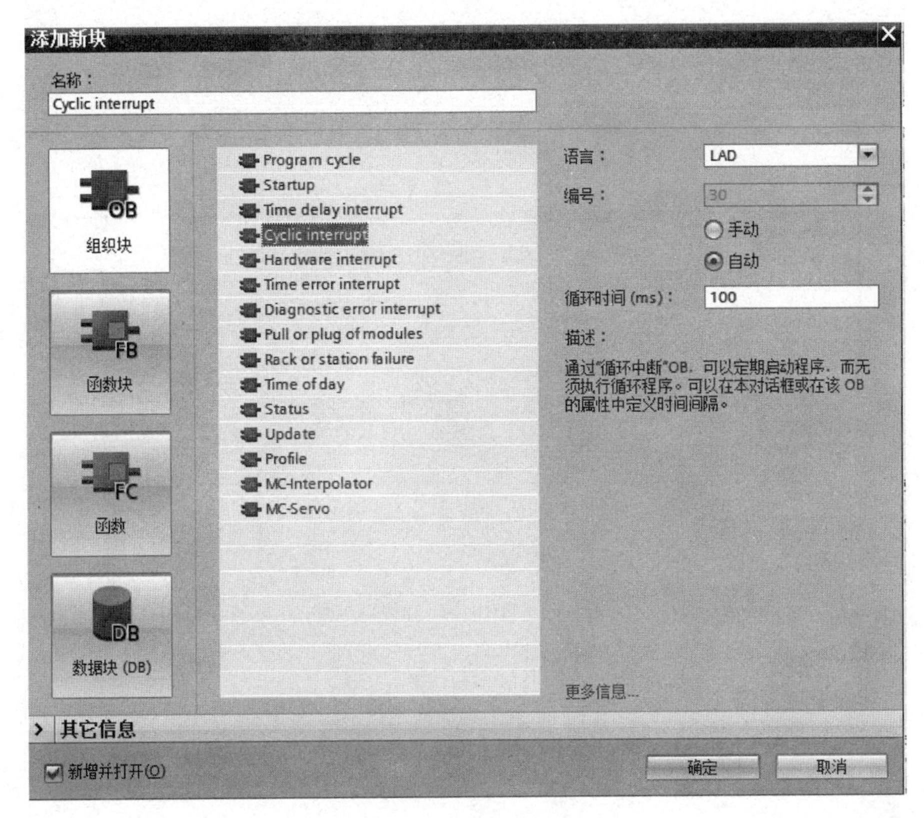

图 7-12　新建循环中断组织块

第二步：进行程序编写。

根据要求在 OB30 中建立程序，如图 7-13 所示。最后编译下载。系统运行时每隔 100ms 执行一次 OB30 中的程序，实现将 IW64 中的数据转换为 0.0 到 1.0 的数值范围。

（4）硬件中断组织块

可以使用硬件中断组织块来响应特定事件。只能将触发报警的事件分配给一个硬件中断 OB，而一个硬件中断 OB 可以分配给多个事件。高速计数器和输入通道可以触发硬件中断。对于将触发硬件中断的各高速计数器和输入通道，需要组态以下属性：

①将触发硬件中断的过程事件，例如，输入通道或高速计数器的计数方向改变。

②分配给该过程事件的硬件中断 OB 的编号。

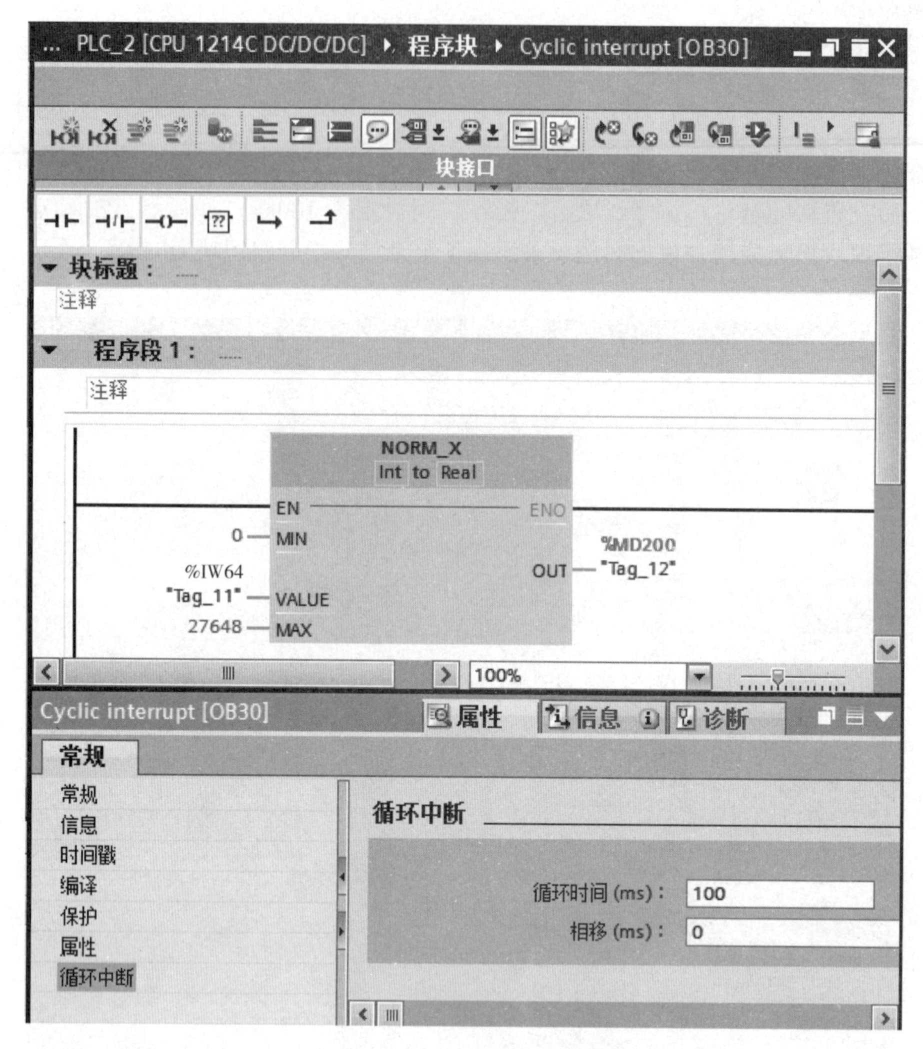

图 7-13　OB30 程序设计

③在用户程序中最多可使用 50 个互相独立的硬件中断 OB（OB 编号大于等于 123）。详细设置过程如图 7-14 所示。

触发硬件中断后，操作系统将识别输入通道或高速计数器并确定所分配的硬件中断 OB。如果没有其他中断 OB 激活，则调用所确定的硬件中断 OB。如果已经在执行其他中断 OB，硬件中断将被置于与其同优先等级的队列中。所分配的硬件中断 OB 完成执行后，即确认了该硬件中断。如果在对硬件中断进行标识和确认的这段时间内，在同一模块中发生了触发硬件中断的另一件事件，则应用以下规则。

如果该事件发生在先前触发硬件中断的通道中，则不会触发另一个硬件中断。只有确认当前硬件中断后，才能触发其他硬件中断。

如果该事件发生在另一个通道中，将触发硬件中断。

只有在 CPU 处于“RUN”模式时才会调用硬件中断 OB。与硬件中断相关的指令有

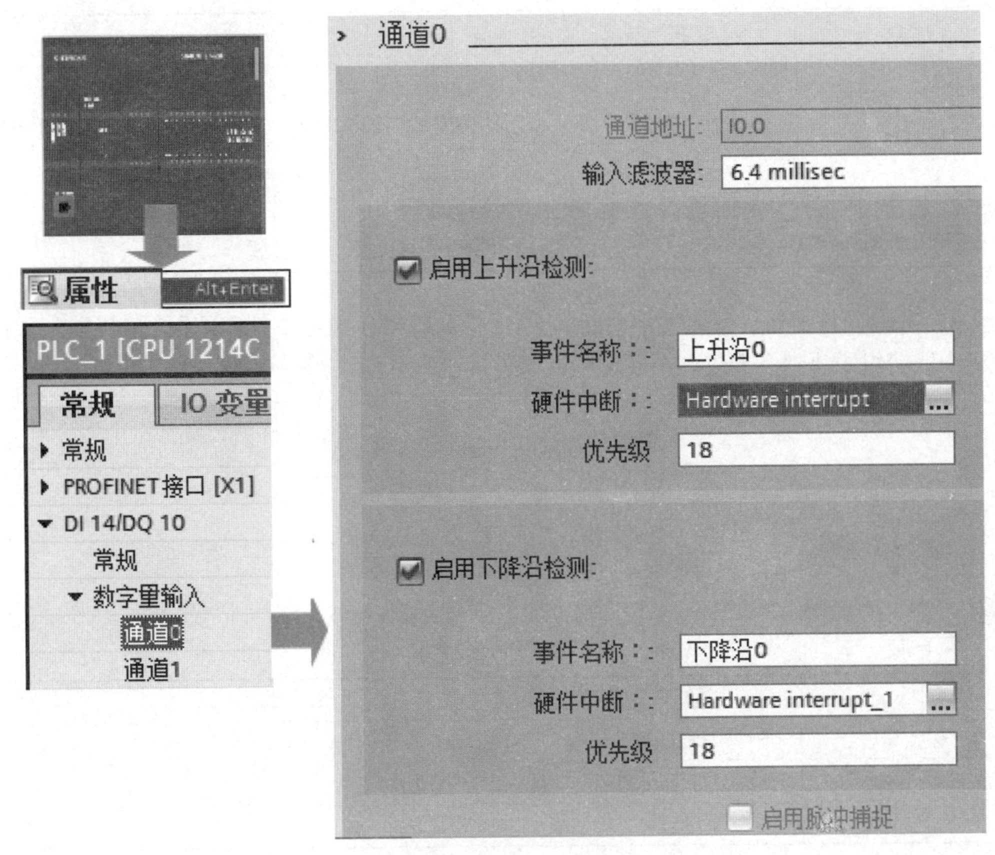

图 7-14　硬件中断组态

两条：附加硬件中断和分离硬件中断。

1）附加硬件中断。附加硬件中断的 LAD 指令符号，如图 7-15 所示，可为硬件中断事件指定一个组织块（OB）。指令参数的含义见表 7-6。

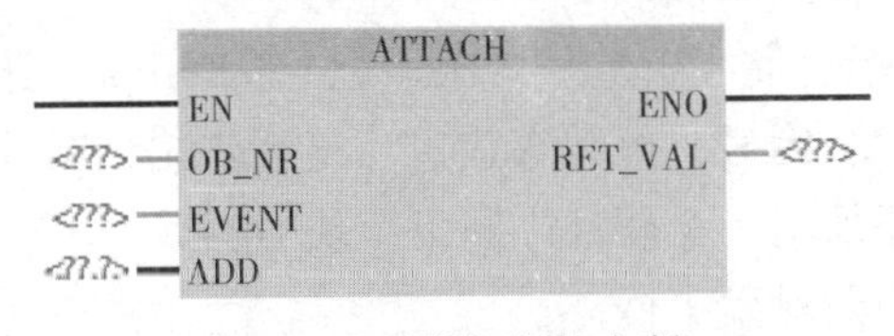

图 7-15　附加硬件中断

表 7-6　**ATTACH 指令参数含义**

参数	数据类型	含义
OB_ NR	OB_ ATT	组织块（最多支持 32767 个）
EVENT	EVENT_ ATT	要分配给 OB 的硬件中断事件，必须首先在硬件设备配置中为输入或高速计数器启用硬件中断事件

续表

参数	数据类型	含义
ADD	BOOL	对先前分配的影响： ADD=0（默认值）：该事件将取代先前为此 OB 分配的所有事件 ADD=1：此事件将添加到该 OB 先前的事件指定中
RET_ VAL	INT	指令的状态

2）分离硬件中断。分离硬件中断的 LAD 指令符号，如图 7-16 所示，运行期间使用该指令取消组织块到一个或多个硬件中断事件的现有分配。指令参数的含义见表 7-7。

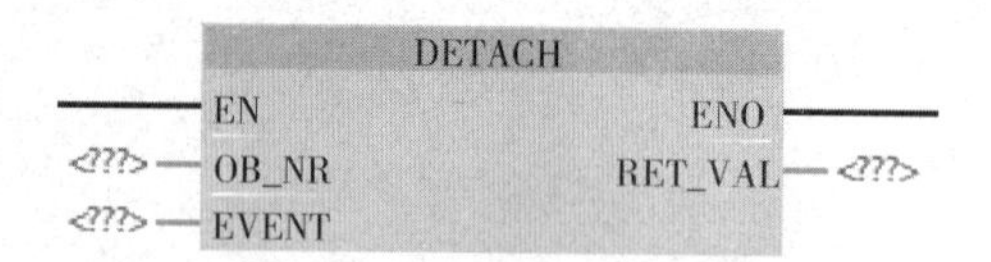

图 7-16　分离硬件中断指令

表 7-7　　DETACH 参数含义

参数	数据类型	含义
OB_ NR	OB_ ATT	组织块（最多支持 32767 个）
EVENT	EVENT_ ATT	硬件中断事件
RET_ VAL	INT	指令的状态

案例 4：

通过硬件中断，在 I0.0 的上升沿将 CPU 集成的数字量输出 Q0.0 置位，在 I0.1 的下降沿将 Q0.0 复位。此外要求在 I0.2 的上升沿时激活对应的硬件中断，在 I0.3 的下降沿禁止对应的硬件中断。

第一步：添加硬件中断组织块。

在添加硬件中断组织块时，需选中“Hardware interrupt”组织块图标，如图 7-17 所示。然后设置块的名称、编号、语言等信息。最后点击“确定”，硬件中断组织块添加成功。根据案例要求添加了 1 个硬件中断组织块 OB40。

第二步：设置硬件中断触发事件。

在设备组态窗口中选中 CPU，在巡视检查窗口中属性栏里面设置激活 I0.0 的上升沿事件，连接硬件中断组织块 OB40。激活 I0.1 的下降沿事件，连接硬件中断组织块 OB40。设置过程如图 7-18 所示。

第三步：硬件组织块程序设计。

在 OB40 中编写程序，如图 7-19 所示，I0.1 下降沿时使 Q0.0 复位，I0.0 上升沿时使 Q0.0 置位。在 OB1 中实现在 I0.2 的上升沿时激活对应的硬件中断，在 I0.3 的下降沿禁止对应的硬件中断，如图 7-20 所示。

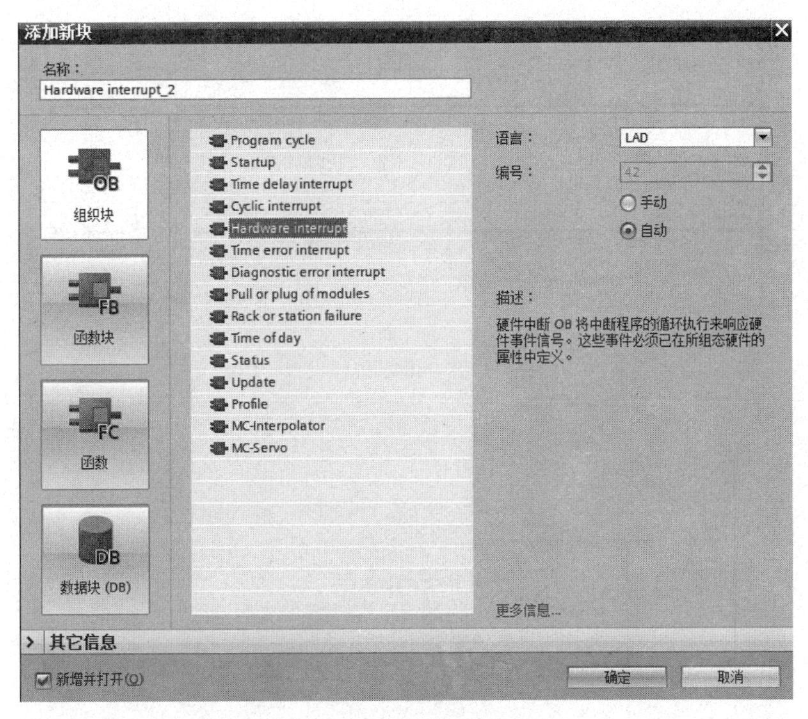

图 7-17　添加硬件中断组织块

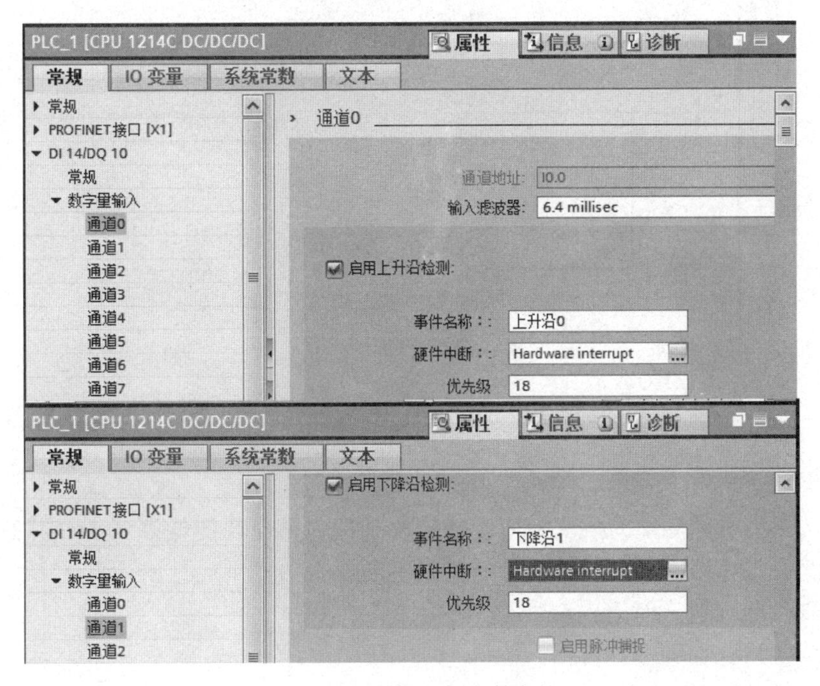

图 7-18　激活硬件中断事件

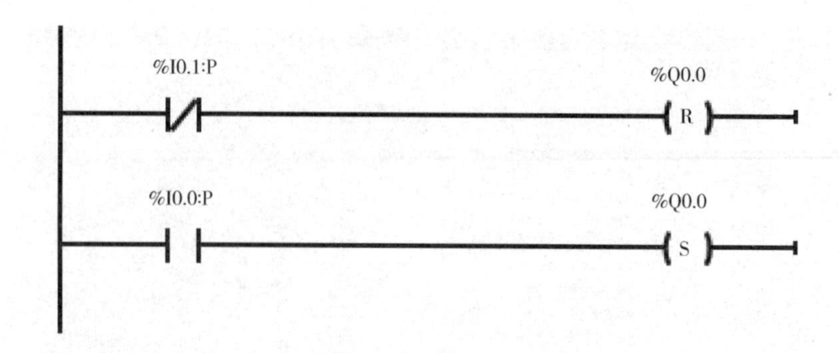

图 7-19　OB40 程序设计

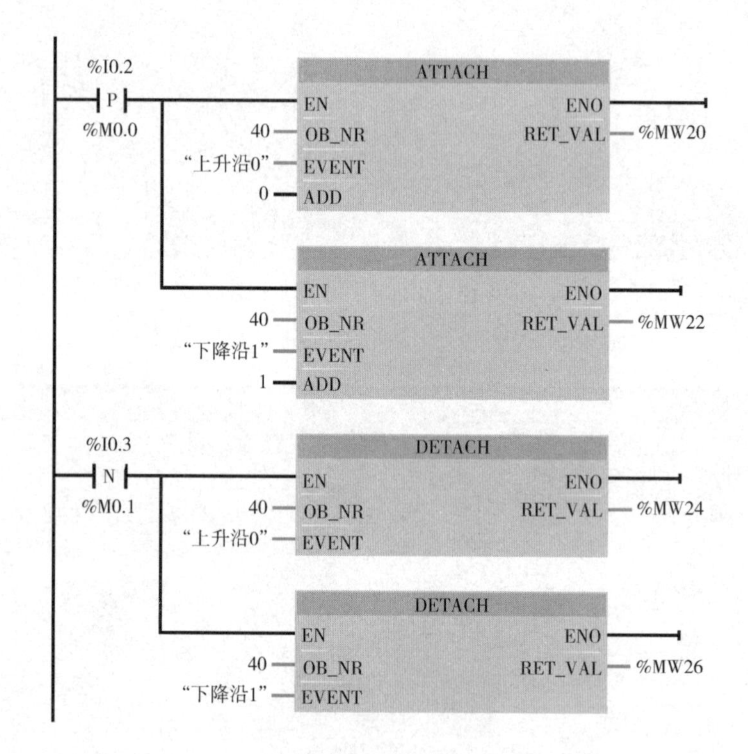

图 7-20　OB1 中程序设计

（5）诊断中断组织块

可以为具有诊断功能的模块启用诊断错误功能，使模块能检测到 I/O 状态的变化。因此模块会在发生以下情况时触发诊断错误中断：

①出现故障（进入时间）；

②故障不再存在（离开事件）。

如果没有激活其他中断 OB，则调用诊断中断 OB（OB82）。如果已经在执行其他中断 OB，诊断错误中断将置于同优先级的队列中。启用诊断中断的设置，如图 7-21 所示。

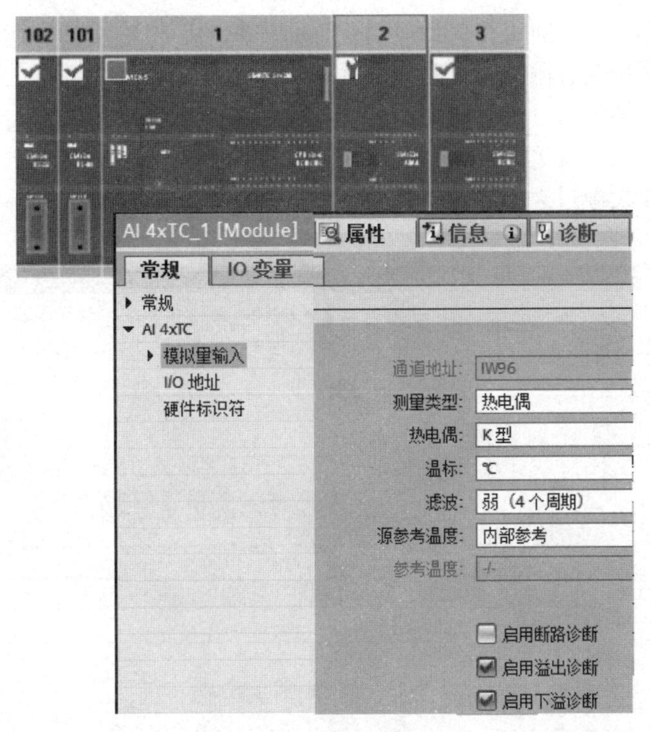

图 7-21　启用诊断中断

（6）时间中断组织块

在某个预设时间（带日时钟的日期）只运行一次。在预设的起始时间周期性运行，可设置以下时间间隔：每分钟、每小时、每天、每周、每月、每年、每月底。因此，时间中断 OB 用于在时间可控的基础上定期运行一部分用户程序。

1）时间中断规则。只有在设置并激活了时间中断且用户程序中存在相应组织块的情况下，才能运行时间中断。

周期性时间中断的启动时间必须与实际日期对应。例如，若某个组织块第一次运行的时间为 1 月 31 日，则无法每月重复执行该组织块。这种情况下，只有在具有 31 天的月份中才会启动该 OB。

2）时间中断指令。启动期间通过扩展指令调用 ACT_ TINT 激活的时间中断不会在启动结束前执行。每次 CPU 启动之后，必须重新激活先前设置的时间中断。

必须先设置和激活该时间中断后才能从操作系统删除和运行该时间中断 OB。可通过扩展指令 CAN_ TINT 来取消尚未执行的时间中断。

可通过扩展指令 SET_ TINTL 来恢复已经取消的时间中断，并通过扩展指令 ACT_ TINT 激活。

为了查询时间中断的状态，请调用扩展指令 QRY_ TINT。

（7）处理时间错误的组织块

如果发生以下事件之一，则操作系统将调用时间错误 OB（OB80）：

1）循环程序超出最大循环时间。设置最大循环时间，如图 7-22 所示。

2）被调用的 OB 当前正在执行（对于延时中断 OB 和循环中断 OB 有这种可能）。

3）错过时间中断，因为时钟时间设置提前了超过 20s 的时间。

4）在 STOP 期间错过了时间中断。

5）中断 OB 队列发生溢出。

6）由于中断负载过大而导致中断丢失。

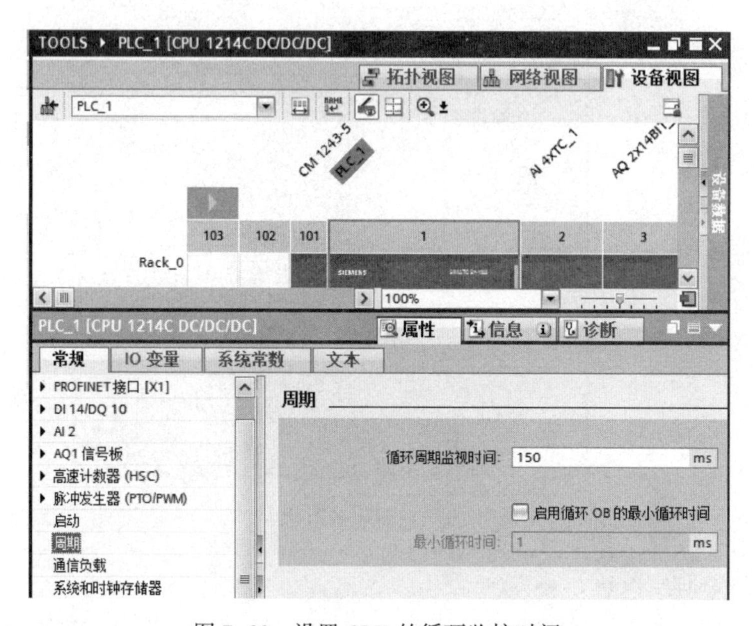

图 7-22　设置 CPU 的循环监控时间

（8）其他组织块

状态中断的组织块是接收到状态中断时，S7-1200 CPU 的操作系统将从 DP 主站或 IO 控制器调用状态中断 OB。如果从站中的模块更改了操作模式（如从“RUN”转为“STOP”），则可能执行以上操作。

更新中断的组织块是接收到状态中断时，S7-1200 CPU 的操作系统将从 DP 主站或 IO 控制器调用更新中断 OB。如果更改了从站或设备的插槽参数，则可能执行以上操作。

制造商或配置文件特定中断的组织块从 DP 主站或 IO 控制器接收到制造商或配置文件特定的中断时，S7-1200 CPU 的操作系统将调用 OB 57。

拔出/插入组织块是如果移除或插入了已组态且未禁用的分布式 I/O 模块或子模块（PROFIBUS、PROFINET 和 AS-i），S7-1200 CPU 操作系统将调用拔出/插入中断 OB（OB 83）。

机架故障的组织块是 S7-1200 CPU 操作系统在下列情况下将调用 OB 86：

①检测到 DP 主站系统或 PROFINET IO 系统发生故障（对于到达或离去事件）。

②检测到 DP 从站或 IO 设备发生故障（对于到达或离去事件）。

③检测到 PROFINET 智能设备的部分子模块发生故障。

7.2　中断组织块的优先级

一般情况下，PLC 程序大多在 OB1 中编写，但是 OB1 主组织块是一个循环组织块，它的周期不固定，每一个执行周期的长短跟执行的语句多少有关系。在一些特殊情况下，需要 PLC 立即响应，组织块之间的先后顺序可以由优先级来决定。每一个 OB 程序执行在指令边界处都可以被优先级更高的事件（OB）中断。S7-1200 CPU 支持优先级 1（最低优先级）至优先级 27（最高优先级）。分配给组织块的优先级为该激活组织块事件的优先级。具有相同优先级的组织块不会彼此中断对方的执行，而是按照它们的被检测顺序一个接一个地启动、执行。中断组织块的优先级说明如表 7-8 所示。

表 7-8　　中断组织块的优先级

事件类别	OB 号	OB 数目	启动事件	优先级
循环程序	1，≥123	≥1	启动或结束上一个程序循环 OB	1
启动	100，≥123	≥0	STOP 到 RUN 的转换	1
时间中断	≥10	最多 2 个	已达到启动时间	2
延时中断	≥20	最多 4 个	延时时间结束	3
循环中断	≥30		等长总线循环时间结束	8
硬件中断	≥40	最多 50 个（通过 DETACH 和 ATTACH 指令可使用更多）	上升沿（最多 16 个） 下降沿（最多 16 个）	18
			HSC：计数值 = 参考值（最多 6 次） HSC：计数方向变化（最多 6 次） HSC：外部复位（最多 6 次）	18
状态中断	55	0 或 1	CPU 已接收到状态中断	4
更新中断	56	0 或 1	CPU 已接收到更新中断	4
制造商或配置文件特定的中断	57	0 或 1	CPU 已接收到制造商或配置文件特定的中断	4
诊断错误中断	82	0 或 1	模块检测到错误	5
拉出/插入中断	83	0 或 1	删除/插入分布式 I/O 模块	6
机架错误	86	0 或 1	分布式 I/O 的 I/O 系统错误	6
时间错误	80	0 或 1	超出最大循环时间 仍在执行被调用 OB 错过时间中断 STOP 期间将丢失时间中断 队列溢出 因中断负载过高而导致中断丢失	22

7.3　中断组织块的执行

如果操作系统调用了另一个组织块，则该组织块将会中断循环程序的执行，因为 OB1 的优先级最低，所以任何一个其他组织块都可以中断循环组织程序，并执行它自己的程序；此后，将会从中断点继续执行 OB1。

如果调用了某个具有较高优先级的组织块，且其优先级高于当前正在执行的组织块，则当前正在执行的指令执行完毕之后，将会出现中断。此时，操作系统会为被中断块保存完整的寄存器堆栈。当操作系统继续执行以前被中断的块时，将会恢复这些寄存器信息。运行某个中断组织块期间，如果出现了另一个事件，则该事件将会被转往与其优先级相对应的队列。同一队列中的激活事件将会按出现时间的先后顺序进行处理。中断组织块的执行如图 7-23 所示。

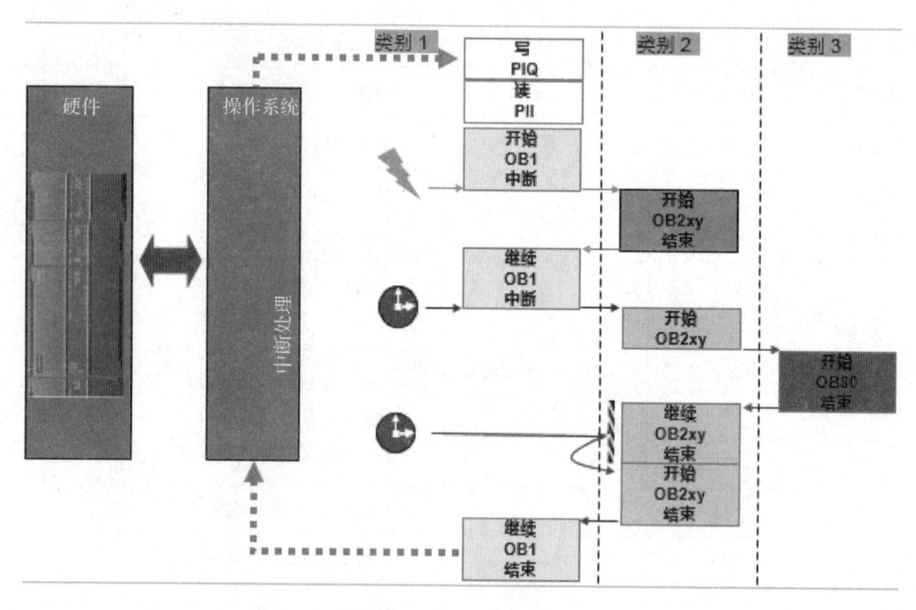

图 7-23　组织块的执行

组织块与事件有紧密的联系。除循环程序和启动程序外，事件只能分配给一个组织块。但是，在某些事件类别（如硬件中断）中，同一个组织块可以分配给多个事件。组织块和事件之间的分配在硬件配置中定义。已定义的分配可在运行时通过 ATTACH 和 DETACH 指令进行更改。

总之，组织块在运行时首先执行优先级最高的组织块，优先级相同的事件按发生的时间顺序进行处理。

7.4　中断组织块的创建

在博途软件中，要创建 OB 程序块有两种途径：一种是在博途视图界面进行新建，另一种是在项目视图中进行新建。在打开的项目中，切换到博途视图界面，任务入口处选择“PLC 编程”。在任务操作中选择需要创建 OB 的“设备”，点击“添加新块”。在弹出的操作窗口中选择“OB”，选择 OB 组织块的类型，然后输入块的名称，选择编程语言，设置块的编号等操作。最后点击“添加”，系统自动完成 OB 程序块的新建，并将视图自动切换到项目视图。

在项目视图中的 PLC 站点下，选中“程序块”，右键弹出的窗口中选择“添加新块”，选择 OB。或者在“程序块”下的节点里双击“添加新块”，选择 OB。弹出窗口与博途视图界面设置一致。先选择 OB 组织块的类型，然后输入块的名称，选择编程语言，设置块的编号等操作。最后点击“确定”，系统自动完成 OB 程序块的新建。项目视图的工作区窗口显示刚新建的 OB 程序块的编辑界面。在项目视图下也完成了 OB 程序块的新建，如图 7-24 所示。

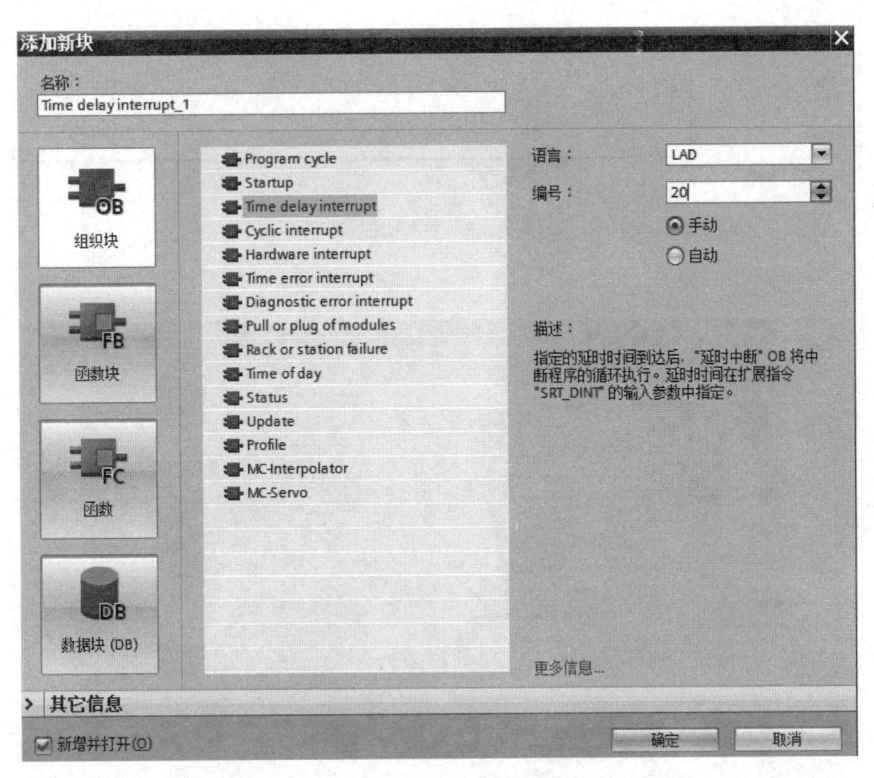

图 7-24　项目视图界面新建延时中断组织块

根据项目任务要求，是刀具库电机运行时间超过 20s 后，刀具库要立即停止。程序设计，如图 7-25、图 7-26 所示。

当系统按下急停按钮时，刀具盘必须立即停止，不得延时。根据项目任务要求，使用硬件中断组织块实现控制功能。使用硬件中断组织块，第一步先创建硬件中断 OB，如图 7-27 所示。第二步在 CPU 属性窗口中激活输入通道的硬件中断事件，启用上升沿检测或启用下降沿检测。第三步必须为事件声明一个符号名。第四步指定硬件中断组织块与事件之间的分配关系，如图 7-28 所示。程序设计如图 7-29 所示。

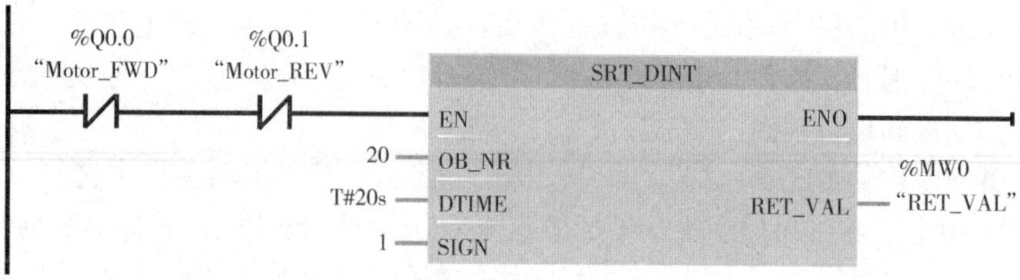

%Q0.0
"Motor_FWD"
%Q0.1
"Motor_REV"
SRT_DINT
EN
ENO
20 OB_NR
T#20s DTIME
1 SIGN
RET_VAL
%MW0
"RET_VAL"

图 7-25　OB1 程序

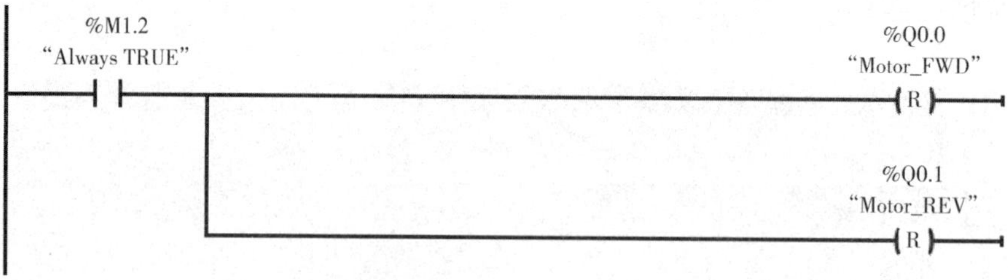

%M1.2
"Always TRUE"
%Q0.0
"Motor_FWD"
R
%Q0.1
"Motor_REV"
R

图 7-26　OB20 程序

图 7-27　创建硬件 OB

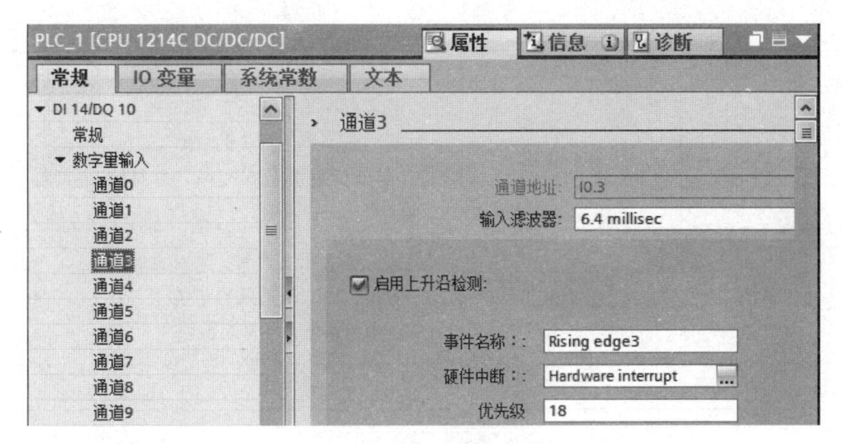

图 7-28　组态硬件中断

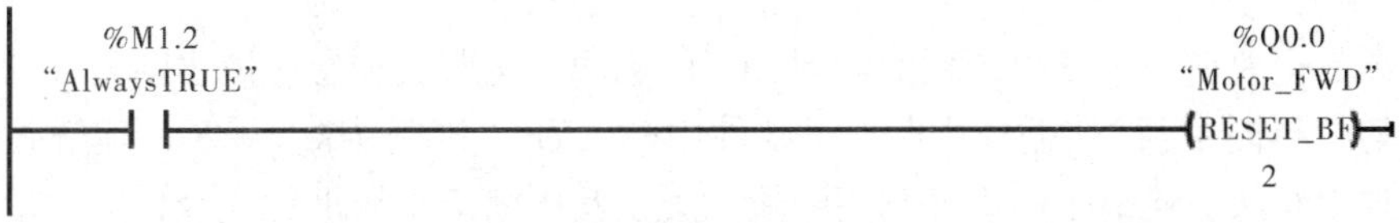

%M1.2
"AlwaysTRUE"
%Q0.0
"Motor_FWD"
RESET_BF
2

图 7-29　OB40 程序设计

项目检查与评估

根据项目完成情况，按照表 7-9 进行评价。

表 7-9　　项目评价表

序号	考核项目	评价内容	要求	权重/%	评价
1	硬件设计	系统电气线路设计	1. 能根据控制要求选取 PLC 型号 2. 能根据控制要求选取外部设备 3. 电路图设计满足要求，有保护措施，系统可靠稳定	15	
		系统接线	1. 操作符合安全规范 2. 元器件布置合理 3. 连线整齐，工艺美观	20	
2	软件设计	程序编写调试	1. 能正确设计功能图 2. 能正确编写梯形图 3. 能正确修改程序	20	
		程序下载运行	1. 能正确建立与 PLC 通信，并下载程序 2. 能在线监控 PLC 运行	20	

续表

序号	考核项目	评价内容	要求	权重/%	评价
3	系统调试	运行调试	1. 能正确演示系统运行过程 2. 能发现系统运行中的故障 3. 能分析系统运行故障，并排除故障	15	
4	职业素质	职业素质	具备良好的职业素养，具有良好的团结协作、语言表达及自学能力，具备安全操作意识、环保意识等	10	
5	评价结果				

项目总结

本项目主要完成中断组织块的学习，了解不同的中断类型，理解中断处理的工作原理，理解“延时中断”“循环中断”“硬件中断”和“诊断中断”等，理解并能使用故障处理组织块。弄清中断事件与组织块的关系及中断组织块的优先级，能灵活正确使用不同类型的中断组织块。PLC 控制系统中某些信号需要特殊处理和及时处理，中断组织块的应用显得特别重要。

练习与训练

一、知识训练

（一）选择题

1. 在用户程序中最多可使用（　　）个延时中断 OB。

A. 2　　B. 3　　C. 4　　D. 5

2. 在调用（　　）指令后开始计延时时间。

A. DIS_ AIRT　　B. SRT_ DINT　　C. EN_ AIRT　　D. SAT_ DINT

3. 延时时间的测量精度为（　　）。

A. 1ms　　B. 3ms　　C. 4ms　　D. 5ms

4. 只有在 CPU 处于（　　）模式下时才会执行延时中断 OB。

A. STOP　　B. RUN　　C. ERROR　　D. MAINT

5. 在用户程序中最多可使用（　　）个循环中断 OB。

A. 2　　B. 3　　C. 4　　D. 5

6. 如果已经使用 2 个延时中断 OB，则在用户程序中最多可以再插入（　　）个循环中断 OB。

A. 2　　B. 3　　C. 4　　D. 5

7. 时间基数定义循环中断 OB 启动的时间间隔，并且它是基本时钟周期（　　）

的整数倍。

A. 1ms　　B. 3ms　　C. 4ms　　D. 5ms

8. 只能将触发报警的事件分配给（　　）个硬件中断 OB。

A. 1　　B. 2　　C. 3　　D. 4

9. 一个硬件中断 OB 可以分配给（　　）事件。

A. 2 个　　B. 3 个　　C. 4 个　　D. 多个

10. 在用户程序中最多可使用（　　）个互相独立的硬件中断 OB。

A. 20　　B. 30　　C. 40　　D. 50

11. 可以为具有诊断功能的模块启用诊断错误功能，使模块能检测到（　　）状态的变化。

A. I　　B. O　　C. I/O　　D. 通信

12. 如果没有激活其他中断 OB，则调用诊断中断（　　）块。

A. OB80　　B. OB82　　C. OB83　　D. OB86

13. 在硬件中断 I/O_ state 变量“位 0”等于 1 时为（　　）。

A. 错误　　B. 组态正确　　C. 组态不正确　　D. 无法访问 I/O

（二）填空题

1. 循环中断 OB 的启动时间通过____________和____________来指定。

2. __________和__________ 可以触发硬件中断。

二、项目训练

1. 在主程序 OB1 中实现下列功能：

①在 I0. 0 的上升沿启动延时中断，10s 后被调用，在中断程序中将 Q0. 0 置位，并立即输出。

②在延时过程中如果 I0. 1 由 0 变为 1，取消延时中断，延时中断不会再被调用。

③I0. 2 由 0 变为 1 时 Q0. 0 被复位。

2. 设置定时中断的时间间隔为 50ms，每 50ms 读 IW64 的值并将转换为 0. 0 到 50. 0 的数值范围。

项目 8 触摸屏组态

任务描述

触摸屏是电气自动化控制系统中的一种人机界面设备，通过触摸屏可以直观地观察现场设备运行状态、设备故障报警、系统信息及相关运行参数，并能远程发送控制信号。在本例中，使用触摸屏建立刀具库换刀过程的监控画面，显示设备及当前刀具的运行状态，设置请求刀具号等信息；在设备故障时，显示报警画面和运行的数据，并且能够通过触摸屏向 PLC 发送控制命令。

任务能力目标

1）认识 KTP700 触摸屏，了解其在控制系统中的功能及作用。

2）能对触摸屏项目进行正确的创建和组态。

3）会正确进行触摸屏监控系统的接线。

4）会正确设置触摸屏与 PLC 通信参数，并实现相互通信。

5）能正确对整个监控系统进行运行及调试。

6）能顺利地与相关人员进行沟通、协调，能通过团队交流，提升自我学习的能力。

完成任务的计划决策

人机界面装置（HMI）是操作人员与 PLC 之间双向沟通的桥梁，许多工业被控对象要求控制系统具有很强的人机界面功能，用来实现操作人员与计算机控制系统之间的对话与相互作用。人机界面装置用来显示 PLC 的 I/O 状态和各种系统信息，接收操作人员发出的各种命令和设置的参数。

本项目要求通过人机界面装置（HMI）与可编程控制器（PLC）来实现对刀库控制系统的监控，系统选用西门子 KTP700 触摸屏作为人机界面设备，以西门子的 S7-1200 作为控制器，通过以太网在两者间进行数据通信，实现控制系统的远程监控运行。

实施过程

8.1　人机界面的认识

人机界面（human machine interface）又称人机接口，简称为HMI。从广义上说，HMI泛指计算机与操作人员交换信息的设备；在电气控制领域，HMI一般特指用于操作人员与控制系统间进行对话和相互作用的专用设备。

人机界面主要承担以下任务：

1）过程可视化。在人机界面上动态显示过程数据（即PLC采集的现场数据）。

2）操作员对过程的控制。操作员通过图形界面来控制过程。

3）显示报警。过程的临界状态会自动触发报警，如当变量超出或低于设定值时。

4）记录功能。顺序记录过程值和报警信息，用户可以检索以前的生产数据。

5）输出过程值和报警记录。如可以在某一轮班结束时打印输出生产报表。

6）过程和设备的参数管理。将过程和设备的参数存储在配方中，可以一次性将这些参数从人机界面下载到PLC，以便改变生产产品的品种。

在使用人机界面时，需要重点解决画面设计和设备与PLC通信的问题，人机界面生产厂家提供的组态软件很好地解决了这两个问题。使用组态软件可以很容易地生成人机界面画面，还可以实现某些动画功能；人机界面设备使用文字或图形动态地显示PLC中开关量的状态和数字量的数字；通过各种输入方式，将操作人员的命令和设定值传到PLC。通过组态软件，用户可以设置设备间的通信参数，确保设备间的正常数据交换。

近年来，人机界面的价格已大幅下降，一个大规模应用人机界面的时代正在到来，现在的人机界面已成为现代工业控制系统必不可少的设备之一。

8.2　西门子KTP700触摸屏

KTP700系列触摸屏是西门子新一代的低成本HMI设备，满足了系统对高品质可视化的需求，即使在小型机器和设备中同样适用，其性能范围比早期TP系列触摸屏有了显著扩展，具备高分辨率和65500色的颜色深度。同时借助PROFINET或PROFIBUS接口及USB接口，其连通性也有了显著改善。借助TIA Portal可进行简易编程，从而实现面板的简便组态与操作。KTP700触摸屏外观如图8-1所示。

KTP700采用DC24V电源供电，电源允许变动范围在19.2~28.8V，电源连接口为两针插拔连接器，在连接电源时必须注意区分正负极。将两条电源线连接到电源插头上，使用一枚有槽螺钉固定电源线，将电源插头与HMI设备相连，根据HMI设备背面的接口标记检查电线的极性是否正确。KTP700触摸屏电源连接，如图8-2所示。

SIMATIC KTP700精简面板可以连接到PROFINET和PROFIBUS网络中，并且提供了用于连接USB外围设备的接口。可以使用标准电缆并通过PROFINET/以太网或USB来下载HMI项目，无须使用特殊电缆。各种设备参数设置可在组态期间进行，无须在设备上进行附加设置，这样就简化了调试过程。精简面板在和控制器及PC站连接时必须要注意各设备的 PROFINET 地址匹配，即 IP 地址的子网掩码相同，IP 地址在同一网段内，且 IP 地址不冲突。KTP700 和 PLC 设备连接，如图 8-3 所示。

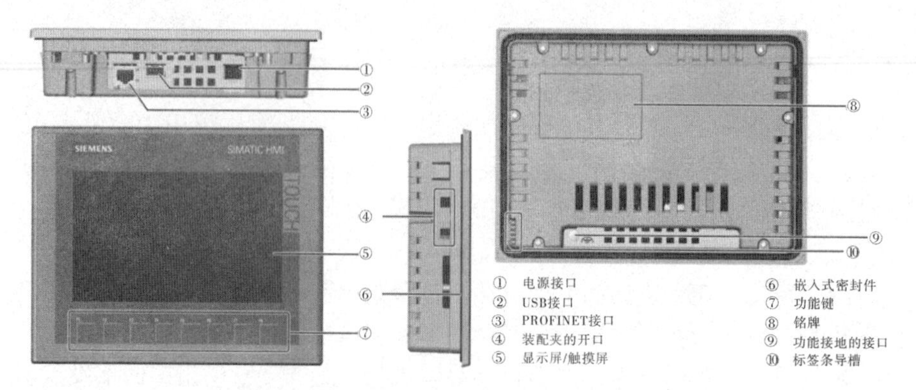

图 8-1　KTP700 触摸屏外观及端子示意图

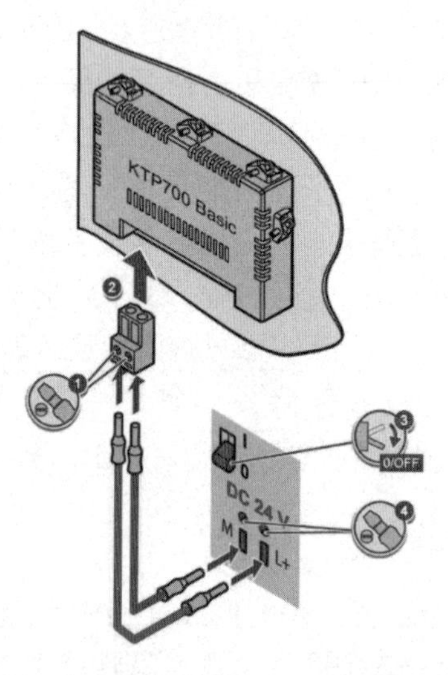

图 8-2　KTP700 触摸屏电源连接示意图

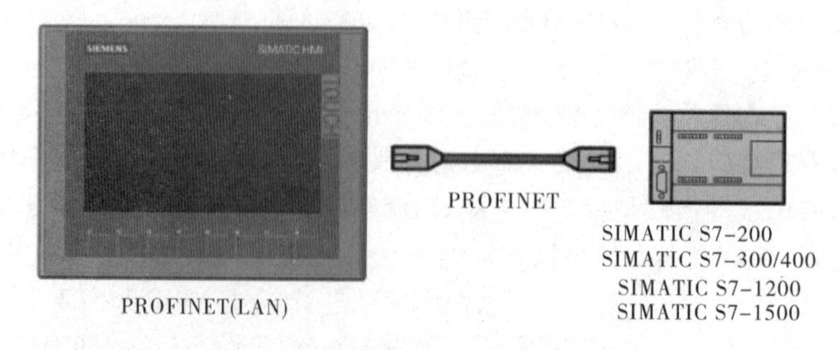

图 8-3　KTP700 和 PLC 设备连接示意图

8.3　KTP 精简面板组态方法

一个用于触摸屏的可视化监控系统，通常由以下几个步骤建立完成：

第一步：添加设备，建立通信连接，运行系统设置；

第二步：创建画面，组态画面中的图形对象；

第三步：组态报警、数据记录和趋势图；

第四步：组态用户管理；

第五步：画面下载，仿真、运行调试。

(1) 添加新设备

在项目视图下，双击添加新设备按钮，选择 HMI 设备，查找与实际硬件订货号版本相一致的设备，点击确定即可添加新设备，如图 8-4 所示。

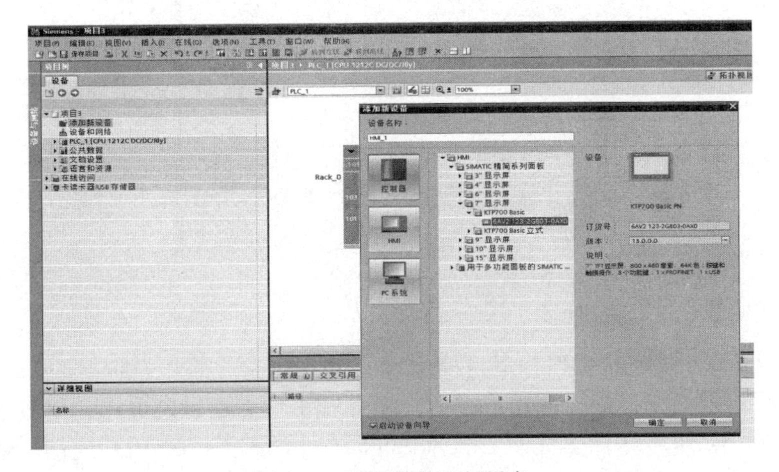

图 8-4　添加精简面板设备

点击确定后，出现 HMI 设备向导，可以按照向导推荐的步骤一步步组态，也可直接点击完成，在之后的操作中进行设备组态，如图 8-5 所示。

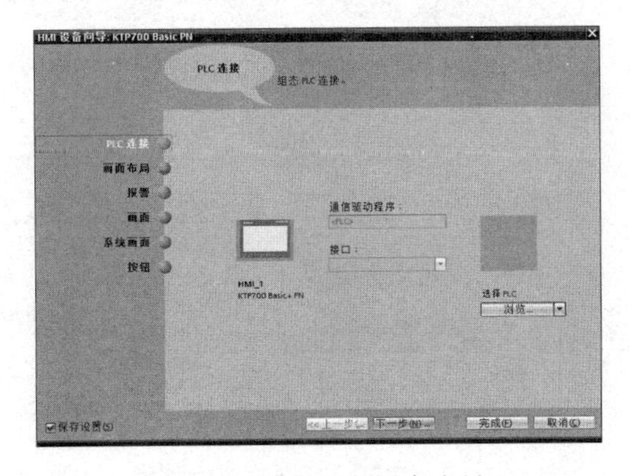

图 8-5　精简面板设备向导

点击完成后，可以在左侧项目树中查看到已添加的精简面板设备及 HMI 设备组态所包含的全部内容，如图 8-6 所示。

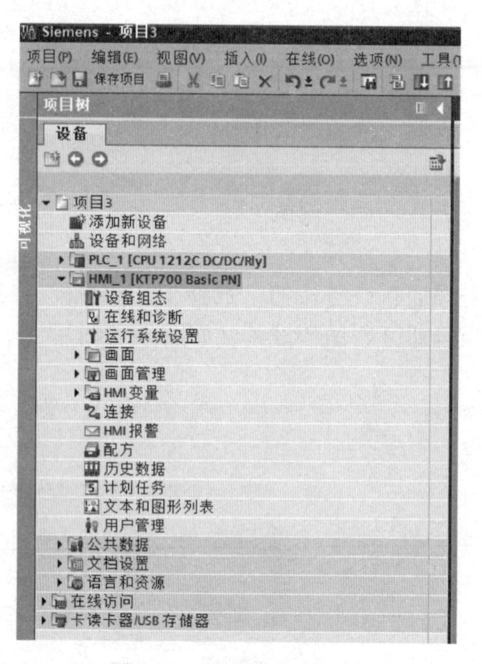

图 8-6 HMI 设备项目树

（2）建立 PLC 和 HMI 之间的通信连接

首先进行设备通信连接，双击连接图标，在新出现的连接画面中，双击连接名称栏下的添加选项，系统将自动生成一个名为 Connection 的 S7-1200 PLC 通信驱动程序，并为两台设备分配 IP 地址，用户也可根据需要自行设置相关通信参数，必须注意两台设备的 IP 地址不能冲突，如图 8-7 所示。

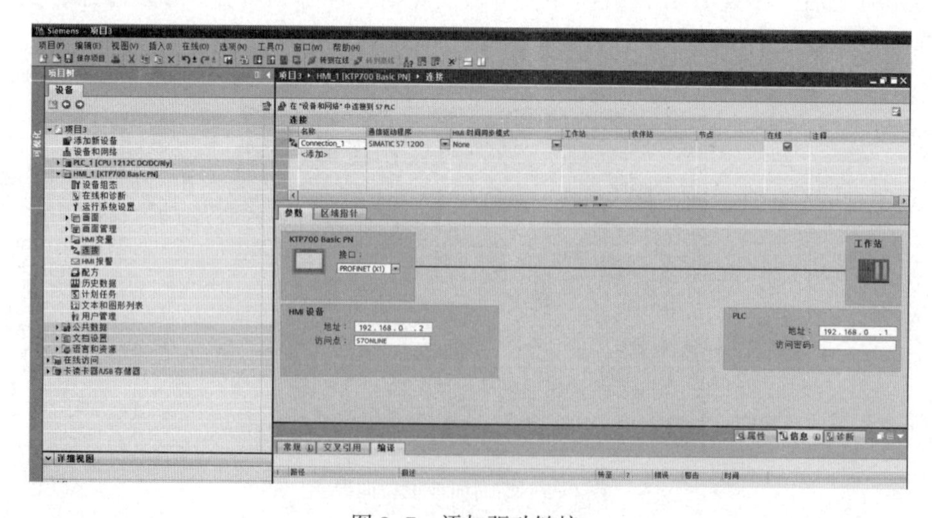

图 8-7 添加驱动链接

选择项目树中的设备和网络，点击连接按钮，将网络视图中的 PLC 绿色以太网接口端子拖拽至 HMI 设备的绿色端口，高亮建立 HMI 连接，这样两台设备就连接到一起了，设备间的变量将自动进行数据交换，如图 8-8 所示。

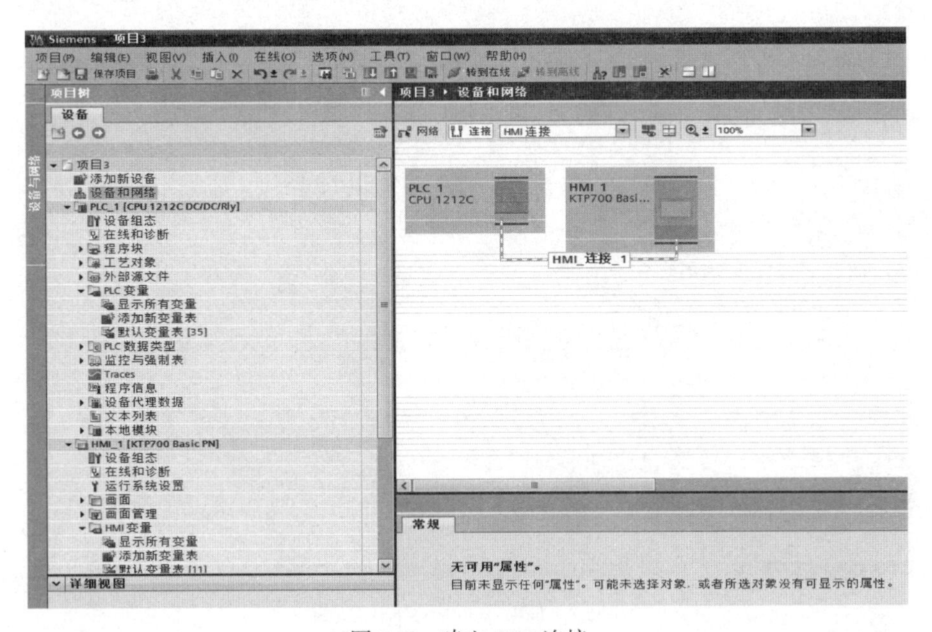

图 8-8　建立 HMI 连接

(3) 创建变量

触摸屏画面中的对象与控制器变量关联在一起，当控制器变量数值发生变化时，触摸屏画面中的对象将改变，产生动画效果。HMI 设备中的变量分为内部变量和外部变量。

内部变量为 HMI 设备内部创建的变量，仅供 HMI 内部使用，不能和外部设备交换数据，外部变量为 PLC 等控制设备创建的变量，可在 HMI 和 PLC 等设备间传递数据，博途中 HMI 设备和 PLC 变量连接的方法非常简单，直接将 PLC 中的变量拖拽到 HMI 变量表中即可，设备运行时将自动完成数据通信交换，无须额外编程，系统 PLC 变量表如表 8-1 所示。

表 8-1　系统 I/O 地址功能

变量名	地址	功能
启动	M0. 0	触摸屏启动
停止	M0. 1	触摸屏停止
运行	Q0. 7	运行状态指示灯
1~6 号刀具	Q0. 0~Q0. 5	1~6 号刀运行指示灯
刀具号	MW20	刀具号存储器

打开 HMI 变量表，在左侧的项目树中选中 PLC 变量表，PLC 创建的变量将显示在

下方的详细视图中，将需要的 PLC 变量选中，拖动至 HMI 变量表中去，这样 PLC 变量和 HMI 变量便关联在一起，如图 8-9 所示。

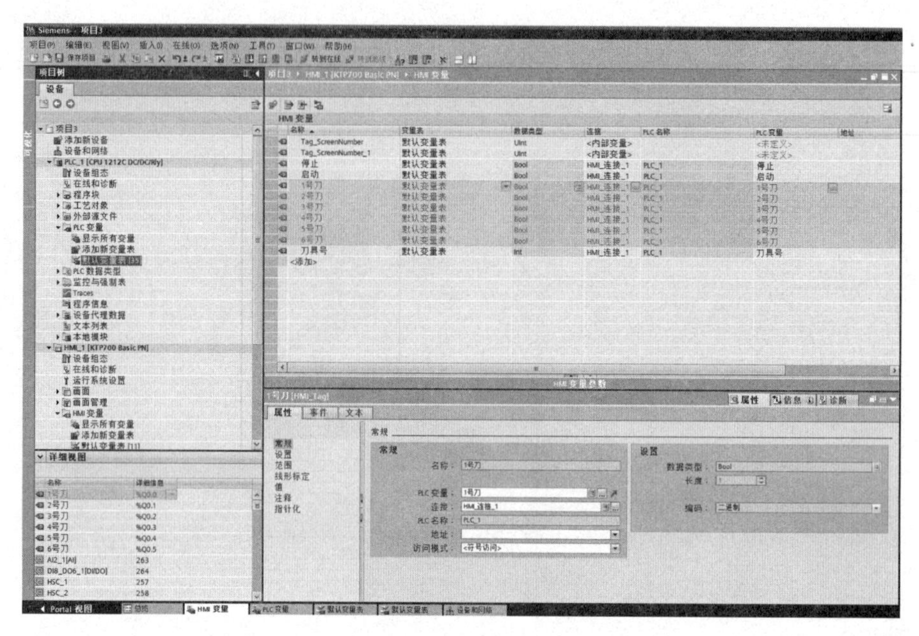

图 8-9　HMI 变量表中添加变量

（4）运行系统设置

双击项目树中 HMI 下的运行系统设置，进入系统设置界面。设置起始画面、画面模板、颜色深度等，如图 8-10 所示。

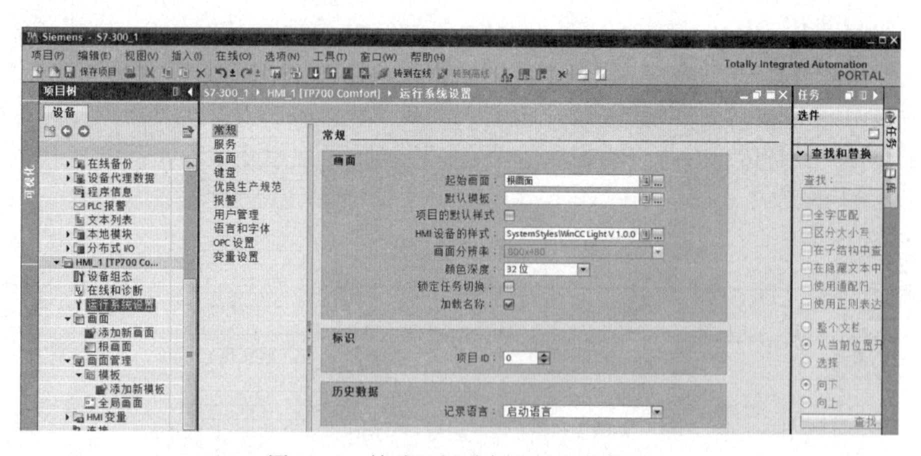

图 8-10　精致面板设备运行系统设置

（5）创建 HMI 画面

最简单的 HMI 项目是只有一个监控画面来完成所有的监控项目，但是对于大型的复杂的自动化系统，一幅画面往往是做不到的。这就需要根据监控系统的任务要求，规划好所需的监控画面，每幅画面具备不一样的功能，通过按钮在各个画面之间进行切换。

系统运行时显示的第一幅界面即为启动画面，根画面通常作为启动画面，项目默认只有一个根画面。如果所需的画面不止一个，就要添加新画面。

双击项目树中的添加新画面，右键单击该新画面，出现的菜单中可选择重命名，对新建画面根据功能进行命名，也可将该画面设置为启动画面，系统运行时将首先显示该启动画面。

如图 8-11 所示，新建两幅画面，将新建画面 1 重命名为系统画面，并设置成启动画面，将新建画面 2 命名为运行画面，并双击打开系统画面。

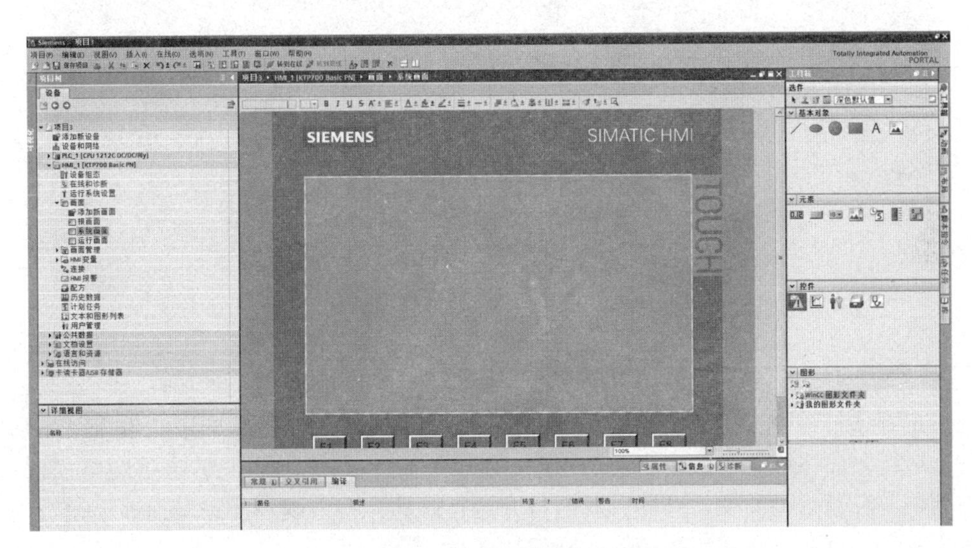

图 8-11　创建新画面

(6) 组态图形对象

在画面中可添加图形对象并链接相应的动作，在视图的右侧是系统预设部分，包括基本对象、元素和控件等供用户使用，其他复杂的器件在图形文件夹中选用。

文本框、圆形、方形、线条、按钮、I/O 域等都是图形对象。图形对象分为静态和动态两类。静态图形对象的位置、颜色、字体大小及内容、尺寸、形状等属性不会随着控制过程变化而变化。通常是指文本域、按钮等。

动态图形对象的位置、颜色、尺寸等属性会随着过程变量变化而变化，包含指示灯、I/O 域、棒图、开关等。

从右边的工具箱窗口的“基本对象”栏中，选中“文本域”图形对象，文本域用来显示静态的文字，拖放到系统画面中合适的位置。选中该文本对象，右键选择属性，在下方的属性窗口的“文本”页面中输入文字信息，也可双击“文本域”图形对象后输入文字信息。在下方窗口的“属性”页面中设置文本域的文本为刀具库换刀监控系统，并设置文本域的背景颜色、字体颜色、尺寸、位置、字体大小、对齐方式等属性。系统画面创建如图 8-12 所示。

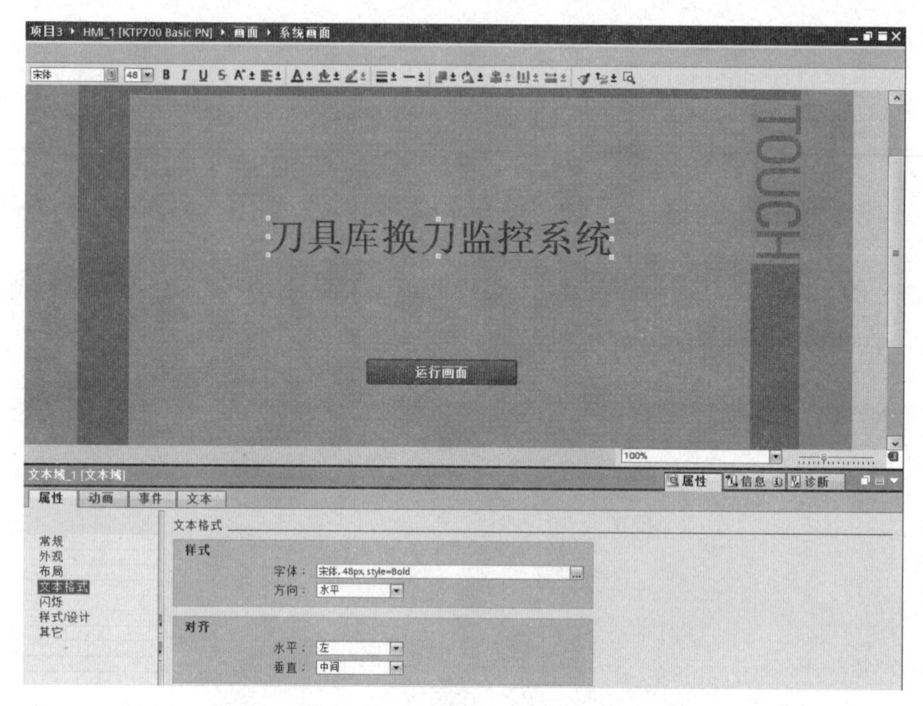

图 8-12　创建系统画面

在左侧项目树中，单击选中运行画面按钮，将其拖拽至系统画面中，系统将自动生成一个运行画面按钮。在系统启动运行时，将首先进入系统画面，单击运行画面按钮，系统则切换至运行画面中。同样，双击打开运行画面，将系统画面按钮拖拽至运行画面中并生成另一个按钮实现两幅画面的来回切换。

在控制系统中，某些简单图形的颜色将随变量值的变化而改变，如控制系统中的指示灯颜色的变化。从右边的工具箱窗口的“基本对象”栏中，选中“圆形”图形对象，拖放到画面中指定的位置。在下方的巡视窗口的“属性”页面中设置图形对象的颜色、尺寸、位置等，并在其下方添加文本域，修改文字为运行指示灯。

选定圆形对象，在下方的巡视窗口的“动画”页面中选择“添加新动画”—“外观”，点击确定，如图 8-13 所示。

设置与 PLC 变量的关联，在“变量—名称”一栏中，为其添加 HMI 变量表中的运行变量，双击范围下的添加，设置变量数值为 0 时，背景色为灰色，数值为 1 时，背景色为绿色，如图 8-14 所示。当系统未运行时，该指示灯为灰色，启动运行时，该指示灯将变为绿色。

同样的方法创建其他 6 个指示灯，分别与变量表中的 6 个刀具变量连接在一起，当系统选定某把刀具工作时，该刀具对应的指示灯亮。

HMI 画面中，可以添加按钮对象，通过点击按钮向 PLC 发送命令控制系统运行，从右边的工具箱窗口的“元素”栏中，选中“按钮”图形对象，拖放到画面中指定的位置。在下方的巡视窗口的“文本”页面中输入文字信息，或者双击“按钮”图形对

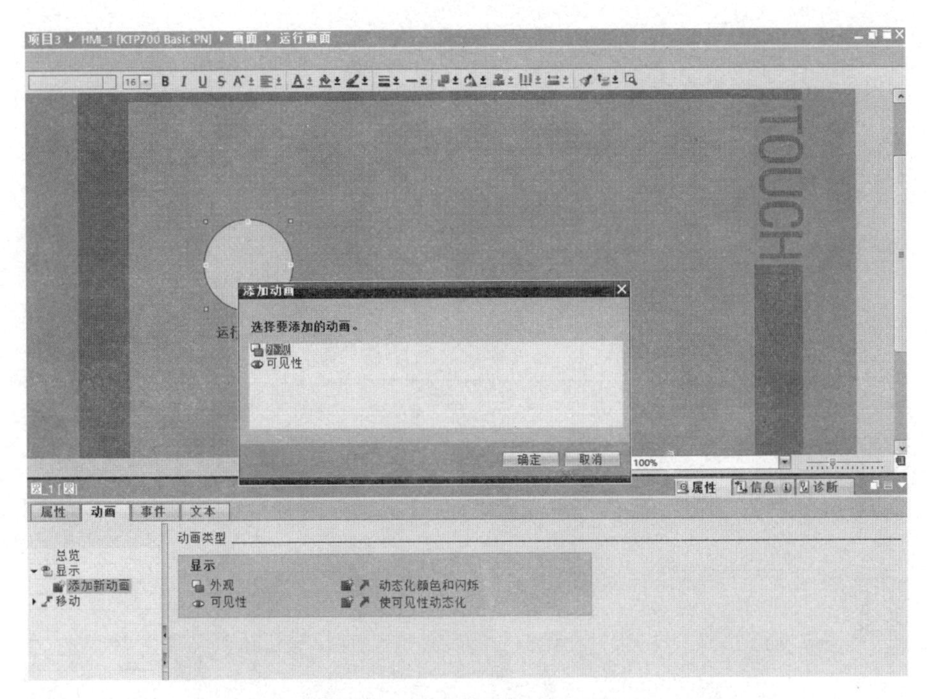

图 8-13　添加运行指示灯对象

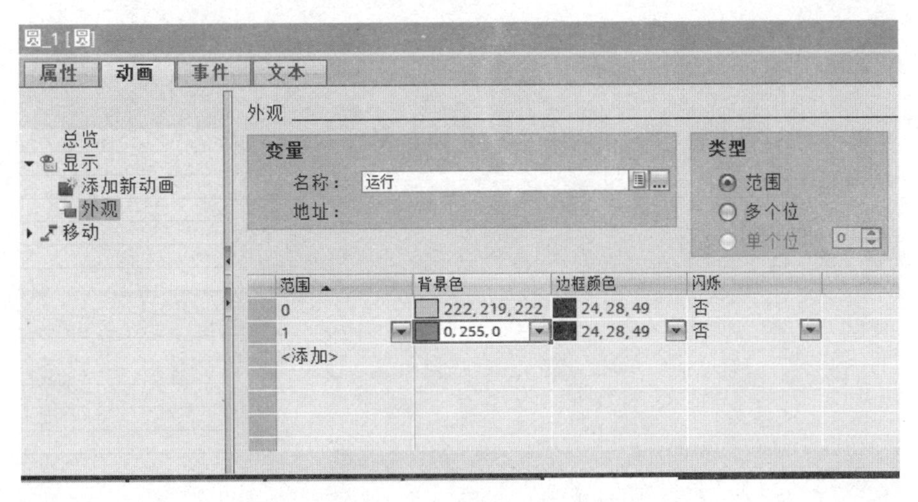

图 8-14　运行指示灯的组态

象后输入文字信息，将按钮命名为启动，如图 8-15 所示。

在下方的巡视窗口的“属性”页面中设置按钮对象的颜色、尺寸、位置、字体大小、对齐方式等。选择“事件”选项卡中设置与 PLC 变量的关联，设置“按下”事件函数为置位位，选择下方变量为 HMI 变量中的启动，“释放”事件的函数为复位位，选择变量为 HMI 变量中的启动，如图 8-16、图 8-17 所示。

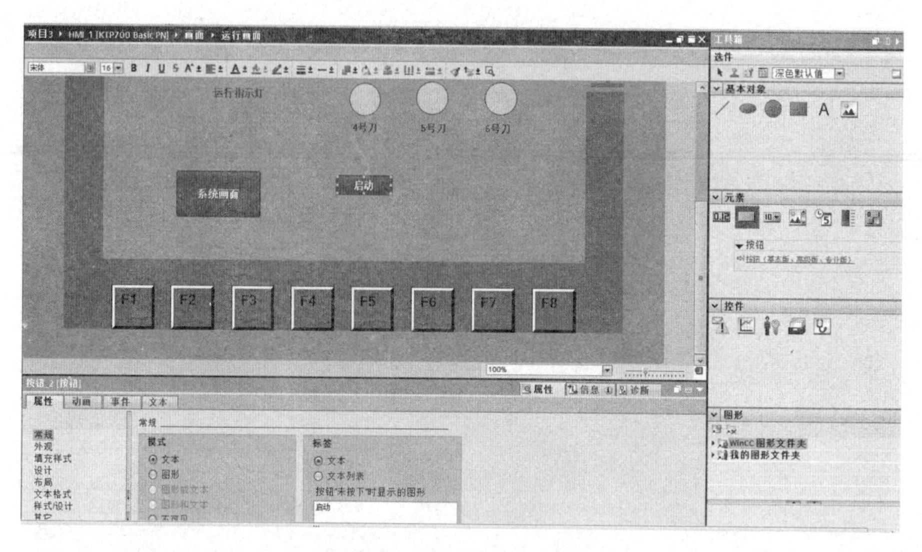

图 8-15　添加启动按钮对象

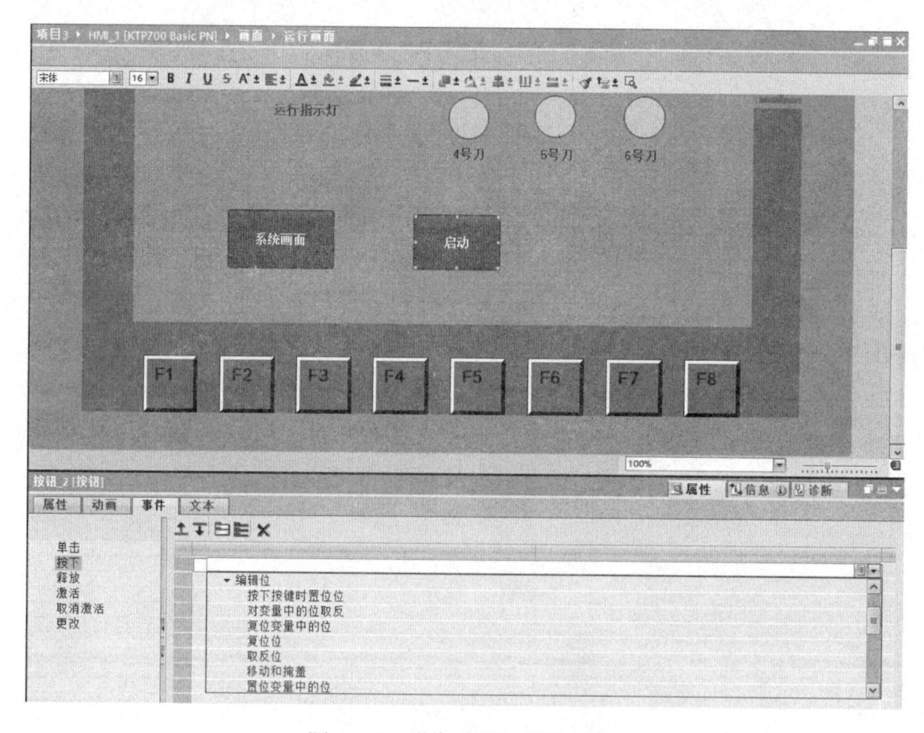

图 8-16　为启动按钮添加函数

相同的方法，设置一个按钮为停止，为其增加按下和释放的函数分别为置位位和复位位，关联的变量为 HMI 变量表中的停止变量。

I/O 域是操作人员与设备之间进行数值输入输出的窗口，通过 I/O 可以改变 HMI 变量中变量的数值，在本例中，在 I/O 域中输入工作的刀具号 1~6，则对应的指示灯

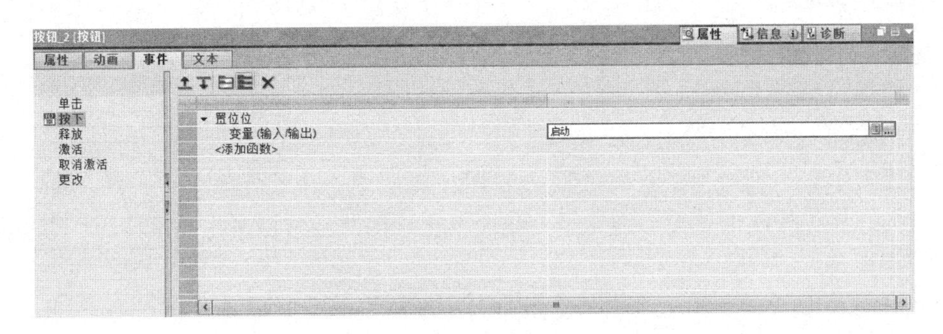

图 8-17　为启动按钮事件添加变量

亮起。

从右边工具箱窗口的“元素”栏中，选中“I/O 域”图形对象，拖放到画面中指定的位置。在下方巡视窗口的“属性”选项卡中关联变量，在本例中，将 I/O 域与 HMI 变量表中的刀具号关联在一起，如图 8-18 所示。

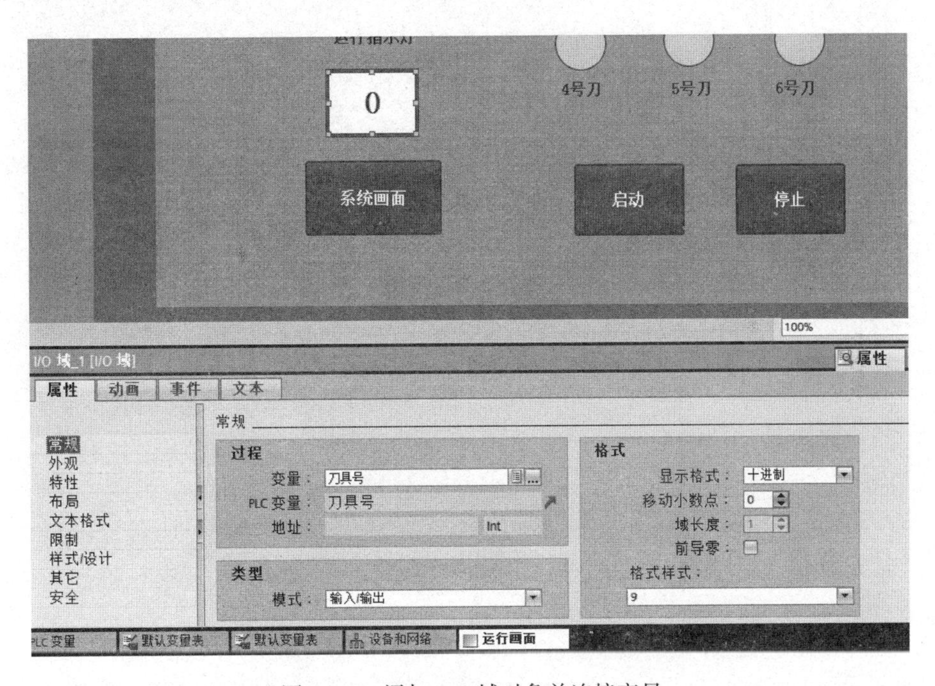

图 8-18　添加 I/O 域对象并连接变量

下方类型选项为 I/O 域的功能选择，输入域只能从 I/O 域中输入数值到变量，但当变量发生时，此时 I/O 域中的数值不会变化；输出域只能显示关联变量的数值，但不能修改该值；输入/输出既可以从 I/O 域中输入数据，也可以显示关联变量的数值。在该处将 I/O 域类型设置为输入输出。

在格式选项中，可以设置 I/O 域数值显示的格式，格式样式为显示数据的位数，前面的 S 表示数据的符号。

在属性选项卡下的文本格式一栏中，可以设置 I/O 域数据颜色、尺寸、字体格式及大小、对齐方式等。

• 知识点学习 1

（1）棒图的使用

在元素中有一个名为棒图的对象，在 HMI 画面组态中经常被使用。棒图是一个带有刻度的标尺，棒图的填充会随变量变化而变化，因此经常用来组态液位计、温度显示或水箱等物体。

在 HMI 变量表中新建一个内部变量命名为液位值，数据类型为 INT，同时新建一幅画面，将画面命名为液位控制。在画面中拖入一个棒图和一个 I/O 域，将 I/O 域和液位值变量相连接，如图 8-19 所示。

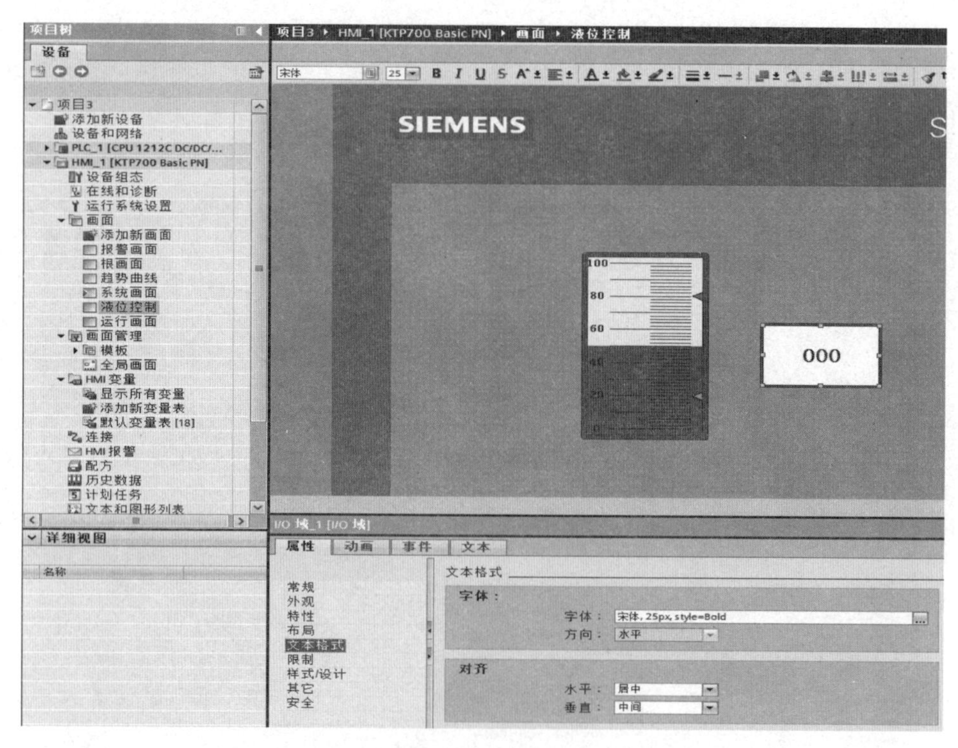

图 8-19　棒图属性设置

选择棒图，在其下方动画选项卡中，选择变量连接，添加新过程值将棒图和液位值变量关联在一起，如图 8-20 所示。

在项目树中选择液位控制画面，单击右键选择“启动仿真”，HMI 仿真系统运行后在 I/O 内修改数值，会看到棒图的填充量及刻度将跟随变量改变，如图 8-21 所示。

（2）图形文件夹的使用

在博途 HMI 的图形文件夹中，提供了大量工业生产设备的模型供用户使用，利用图形中的对象可以组态出形象的实际生产过程，并节约用户画面设计的时间。图形文件夹如图 8-22 所示。

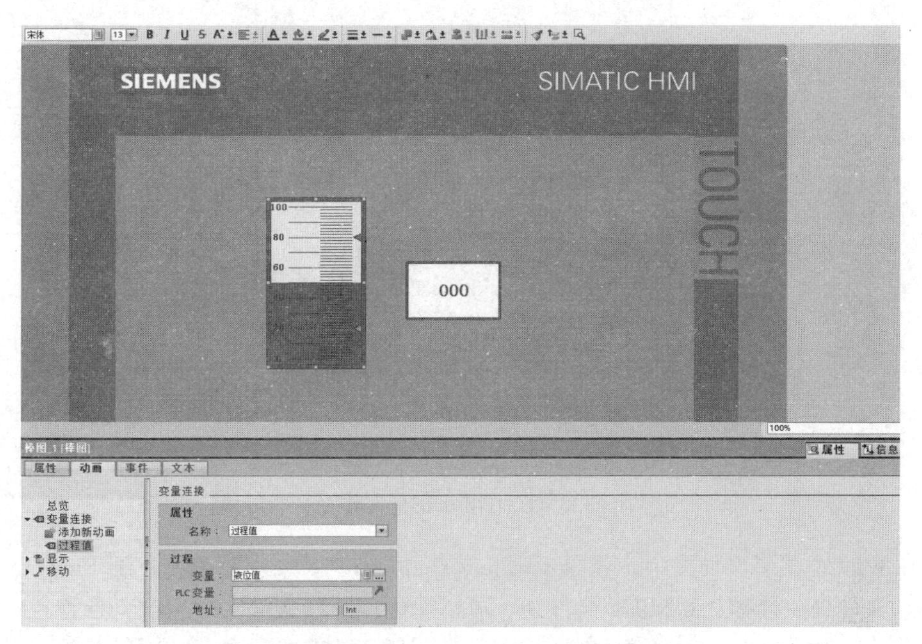

图 8-20　棒图和 I/O 域变量的连接

图 8-21　棒图与 I/O 域的运行

图 8-22　HMI 的图形文件夹

在 WinCC 图形文件夹中，将 automation equipment 文件夹展开，找到 Pipe、miscellaneous 文件夹，选择 256 colars 文件夹，可以看到该图形文件夹中包含了各种各样的管道图形，在画面中放入弯管和直管；在 Value 图形文件夹中包含多种阀门对象，在画面中拖入一个阀门；在 Pump 图形文件夹下包含多种水泵对象并拖入一个水泵。其他图形文件夹中包含的内容请自行查看。

选择棒图对象，在其下方属性选项卡中可以设置棒图的静态属性，例如棒图的上下限制，填充颜色等属性。在外观下将限制“刻度”勾选去掉不显示，将刻度中的“显示刻度”勾选去掉不显示刻度，将棒图调整至合适大小，并将水泵、管道等对象连接好，这样液位控制系统画面就组态完毕，在画面 I/O 域中输入数值，液位值将跟随发生变化，如图 8-23 所示。

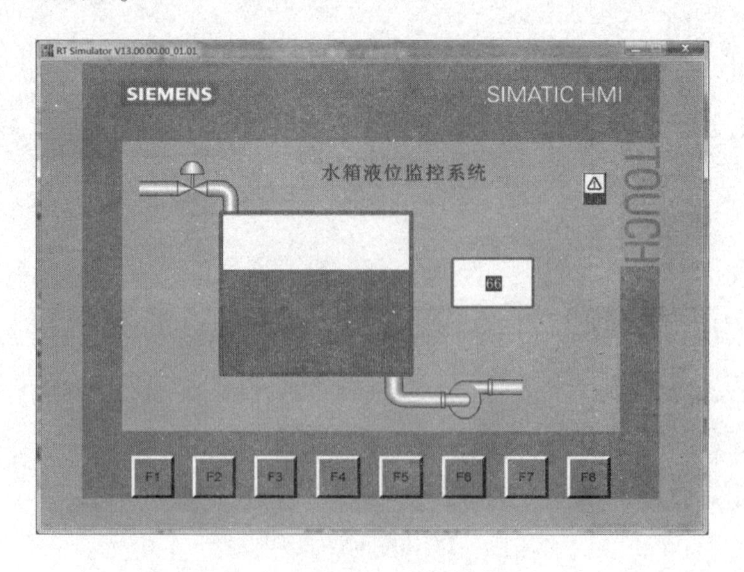

图 8-23　水箱液位监控运行

(3) 位移动画的组态

在 HMI 画面中可以组态对象位置的移动效果。在变量表中新建一个名为位移的内部变量，数据类型为 INT，并且新建一幅画面命名为小车移动。

在画面中拖入一个矩形框和一个圆形，调整对象的大小并将对象全部框选在一起，右键选择组合将对象组合成小车形状，如图 8-24 所示。

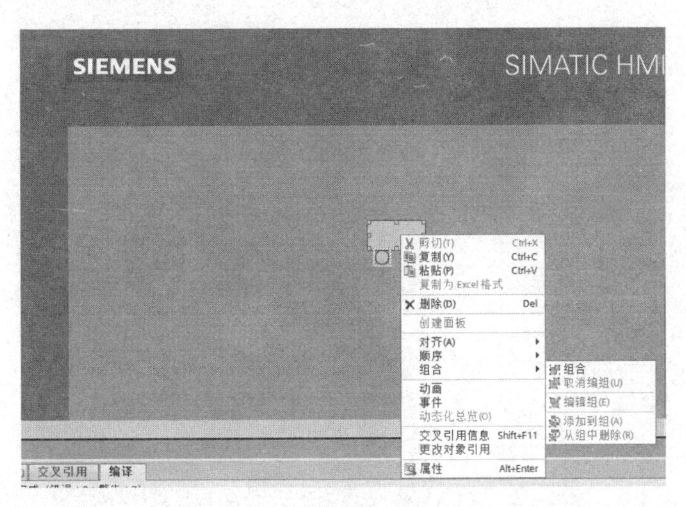

图 8-24　多个简单对象的组合

在画面中拖入一个矩形框，将矩形框的水平坐标设置为 100，宽度大小设置为 500，用来模拟小车运行的平台，将小车拖放到矩形框的左端，水平位置设为 100，如图 8-25 所示。

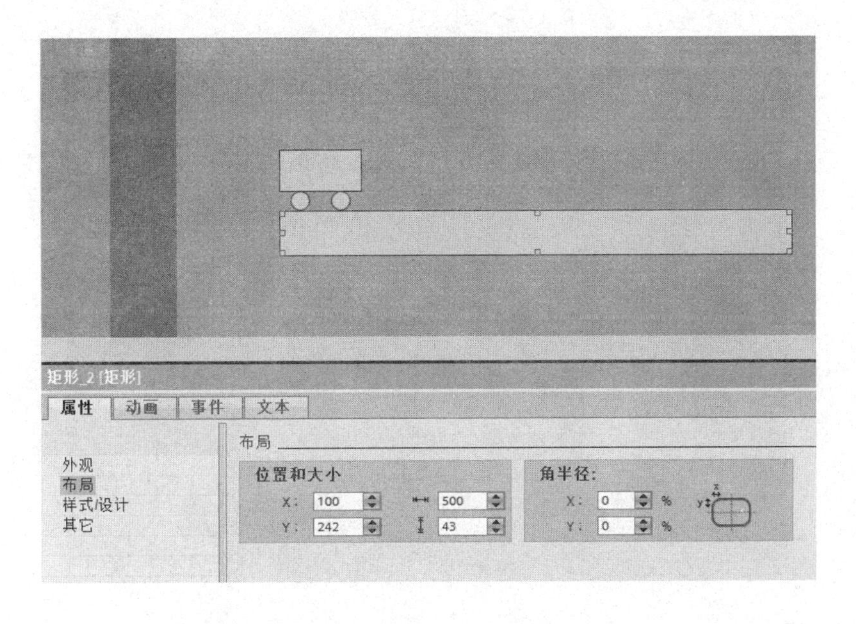

图 8-25　小车运行平台参数的设置

在画面中拖入一个 I/O 域，和位移变量关联在一起，选中小车，在小车下方的窗口中打开动画选项卡，选择位移添加一个新动画为水平移动，变量设置为位移，范围设置成 0~100，起始位置为 100，目标位置为 500，如图 8-26 所示。

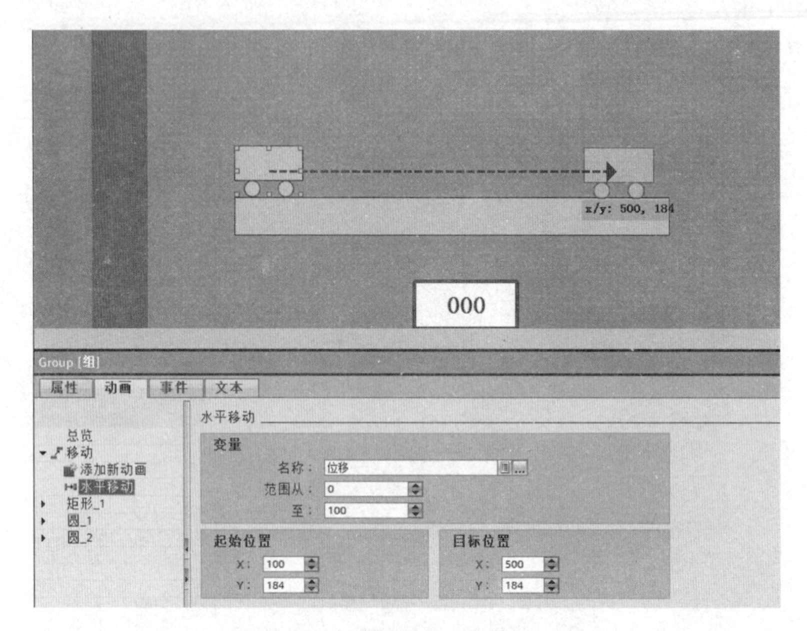

图 8-26　小车运行位置参数的设置

在左侧项目树中，选择小车移动画面，右键启动仿真，在仿真画面的 I/O 域输入 0~100 的数值，可以看到小车的位置从平台的最左端水平移动至最右端，如图 8-27 所示。

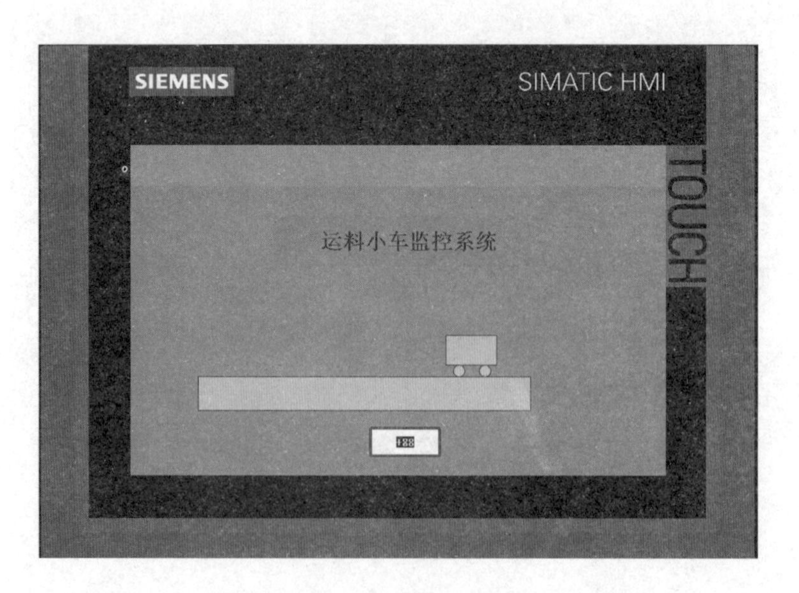

图 8-27　小车位移运行效果

(4) 报警组态

● **知识点学习 2**

HMI 项目中可以进行报警组态，当系统运行过程中发生错误或故障，触摸屏画面中会弹出报警窗口，并等待操作人员进行报警确认和故障处理。报警类型有离散量报警、模拟量报警、控制器报警和系统事件四种。

离散量报警：用于电路的通断、各种故障信号的出现和消失等报警显示。

模拟量报警：用于温度、压力等物理量的超过规定的上下限值的触发报警。

控制器报警：用于 PLC 运行故障或运行错误类的报警显示。

系统事件：用于显示 HMI、PLC 设备的系统状态。

1）在本任务中，设置单独的画面显示故障报警，首先在左侧项目树画面里添加一幅新画面，并将其设置为报警画面，在运行画面中拖拽报警画面的切换按钮，如图 8-28 所示。

图 8-28　添加报警画面及切换按钮

2）首先在 HMI 变量表中新建两个内部变量，用来模拟外部设备的故障信号，如图 8-29 所示。

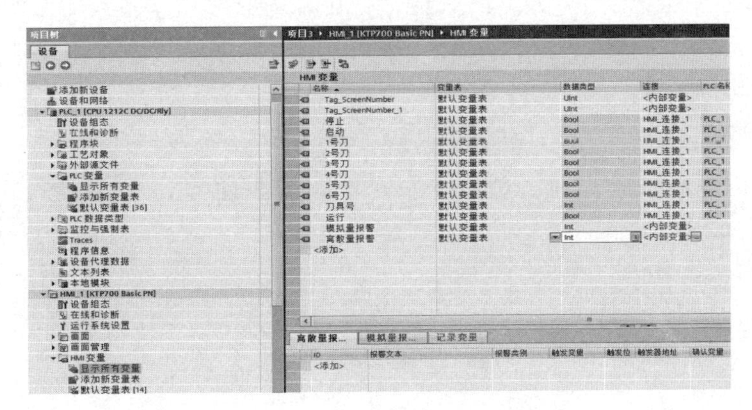

图 8-29　添加报警的模拟信号

3）双击项目树中的 HMI 报警选项，进入 HMI 报警界面，添加并组态离散量报警、模拟量报警和报警类别。

在离散量报警中双击添加，将自动生成一条报警信息，故障 ID 为 1，报警文本修改为“错误故障 1”，报警文本用于故障发生时系统提示的故障信息，设置触发变量为 HMI 变量表中的离散量报警，报警类别为 error，报警触发位设置为 0，指故障变量的第 0 位由 0 变成 1 时将触发报警。同样为系统再增加一条离散量报警 2，如图 8-30 所示。

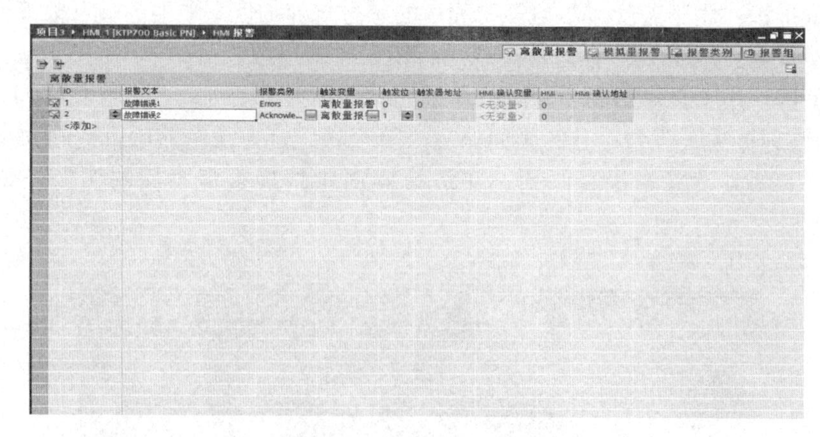

图 8-30　添加离散量报警

4）在模拟量报警中双击添加，将自动生成一条报警信息，故障 ID 为 1，报警文本修改为“超过上限值”，报警类别为 error，设置触发变量为 HMI 变量表中的模拟量报警，限制值设为 80，限制模式设置为向上穿越，指当变量从低于 80 向上穿越超过 80 时将触发报警，同样生成另外一条模拟量报警，限制值设为 20，限制类型为向下穿越，指当变量从高于 20 向下穿越低于 20 时将触发报警，如图 8-31 所示。

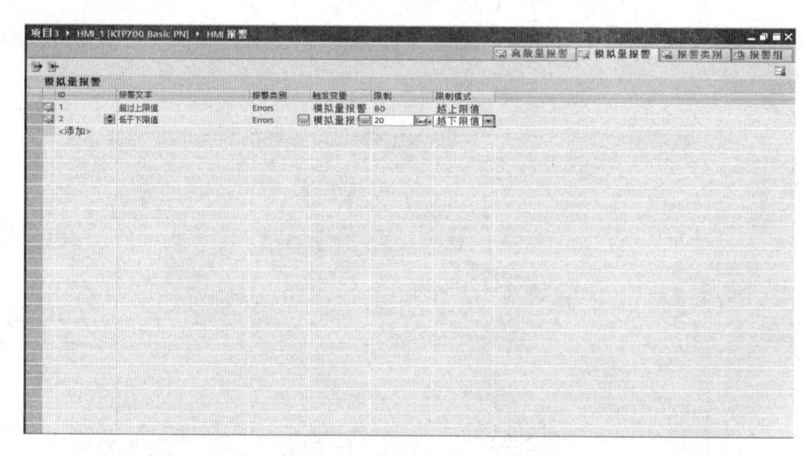

图 8-31　添加模拟量报警

5）双击打开报警画面，将运行画面的切换按钮拖拽至报警画面中，在右侧控件中拖入一个报警控件，放置 1 个 I/O 与 HMI 变量表中模拟量报警变量关联，数据格式为十进制，放置 1 个 I/O 与 HMI 变量表中离散量报警变量关联，数据格式为二进制，如图 8-32 所示。

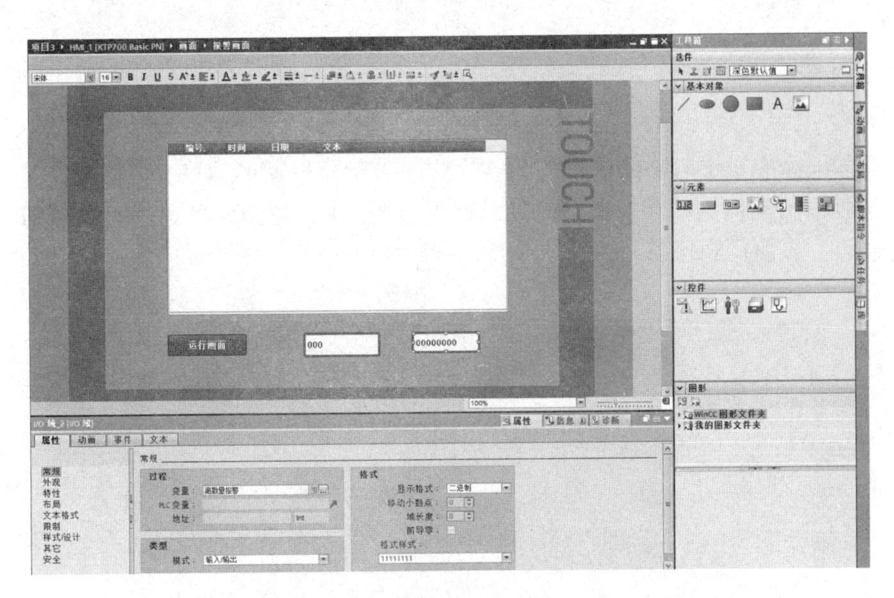

图 8-32　添加模拟量报警控件

(5) 数据记录与趋势图

数据记录是指 HMI 设备可以将系统运行过程中一些重要的过程值记录下来并归档保存，并且可以将数据以数据曲线的形式进行显示，查看历史数据。

在本任务中，数据记录和数据趋势图将单独设置一幅画面进行显示，对 HMI 变量表中的模拟量报警内部变量进行数据归档和趋势曲线显示。

1）在左侧项目树中画面下新建一幅新画面，并重命名为趋势曲线，将运行画面切换按钮拖拽至本画面中，同时在运行画面中添加趋势曲线切换按钮，如图 8-33 所示。

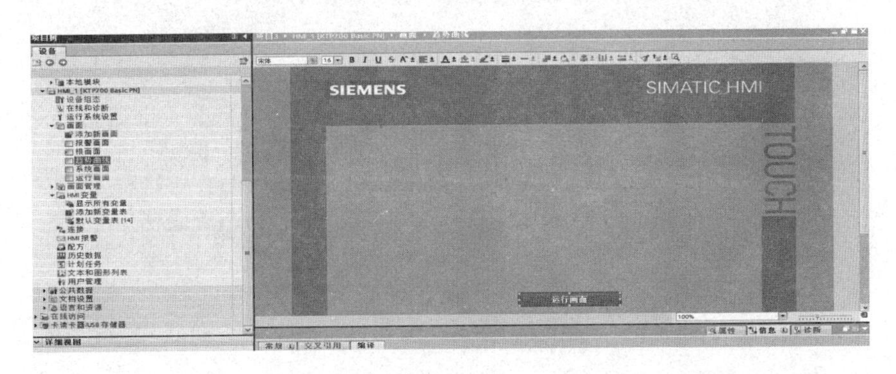

图 8-33　添加趋势曲线画面

2）双击打开项目树下的历史数据，双击数据记录下添加按钮，将自动生成一条数据记录，用户可自行修改数据记录的名字、存储位置及路径，如图 8-34 所示。

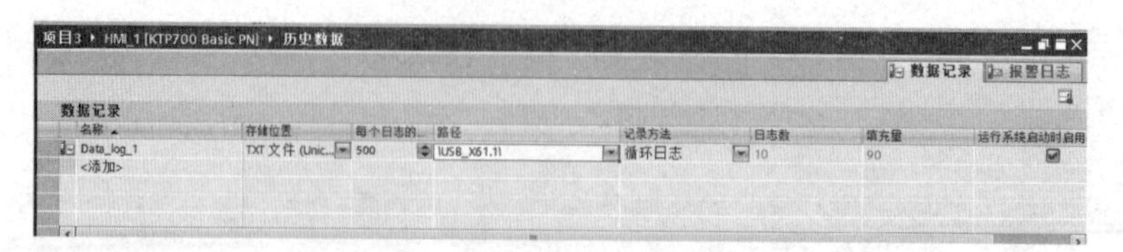

图 8-34　设置数据历史记录及归档

在下方记录变量中双击添加按钮，将生成一条记录变量的信息，将过程变量设置为 HMI 变量表中的模拟量报警变量，记录周期设置为 10s，每 10s 将记录一次模拟量报警变量的数值，该值用户可自行修改，如图 8-35 所示。

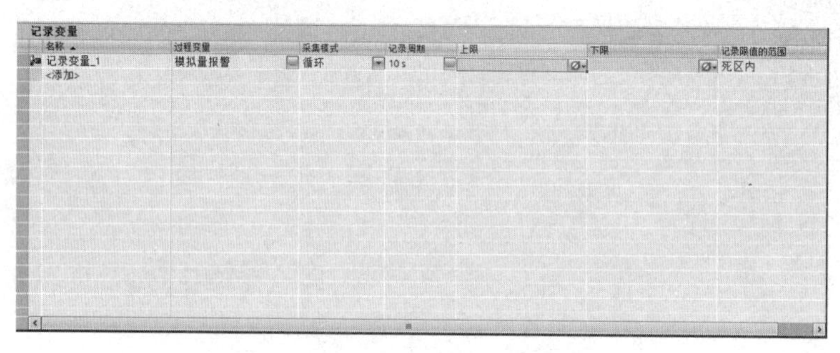

图 8-35　添加记录变量

3）建立对 PLC 变量的数据记录后，双击打开趋势曲线画面，在右侧空间中拖入一个趋势视图控件。可以通过趋势图和表格两种方式观察变量的变化规律。选定趋势控件，右键选择属性，在下方属性选项卡中，添加一条趋势_ 1 的记录曲线，并将源变量设置为 HMI 变量表中的模拟量报警变量，如图 8-36 所示。

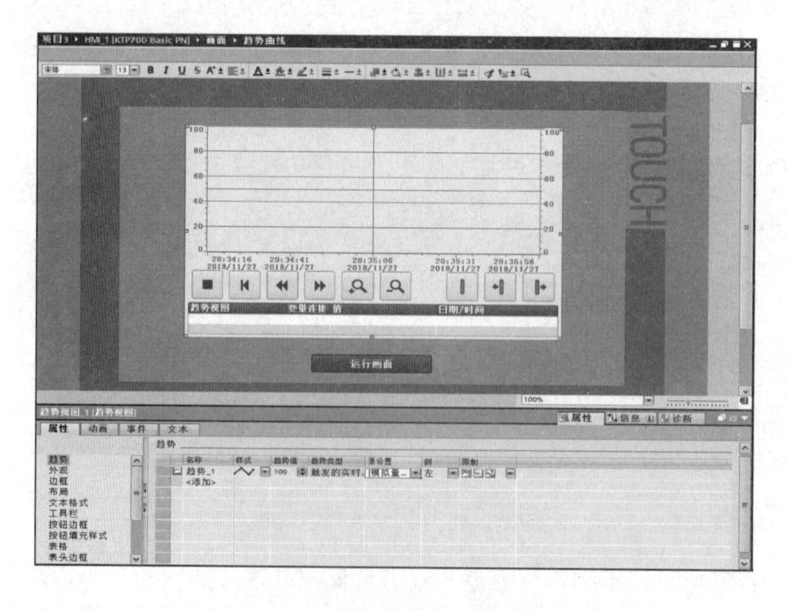

图 8-36　添加趋势控件并添加数据曲线

8.4 项目运行与调试

在S7-1200 PLC中编写如下程序：

```
%M0.0 "启动" —| |—+— %M0.1 "停止" —|/|————————— %Q0.7 "运行" —( )—
%Q0.7 "运行" —| |—+

%Q0.7 "运行" —| |— %MW20 "刀具号" |==Int| 1 ————— %Q0.0 "1号刀" —( )—

%Q0.7 "运行" —| |— %MW20 "刀具号" |==Int| 2 ————— %Q0.1 "2号刀" —( )—

%Q0.7 "运行" —| |— %MW20 "刀具号" |==Int| 3 ————— %Q0.2 "3号刀" —( )—

%Q0.7 "运行" —| |— %MW20 "刀具号" |==Int| 4 ————— %Q0.3 "4号刀" —( )—

%Q0.7 "运行" —| |— %MW20 "刀具号" |==Int| 5 ————— %Q0.4 "5号刀" —( )—

%Q0.7 "运行" —| |— %MW20 "刀具号" |==Int| 6 ————— %Q0.5 "6号刀" —( )—
```

将PLC程序下载至PLC设备中，搜索在线的HMI设备，并将已经完成的触摸屏组态项目下载至面板中启动运行，触摸屏显示系统画面如图8-37所示。

图 8-37　系统运行初始画面

点击运行画面按钮，进入到运行界面中。单击启动按钮，系统运行指示灯亮，如图 8-38 所示。

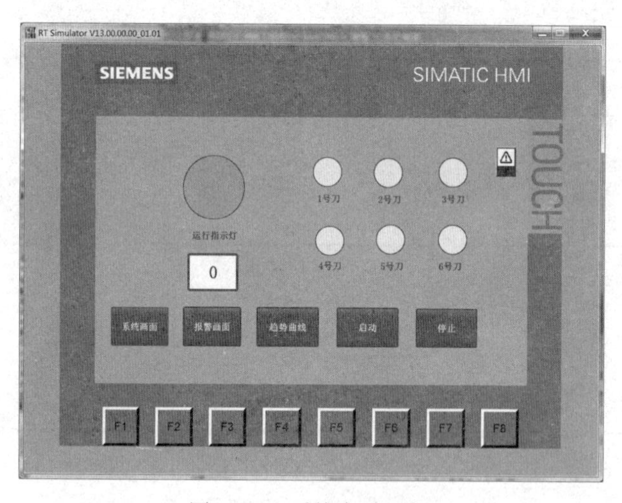

图 8-38　系统启动运行

在 I/O 域中输入数据 6，表示第六把刀开始工作，六号刀对应指示灯亮，如图 8-39 所示。

单击报警画面按钮，进入报警界面，在 I/O 内输入 99，触发模拟量超上限报警，在第二个 I/O 域内输入 1，触发第一位离散量报警，如图 8-40 所示。

单击趋势曲线按钮，进入数据记录与曲线视图，在 I/O 域内修改模拟量变量数值，曲线将随变量值而变化，如图 8-41 所示。

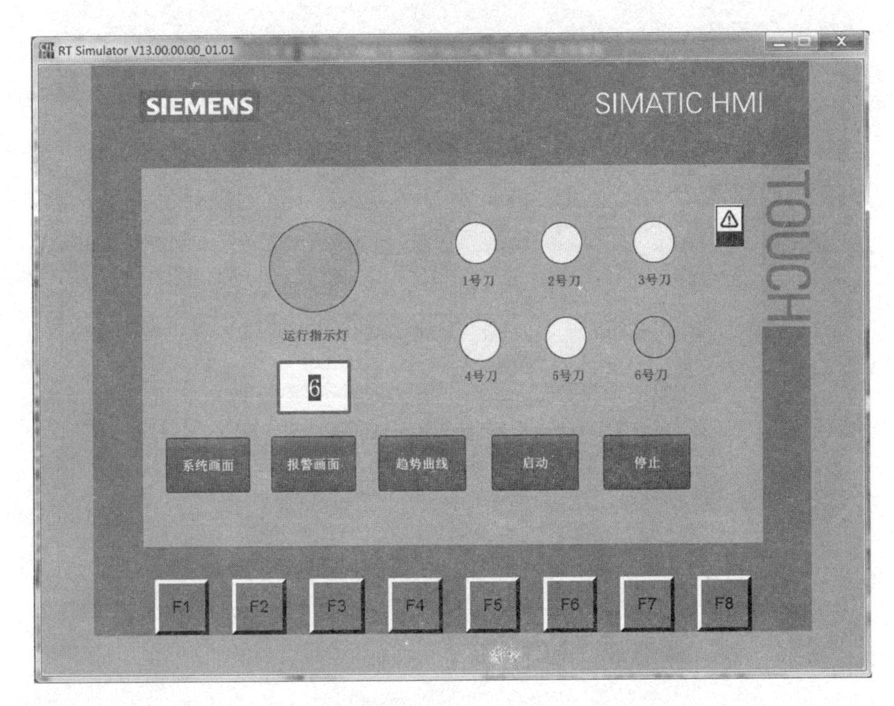

图 8-39　选定刀具画面

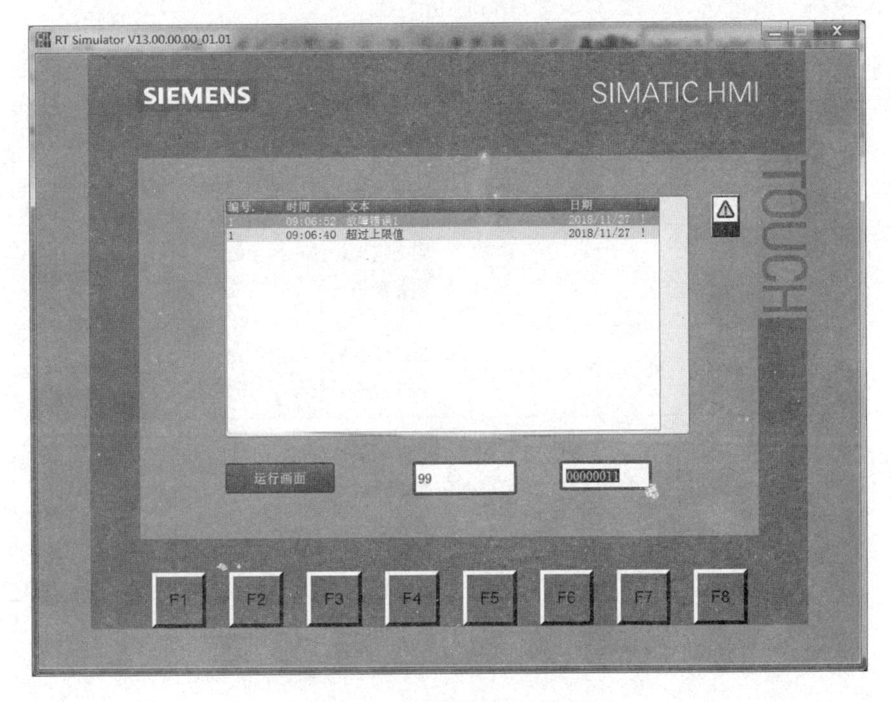

图 8-40　系统报警运行画面

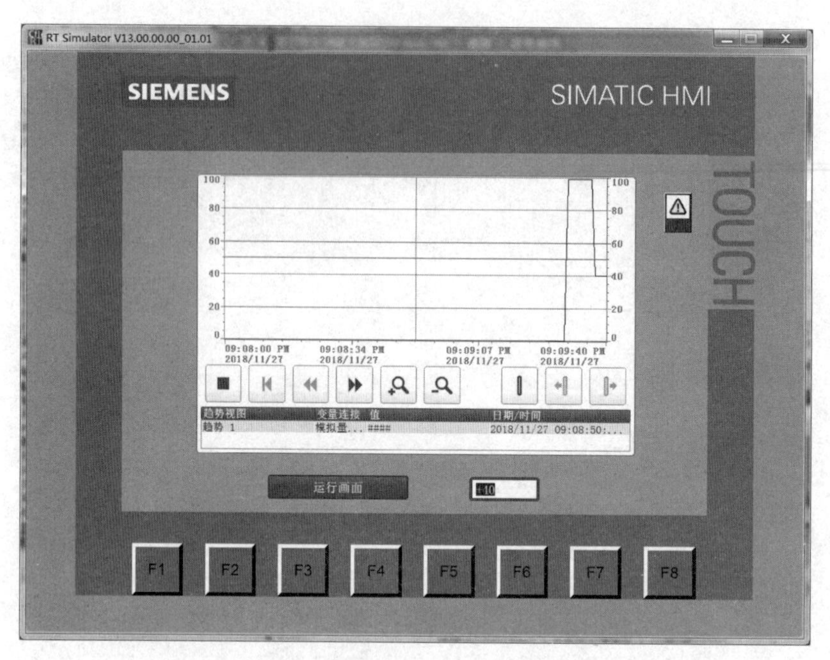

图 8-41　系统数据记录及趋势曲线运行画面

项目检查与评估

根据项目完成情况，按照表 8-2 进行评价。

表 8-2　　项目评价表

序号	考核项目	评价内容	要求	权重/%	评价
1	系统设计	项目分析	1. 能分析触摸屏控制系统的控制对象的工艺要求 2. 能确定人机接口技术要求 3. 掌握触摸屏的基本功能及特点	10	
		控制方案设计	1. 能设计触摸屏系统监控方案 2. 掌握触摸屏过程画面的组态规则	10	
2	系统组态	触摸屏组态	1. 能正确创建项目 2. 能正确组态过程画面 3. 能正确组态与 PLC 的通信 4. 掌握触摸屏项目的组态步骤	30	
		PLC 组态	1. 能正确编制系统的地址分配表 2. 能根据控制要求正确编制控制程序 3. 能正确组态与触摸屏的通信	10	

续表

序号	考核项目	评价内容	要求	权重/%	评价
3	系统调试	校验信号	能校验现场触摸屏系统的输入/输出信号的动作是否正确	10	
		联机调试	能正确运行触摸屏系统，正确下载、运行程序，能进行系统联机调试	20	
4	职业素质	职业素质	具备良好的职业素养，具有良好的团结协作、语言表达及自学能力，具备安全操作意识、环保意识等	10	
5	评价结果				

项目总结

人机界面是操作人员与PLC之间相互沟通的桥梁，它是按工业现场环境应用来设计的，能在恶劣的工业环境中长时间连续运行，它是PLC的最佳搭档，而触摸屏是人机界面的发展方向。认识触摸屏，了解触摸屏基本知识，具备由触摸屏与PLC构成的控制系统设计、安装、组态、运行与调试能力，这会为以后的学习和工作打下坚实的基础。

练习与训练

一、知识训练

1. 什么是人机界面？它有什么功能？
2. 触摸屏有什么优点？
3. 触摸屏画面的动画效果是如何产生的？

二、项目训练

利用HMI设备和S7-1200 PLC实现对多种液体混合进行控制。有液体A、液体B两种液体，当按下“放液体A”按钮，液体A流入混合装置，按下“排液体A”按钮，液体A流出混合装置，液体B同理控制，要求两种液体的液位控制在0~100。

参考文献

[1] 崔坚. TIA 博途软件:STEP7 V11编程指南[M]. 北京：机械工业出版社，2015.

[2] 张春. 西门子 STEP7 编程语言与使用技巧 [M]. 北京：机械工业出版社，2009.

[3] 西门子（中国）有限公司工业业务领域工业自动化与驱动技术集团. 深入浅出西门子 S7-1200PLC [M]. 北京：北京航空航天大学出版社，2010.

[4] 西门子（中国）有限公司自动化与驱动技术集团. 深入浅出西门子人机界面 [M]. 北京：北京航空航天大学出版社，2009.

[5] 廖常初. S7-1200 PLC 编程及应用：第 2 版 [M]. 北京：机械工业出版社，2010.

[6] 廖常初. 西门子人机界面（触摸屏）组态与应用技术：第 2 版 [M]. 北京：机械工业出版社，2008.

[7] 王赛，张强. PLC 控制系统组装与调试 [M]. 北京：机械工业出版社，2015.

[8] 张强，王赛，黄应强. 人机界面（HMI）系统设计、安装与调试 [M]. 北京：科学出版社，2019.

[9] Siemens AG. SIMATIC STEP 7 Professional V13.0 系统手册. 2014.

[10] Siemens AG. SIMATIC WinCC Comfort/Advanced V13.0 系统手册. 2014.